非均相 Fenton 催化新材料

胥焕岩　著

科学出版社

北京

内 容 简 介

研究开发高效、稳定、廉价的非均相催化新材料是 Fenton 技术改进的重要课题。本书以著者团队的研究工作为核心,在总结归纳前人研究成果的基础上,详细介绍几种载铁型和含铁型非均相 Fenton 催化新材料在有机污染物降解方面的研究,包括反应效能、动力学模型、过程优化和微观机理。

本书是关于非均相 Fenton 催化新材料的著作,内容新颖、实用性强,适合从事材料科学和环境工程领域研究的企事业单位科研人员阅读,也可作为高等院校相关专业师生的参考书籍。

图书在版编目(CIP)数据

非均相 Fenton 催化新材料/胥焕岩著. —北京:科学出版社,2020.7
ISBN 978-7-03-065524-0

Ⅰ.①非…　Ⅱ.①胥…　Ⅲ.①非均相—有机物降解　Ⅳ.①X703

中国版本图书馆 CIP 数据核字(2020)第 103288 号

责任编辑:王喜军　陈　琼/责任校对:樊雅琼
责任印制:吴兆东/封面设计:壹选文化

科 学 出 版 社 出版
北京东黄城根北街 16 号
邮政编码:100717
http://www.sciencep.com

北京中石油彩色印刷有限责任公司 印刷
科学出版社发行　各地新华书店经销
*
2020 年 7 月第 一 版　　开本:720 × 1000　1/16
2021 年 3 月第二次印刷　　印张:13 3/4
字数:277 000
定价:98.00 元
(如有印装质量问题,我社负责调换)

前　言

　　全球范围内日益恶化的水环境污染是人类所面临的主要环境危机，水环境污染修复已迫在眉睫！当前，用于环境污染修复的技术可归类为物理法、化学法、生物法和地质法，一些典型的方法仍存在应用上的局限性。高级氧化工艺（advanced oxidation processes，AOPs）因在较温和条件下能够有效降解水体和土壤中的顽固有机污染物而备受关注。AOPs 原位产生高反应活性的氧化基团（如 $\cdot OH$、$\cdot O_2^-$）可将有机污染物完全分解为 H_2O、CO_2 及有机酸。Fenton 技术是 AOPs 的重要代表，传统 Fenton 反应的机理是 H_2O_2 在 Fe^{2+} 的催化作用下产生 $\cdot OH$，属均相催化过程，虽然高效，但在实际应用中存在很多不足。研究开发高效、稳定、廉价的非均相催化材料是 Fenton 技术改进的重要课题。

　　在国家自然科学基金青年科学基金项目"天然铁电气石 Fenton 反应降解有机污染物的机理及功能增强"（项目编号：51002040）、黑龙江省自然科学基金面上项目"Fe_3O_4/石墨烯非均相 Fenton 反应效能与微观机制"（项目编号：E2015065）和"天然电气石矿物晶体化学、自发极化性能研究及其环境属性应用"（项目编号：E200906）、黑龙江省普通高等学校新世纪优秀人才培养计划"天然电气石/TiO_2 复合可见光催化材料的设计合成与功能增强机制"（项目编号：1253-NCET-010）的支持下，著者所带领的团队在非均相 Fenton 催化材料及其反应机理方面做了大量的研究工作，以这些研究工作为核心，在总结归纳前人研究成果的基础上著成本书。

　　本书共 8 章。第 1 章简要介绍 AOPs 技术及传统 Fenton 反应的基本原理和优缺点；第 2 章介绍载铁型非均相 Fenton 催化材料的研究现状、基本原理及技术特点；第 3 章介绍含铁型非均相 Fenton 催化材料的研究现状、基本原理及技术特点；第 4 章阐述非均相 Fenton 催化材料在工程应用中的相关研究，包括催化材料稳定性、动力学模型、过程优化、反应器设计及成本核算；第 5 章研究天然铁电气石作为非均相 Fenton 催化材料降解有机活性染料的反应效能、动力学模型、过程优化、微观机理、电气石自发极化电场的增强机制等，还研究改性电气石作为非均相 Fenton 催化材料去除水溶液中苯酚的效能和机理以及电气石陶粒作为非均相 Fenton 催化材料降解有机染料的反应效能等；第 6 章研究黏土基非均相 Fenton 催化材料，包括 Fe^{2+}/高岭土非均相 Fenton 催化材料和 Fe_3O_4/麦饭石非均相 Fenton 催化材料，详细介绍其制备方法、结构表征、Fenton 反应效能、过程优化等；第 7 章

研究 Fe_3O_4/MWCNTs 非均相 Fenton 催化材料，详细介绍 Fe_3O_4/MWCNTs 的制备方法、结构表征、Fenton 反应效能、过程优化、动力学方程和微观机理；第 8 章研究 Fe_3O_4/RGO 非均相 Fenton 催化材料，详细介绍 Fe_3O_4/RGO 的制备方法、结构表征、Fenton 反应效能、过程优化、动力学方程和微观机理。

本书以哈尔滨理工大学胥焕岩教授团队的研究成果为主要内容，特别感谢哈尔滨理工大学各级领导和同事的帮助与支持，感谢团队所有成员的辛勤努力和付出，尤其感谢团队研究生石天诺、赵航、李艳、李博、王缘、卢丹所做的实验工作和文献翻译工作。感谢国家自然科学基金委员会、黑龙江省自然科学基金委员会和黑龙江省教育厅的资金支持。

由于著者水平所限，书中难免有疏漏或不足之处，敬请广大读者批评指正。

著　者

2019 年 7 月于哈尔滨

目　录

前言

第1章　绪论 ·· 1

1.1　概述 ··· 1

1.2　高级氧化工艺简介 ··· 3

1.3　Fenton 反应简介 ··· 4

1.4　Fenton 反应特点 ·· 7

参考文献 ··· 8

第2章　载铁型非均相 Fenton 催化材料 ·· 15

2.1　概述 ·· 15

2.2　黏土载铁催化材料 ·· 15

2.3　沸石载铁催化材料 ·· 23

2.4　介孔 SiO$_2$ 载铁催化材料 ··· 30

2.5　Al$_2$O$_3$ 载铁催化材料 ·· 34

2.6　碳材料载铁催化材料 ··· 36

2.7　载铁型非均相 Fenton 催化材料的比较与原理 ···························· 40

参考文献 ·· 42

第3章　含铁型非均相 Fenton 催化材料 ·· 50

3.1　概述 ·· 50

3.2　含二价铁固体催化材料 ··· 51

3.3　含三价铁固体催化材料 ··· 52

3.4　含混合价铁固体催化材料 ·· 56

3.5　改性的含铁固体催化材料 ·· 58

3.6　含铁型非均相 Fenton 催化材料的比较与原理 ···························· 61

参考文献 ·· 64

第4章　非均相 Fenton 催化材料工程应用 ·· 69

4.1　概述 ·· 69

4.2　催化材料稳定性 ··· 69

4.3　动力学模型 ··· 70

4.4　过程优化 ·· 73

4.5 反应器设计 ·· 74

4.6 成本核算 ·· 76

参考文献 ··· 77

第 5 章 天然铁电气石非均相 Fenton 催化材料 ··························· 82

5.1 概述 ·· 82

5.2 天然铁电气石化学组成与矿物结构分析 ································· 84

5.3 天然铁电气石 Fenton 反应效能 ·· 87

5.3.1 活性商业染料雅格素蓝 ·· 87

5.3.2 活性染料罗丹明 B ·· 90

5.3.3 偶氮染料甲基橙 ··· 93

5.4 天然铁电气石 Fenton 反应过程 RSM 优化 ···························· 96

5.5 天然铁电气石 Fenton 反应动力学 ·· 100

5.6 天然铁电气石 Fenton 反应微观机理 ···································· 102

5.6.1 铁电气石 Fenton 反应过程中铁离子溶出浓度 ·············· 102

5.6.2 染料脱色、•OH 产出及铁离子溶出的内在关联 ············· 104

5.6.3 使用前后电气石表征测试的对比分析 ···························· 107

5.6.4 微观机理讨论 ··· 108

5.7 电气石自发极化电场对其 Fenton 反应的增强机制 ·················· 109

5.8 提高天然铁电气石 Fenton 反应活性的活化方法 ···················· 112

5.9 电气石陶粒制备及其非均相 Fenton 反应效能评价 ·················· 117

5.9.1 电气石陶粒制备与表征 ·· 117

5.9.2 电气石陶粒非均相 Fenton 反应效能 ···························· 119

参考文献 ·· 122

第 6 章 黏土基非均相 Fenton 催化材料 ···································· 127

6.1 概述 ··· 127

6.2 Fe^{2+}/高岭土非均相 Fenton 催化材料 ··································· 127

6.2.1 Fe^{2+}/高岭土制备与表征 ··· 127

6.2.2 Fe^{2+}/高岭土 Fenton 反应效能 ·································· 128

6.3 Fe_3O_4/麦饭石非均相 Fenton 催化材料 ······························ 132

6.3.1 Fe_3O_4/麦饭石制备与表征 ·· 132

6.3.2 Fe_3O_4/麦饭石非均相 Fenton 反应效能 ···················· 137

6.3.3 Fe_3O_4/麦饭石非均相 Fenton 过程优化 ···················· 142

参考文献 ·· 149

第 7 章 Fe_3O_4/MWCNTs 非均相 Fenton 催化材料 ················· 151

7.1 概述 ··· 151

7.2　Fe$_3$O$_4$/MWCNTs 制备与表征 ························· 152

7.3　Fe$_3$O$_4$/MWCNTs 非均相 Fenton 反应效能 ·········· 160

7.4　Fe$_3$O$_4$/MWCNTs 非均相 Fenton 过程优化 ·········· 165

7.5　Fe$_3$O$_4$/MWCNTs 非均相 Fenton 动力学方程 ········ 169

7.6　Fe$_3$O$_4$/MWCNTs 非均相 Fenton 微观机理 ·········· 171

参考文献 ····················· 178

第 8 章　**Fe$_3$O$_4$/RGO 非均相 Fenton 催化材料** ·········· 181

8.1　概述 ························· 181

8.2　Fe$_3$O$_4$/RGO 制备与表征 ·················· 182

8.3　Fe$_3$O$_4$/RGO 非均相 Fenton 反应效能 ·········· 191

8.4　Fe$_3$O$_4$/RGO 非均相 Fenton 过程优化 ·········· 197

8.5　Fe$_3$O$_4$/RGO 非均相 Fenton 动力学方程 ········ 204

8.6　Fe$_3$O$_4$/RGO 非均相 Fenton 微观机理 ·········· 206

参考文献 ···················· 209

第1章 绪 论

1.1 概 述

人类社会生产活动产生了多种多样的废弃物，对生态系统产生了巨大的负面影响（Bayat et al.，2012）。在健康质量标准和环保法规日渐严苛的今天，这些废弃物已成为一个主要的社会和经济问题（Molina C B et al.，2006）。由于水资源利用效率低和管理不善，人类活动已产生了大量的废水（Grant et al.，2012）。水污染问题在未来几十年将会更加严峻，即便是在水资源丰富的国家或地区，也将要面临水资源短缺的问题（Shannon et al.，2008）。全世界范围的淡水资源污染与数以万计的合成或天然化合物密切相关（Schwarzenbach et al.，2006）。无论在发达国家还是在发展中国家，人类活动产生的污染物越来越多地进入水供应体系，既有传统的物质，如重金属离子等，又有新兴的微污染物，如内分泌干扰剂和亚硝胺等（Shannon et al.，2008）。虽然这些化合物大多浓度较低，但仍具有相当大的毒性。地表水和地下水中的化学污染会在较长的时期内影响水生生物和人体健康，很容易引发大规模的污染问题。地球超过 1/3 的可再生淡水用于农业、工业和人类生活，这些社会活动会产生大量的化学物质，从而导致严重的水污染，表 1.1 给出了典型的普遍存在的水污染物（Schwarzenbach et al.，2006）。此外，由于过去两个世纪的矿业、农业、工业和城市活动，土壤污染也成为一个重要的环境问题（Gomes et al.，2012）。土壤污染扩散的结果是各种污染物在土壤表层积累，进而溶解并迁移到更深的土壤层和地下水中。这样，受污染的土壤可能对人类健康和农业生产构成极大的威胁（Paspaliaris et al.，2008）。水体和土壤污染问题中最大的担忧是有机顽固性化合物的处理，它们难以用传统修复技术处理（Plata et al.，2012；Molina C B et al.，2006）。

表 1.1 典型的普遍存在的水污染物

来源/用途	类型	典型污染物	相关污染问题
工业化学品	有机溶剂 中间产物 石油化学产品	四氯化碳 甲基叔丁基醚 苯系物（苯、甲苯、二甲苯）	污染饮用水
工业产品	添加剂 润滑油 阻燃剂	邻苯二甲酸盐 多氯联苯 多溴二苯醚	生物富集 远程迁移

续表

来源/用途	类型	典型污染物	相关污染问题
日用消费品	洗涤剂 药物 激素 个人护理用品	壬基酚聚氧乙烯醚 抗生素 炔雌醇 紫外滤波片	活性激素转化 细菌耐药 鱼类雌性化 其他未知影响
灭菌剂	杀虫剂 非农用灭菌剂	滴滴涕 莠去津 三丁基锡 三氯生	药物毒性效应及持久代谢紊乱 危害劳动者 扰乱内分泌 持久降解产物 其他未知影响
天然化学品	重金属 无机物 气味 藻类 人体激素	铅、镉、汞 三氧化二砷、硒、氟化物、铀 土臭味素、甲基异莰醇 微囊藻素 雌二醇	危害人类健康 污染饮用水 鱼类雌性化
杀菌剂/氧化剂	杀菌副产品	三氯甲烷、溴酸盐、卤乙酸	危害人类健康 污染饮用水
转化产物	代谢产物	全氟化合物代谢物 除草剂代谢物	生物体内积累 饮用水质问题

发展创新性的修复技术已经成为环境领域优先考虑的一个重要问题（Li and Qu，2009），开发高效和低成本的修复技术是全球性环境保护的必然选择（Landy et al.，2012）。各种技术和工艺已经应用于环境治理，可归纳为物理、化学、生物和地质方法。针对不同的污染来源，也可分为原位和非原位修复技术（如废水、地下水、土壤、污泥、沉淀物以及其他固体废物和非水相液体）。从实用的角度来看，非原位修复技术将在未来十年内逐步被淘汰（Karn et al.，2009）。这些修复技术可以单独使用，也可以联合使用来提高整体修复效率。选择适宜的修复体系必须考虑多方面的因素，既要有技术方面的考虑（治理效率、设备装置等），也要有经济方面的考虑（投资成本和运营成本）。然而，典型的修复技术仍然存在诸多缺点：①焚烧技术成本高；②生物氧化技术虽然属低成本修复技术，但有机污染物必须是可生物降解的、低浓度的和低毒性的；③吸附技术可使有机物从水中转移到另一个固相表面，但污染物结构并没有被破坏。现有的常规方法显然不适合处理有毒且不可生物降解的有机污染物，必须开发新的处理方法（Herney-Ramirez et al.，2010；Xu et al.，2010）。水污染在全球范围内日益恶化，对新型高效水污染净化技术的需求更加迫切（Das et al.，2017；Grant et al.，2012）。生物难降解有机污染废水种类多、毒性大、结构稳定，采用传统的物理、化学或生物降解方法难以有效处理，这也激发了人们对催化处理技术的浓厚兴趣，该技术可以将有机污染物转化为无害的 N_2、CO_2 和 H_2O（Shannon et al.，2008）。

1.2　高级氧化工艺简介

为了实现有机污染物转变成无害的产物，在过去的几十年涌现出了多种化学氧化技术，其中高级氧化工艺（advanced oxidation processes，AOPs）在研究和应用领域是最具前景的。现有研究报道表明，在相对温和的温度和压力条件下，AOPs能有效地降解水和土壤中的各种有机顽固污染物（Aleksić et al.，2010；Prucek et al.，2009；Molina R et al.，2006）。AOPs 涉及原位生成的羟基自由基（·OH）和其他自由基降解有机污染物，从而实现目标污染物完全转化为 CO_2、H_2O 和小分子有机酸，这一过程也称为矿化（Abdel daiem et al.，2012；Nidheesh and Gandhimathi，2012；Souza et al.，2010）。同时，研究者还致力于使用多个氧化过程以加速·OH的产出，包括不同组合的臭氧（O_3）（Qi et al.，2017；Xu et al.，2015a）、过氧化氢（H_2O_2）（Wu et al.，2014；Liu et al.，2013）、辐射、超声波（ultrasonic，US）、电解、光解和光催化技术［包括紫外光（ultraviolet，UV）和真空紫外光（vacuum ultraviolet，VUV）］（Xu et al.，2018，2017a；Zhao et al.，2016）。AOPs主要类型可归纳为辐射、光解与光催化、超声波分解、电化学氧化、Fenton 氧化、臭氧氧化（Xu et al.，2017b，2017c；Wang and Xu，2012）。AOPs 分类如图 1.1所示。

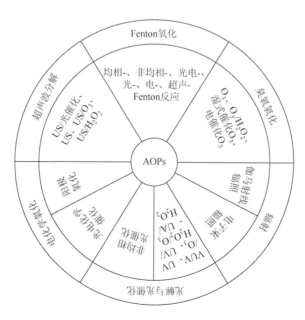

图 1.1　AOPs 分类

很多文献资料都详细地讨论和评述了不同类型 AOPs 的活性氧化自由基的形成机理、影响因素和实际应用等（Gupta et al.，2012；Grčić et al.，2011；Vogelpohl and Kim，2004）。尽管 AOPs 利用不同的反应体系，但都具有相同的化学产物，即•OH（可能不是唯一的活性氧化基）（Platon et al.，2011；Sonntag，2008；Carriazo et al.，2005）。由于•OH 有未配对的电子，具有极强的氧化能力，可以无选择性地氧化降解有机污染物（Kitis and Kaplan，2007）。•OH 具有很高的标准氧化还原电势（$E^{\ominus} = 2.80\text{V}$）（Garcia-Segura et al.，2012；Che et al.，2011；Stasinakis，2008），它的氧化能力仅次于氟（Pera-Titus et al.，2004；Zhou and Smith，2001），可以氧化分解绝大部分的有机物分子，二级反应速率常数通常在 $10^6 \sim 10^9 \text{L/(mol·s)}$ 数量级（Perathoner and Centi，2005；Andreozzi et al.，1999），比其他氧化剂（如 O_3）高得多（Tan and Xu，2014；Xu et al.，2014；Chen and Zhu，2006）。

AOPs 不仅能从化学角度改变污染物结构，而且与其他方法相比具有非常有吸引力的优势，如完全矿化有机污染物、污染物浓度非常低的时候也能发生氧化反应、生成环境友好的副产品、处理后水质的感官性质明显改善、能量消耗低（Herney-Ramirez et al.，2010；Barbusiński，2009；Liou and Lu，2008）。在所有 AOPs 中，Fenton 反应被认为是最具应用前景的（Lu et al.，2012；Hu et al.，2011；Bautista et al.，2010b）。Fenton 反应采用 H_2O_2 作为氧化剂，以过渡金属离子（如 Fe^{2+}）催化 H_2O_2 产生高氧化活性的•OH，通常用于处理或预处理土壤和地下水中的顽固有机物或天然有机化合物（Yamaguchi et al.，2018；Yoo et al.，2017；Chen et al.，2008）。Fenton 反应具有效率高、操作简单、成本低廉以及环境友好的设计、操作和维护等特点（Nidheesh and Gandhimathi，2012；Bautista et al.，2010a；Kušić et al.，2006）。

1.3　Fenton 反应简介

H_2O_2 是绿色、高效、易于使用的化学试剂，适用于环境污染的修复。然而，对于有机化合物，H_2O_2 自身氧化性不高，必须催化才具有更高的氧化活性（Huang C P and Huang Y H，2008），由 H_2O_2 形成•OH 需要紫外线辐射或催化剂（Perathoner and Centi，2005）。Fenton（1894）发现，当存在微量的亚铁盐时，酒石酸溶液会与 H_2O_2 发生反应。因此，H_2O_2 和 Fe^{2+} 的混合水溶液称为 Fenton 试剂（Khin et al.，2012；Dhaouadi and Adhoum，2010；Gonzalez-Olmos et al.，2009），同样，Fenton 反应或 Fenton 化学的名称也常被使用。过去的百余年，研究者报道了许多关于 Fenton 反应的新发现。现在人们普遍认为，Fenton 试剂优异的氧化活性主要源自•OH（Xu et al.，2015b；Chen，2010），与 H_2O_2 和均相金属催化剂（如 Fe^{2+}）间的电子转移密切相关（Xu et al.，2015c；Umar et al.，2010）。一般而言，Fenton 反应分为均相催化（以溶解性过渡金属离子为催化剂，包括传统 Fenton 试剂及其改进反应）和非均相催化

（以固态过渡金属离子为催化剂）。任何不使用溶解性 Fe^{2+} 的 Fenton 反应都被广义地认作类 Fenton 反应。类 Fenton 反应也可以是由非均相催化材料催化的反应，包括 Fe^{3+} 或某些过渡金属的氧化物（Yin and Xu，2014；Yap et al.，2011）。

　　基于 Fenton 反应在化学、环境和生物领域潜在的应用，在过去的 40 余年，尤其是在 2005～2019 年这段时期，学者对它产生了越来越浓厚的兴趣（图 1.2）。这个调查结果是在汤森路透的 Web of Knowledge 网站上使用"Fenton 反应"为主题词搜索得到的。当然，这并不是该领域实际的出版物数量，但它也反映出了与 Fenton 反应相关的出版论文数量日益增加的发展趋势。

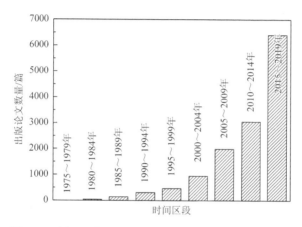

图 1.2　过去 40 余年与 Fenton 反应相关的出版论文数量

　　Fenton 反应的效率主要取决于 H_2O_2 浓度、Fe^{2+}/H_2O_2 摩尔比、溶液 pH 和反应时间。另外，污染物的初始浓度和特性以及反应温度对最终的效率也有很大影响（Barbusiński，2009）。Fenton 反应的效率也可以通过一些辅助条件加以提高，由此衍生出一系列的 Fenton 体系，如光-Fenton 反应（Shi et al.，2014；Guimarães et al.，2012；Li et al.，2012）、电-Fenton 反应（Babuponnusami and Muthukumar，2012；Elaoud et al.，2012）、超声-Fenton 反应（Ying-Shih，2012）、光电-Fenton 反应（Almeida et al.，2012；Babuponnusami and Muthukumar，2012）、声电-Fenton 反应（Babuponnusami and Muthukumar，2012）、微波-Fenton 反应（Wang et al.，2012）。除了 Fe^{2+}，其他低价态的过渡金属离子（如 Cu^+、Co^{2+}、Mn^{2+}、Ce^{3+} 和 Ru^{3+}）也可以催化 Fenton 反应（Dhakshinamoorthy et al.，2012；Heckert et al.，2008；Anipsitakis and Dionysiou，2004），零价铁（zero valent iron，ZVI）也能催化 Fenton 反应（Plata et al.，2012）。然而，对于传统 Fenton 反应过程中活性氧化物种（reactive oxidation species，ROS）产生的机理或路径目前仍然存在争议（Herney-Ramirez et al.，2007；Kremer，1999）。可能的形成机理包括 Fe^{2+} 与 H_2O_2 间非直接键合作用的外层电子

转移机理以及 Fe^{2+} 与 H_2O_2 间直接键合作用的内层电子转移机理，后者形成金属的过氧络合物 $Fe^{2+}OOH$，可能会进一步反应生成•OH（单电子氧化剂）或$[Fe^{4+}=O]^{2+}$（双电子氧化剂）（Barbusiński，2009），如图 1.3（a）所示。相应地，学者提出了两个主要的反应途径：①羟基自由基形成途径，Fe^{2+} 催化 H_2O_2 分解产生•OH；②非羟基自由基形成途径，H_2O_2 和 Fe^{2+} 反应形成$[Fe^{4+}=O]^{2+}$（Gonzalez-Olmos et al.，2011；Barbusiński，2009），如图 1.3（b）所示。$[Fe^{4+}=O]^{2+}$ 的本质是什么？是•OH、$[Fe^{4+}=O]^{2+}$，还是其他的活性氧化物种使有机污染物降解？这些都还不是很明确，因为对寿命极短的中间体进行精确的实验分析非常困难。Ensing 等（2004，2001）运用密度泛函理论（density functional theory，DFT）对 Fenton 试剂形成 Fe^{4+} 的含氧络合物进行了计算，并证实水化高价铁离子$[(H_2O)_5Fe^{4+}=O]^{2+}$ 确实具有很高的反应活性，可以在真空条件下将甲烷氧化为甲醇。然而，Pestovsky 等（2005）认为，在酸性和中性水溶液中，Fenton 试剂的关键中间产物绝不是$[(H_2O)_5Fe^{4+}=O]^{2+}$。除了这些，Dunford（2002）在一篇综述文章中讨论了"氢提取/氧再键合"机理，而 Freinbichler 等（2011）则认为，Fenton 反应过程中形成了一种受束缚的"神秘"自由基作为活性反应物种。从动力学的角度来看，即便能够形成$[Fe^{4+}=O]^{2+}$活性物种，它在 Fenton 反应过程中的作用可能也是次要的，因为$[Fe^{4+}=O]^{2+}$氧化有机物的速率常数比•OH 小几个数量级（Pignatello et al.，2006）。争论仍在继续……明确地阐明 Fenton 反应机理是非常复杂的，Fenton 反应机理与反应条件紧密相关，如金属离子的束缚、溶剂、pH、有机基质等（Wu et al.，2016；Ensing et al.，2004）。在 Fenton 反应过程中，可能是•OH 和$[Fe^{4+}=O]^{2+}$共存，其中一个将占主导地位，这取决于环境条件或实验参数（Barbusiński，2009）。目前，虽然羟基自由基机理在大多数的研究中被接受和应用，未来的研究工作还将会聚焦于探寻 Fenton 反应机理。

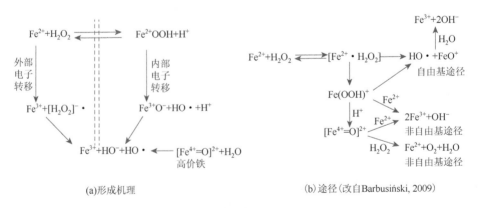

(a)形成机理　　　　　　　　　　(b)途径（改自Barbusiński, 2009）

图 1.3　传统 Fenton 反应过程中可能涉及的活性氧化物种形成机理和途径

1.4　Fenton 反应特点

无论 Fenton 反应的机理是什么，一个毋庸置疑的事实是，Fenton 反应能有效地降解有机污染物。利用 Fenton 反应进行环境修复具有普遍适用性，与有机污染物的性质和官能团无关（Navalon et al.，2011；Navalon et al.，2010a）。因此，它可以用于污染水体和土壤的治理和修复，也可以去除不可生物降解的化学物质（Navalon et al.，2010b；Kwan and Voelker，2002）。目前，传统 Fenton 反应被广泛接受的机理是在酸性介质中生成•OH 的一系列循环反应（Deng and Englehardt，2006；Mecozzi et al.，2006；Cheng et al.，2003）。这些循环反应称为哈伯-维斯循环（Haber-Weiss cycle），如反应式（1-1）～反应式（1-7）所示（Magario et al.，2012；Jung et al.，2009；Barreiro et al.，2007）：

$$Fe^{2+} + H_2O_2 \longrightarrow Fe^{3+} + \cdot OH + OH^- \quad k_1 = 63 \sim 70 L/(mol \cdot s) \qquad (1\text{-}1)$$

$$Fe^{3+} + H_2O_2 \longrightarrow Fe^{2+} + HO_2 \cdot + H^+ \quad k_2 = 0.001 \sim 0.01 L/(mol \cdot s) \qquad (1\text{-}2)$$

$$\cdot OH + H_2O_2 \longrightarrow HO_2 \cdot + H_2O \quad k_3 = 3.3 \times 10^7 L/(mol \cdot s) \qquad (1\text{-}3)$$

$$\cdot OH + Fe^{2+} \longrightarrow Fe^{3+} + OH^- \quad k_4 = 3.2 \times 10^8 L/(mol \cdot s) \qquad (1\text{-}4)$$

$$Fe^{2+} + HO_2 \cdot + H^+ \longrightarrow Fe^{3+} + H_2O_2 \quad k_5 = (1.2 \sim 1.3) \times 10^6 L/(mol \cdot s) \qquad (1\text{-}5)$$

$$Fe^{3+} + HO_2 \cdot \longrightarrow Fe^{2+} + O_2 + H^+ \quad k_6 = (1.3 \sim 2) \times 10^3 L/(mol \cdot s) \qquad (1\text{-}6)$$

$$2HO_2 \cdot \longrightarrow H_2O_2 + O_2 \quad k_7 = 8.3 \times 10^5 L/(mol \cdot s) \qquad (1\text{-}7)$$

总体而言，反应式（1-1）～反应式（1-7）的净反应可以认为是在 Fe^{2+} 的催化作用下 H_2O_2 离解，如反应式（1-8）所示：

$$2Fe^{2+} + H_2O_2 + 2H^+ \longrightarrow 2Fe^{3+} + 2H_2O \qquad (1\text{-}8)$$

这是一个链式反应，由反应式（1-1）引发，在反应式（1-4）和反应式（1-5）结束（Barbusiński，2009），活性氧化物种（主要是•OH）通过此链式反应不断地形成。由于反应活性高，•OH 可以攻击和破坏大多数的有机化合物，作为氧化剂从富含电子的有机物物质或介质中存在的其他物种中夺取一个电子形成氢氧根离子；也可以作为夺氢试剂从碳氢化合物或其他有机物中夺取一个氢原子；还可以作为亲电子试剂攻击芳香族化合物、烯烃和其他不饱和有机化合物的 π 电子云（Navalon et al.，2010a）。•OH 攻击有机化合物的性质和相关反应已有详细评论，可参考相关公开发表的论文（Hartmann et al.，2010；Navalon et al.，2010a）。Fenton 反应的主要优势是能够彻底分解有机污染物，形成无害的产物，如 CO_2、H_2O 和小分子有机酸（Neyens and Baeyens，2003）。与其他氧化剂相比，H_2O_2 便宜、安全、易于处理，而且对环境没有持久的危害，因为它很容易分解为 H_2O 和 O_2（Dükkancı et al.，2010；Pignatello et al.，2006）。此外，传统 Fenton 反应引人关注的原因是没有传质限制，反应是在均相条件下进行的（Tunç et al.，2012）。然而，尽管传统 Fenton 反应的效率很高，但是仍存在许多缺点，使其在实际工业中的应用不尽如人意（Zhong et al.，2012）。反应式（1-8）表明，H^+ 对 H_2O_2 的分解是必需的，这表明在酸性环境下才能产生最大量的 •OH。因此，pH = 3 左右的酸性条件通常为 Fenton 反应的最佳条件（Hassan and Hameed，2011a，2011b；Zhang et al.，2010）。当 pH 大于 3 时，Fe^{2+} 和 Fe^{3+} 开始形成络合物或沉淀物（Gallard et al.，1999），导致 Fe^{2+} 和 Fe^{3+} 的浓度减小，Fenton 反应效能随之降低。依据反应式（1-2）和反应式（1-6），更酸的环境将会抑制 Fe^{2+} 的再生反应。另外，在 Fenton 链式反应中，反应式（1-1）的速率常数比反应式（1-2）的速率常数高几个数量级，这意味着 Fe^{2+} 的消耗速率比它的再生速率快得多，因此，在反应过程中必须维持过量的 Fe^{2+} 以保证生成 •OH（Dhakshinamoorthy et al.，2012；Karthikeyan et al.，2011）。这就要求在传统均相 Fenton 反应溶液中 Fe^{2+} 的浓度至少是 50mg/L，远远高于欧盟（European Union，EU）规定的直接排放到环境中水体的 Fe^{2+} 浓度不超过 2mg/L 的标准（Bolova et al.，2012；Hartmann et al.，2010；Herney-Ramirez et al.，2008）。后续去除 Fe^{2+} 和 Fe^{3+} 时，在中和阶段会产生大量的氢氧化铁污泥（Umar et al.，2010）。由于以上的两个主要缺点，在均相 Fenton 反应工艺中，必须使用耐酸材料以满足反应的酸性条件要求，同时需要额外的设备对处理后的废水进行中和甚至絮凝反应以达到排放标准（Bautista et al.，2008），这些无疑会增加总成本。除了这些，液相中的 Fe^{2+} 和 Fe^{3+} 还可能失活，原因是它与氧化过程所产生的中间产物（如草酸）发生络合反应（Hassan and Hameed，2011b；Hartmann et al.，2010；Caudo et al.，2006）。实际上，可以使用非均相 Fenton 催化材料克服这些限制，替代均相的 Fe^{2+} 和 Fe^{3+}。

固体催化材料通过以下几个方面提高 Fenton 反应效能：①提高反应速率；②改善局部有效 pH；③保护 Fe^{2+} 和 Fe^{3+} 活性反应位不被络合和失活；④提供对目标分子选择性攻击的机会（Perathoner and Centi，2005）。一般认为，对于非均相 Fenton 反应体系，最重要的问题就是以合理的成本获得具有较高反应活性和较长催化稳定性的催化材料（Hartmann et al.，2010）。在此情况下，具有特殊晶体结构或属性的低成本矿物材料或无机材料是非均相 Fenton 催化材料最好的选择，它们可以作为 Fe^{2+} 和 Fe^{3+} 的载体或供体。

参 考 文 献

Abdel daiem M M，Rivera-Utrilla J，Ocampo-Pérez R，et al. 2012. Environmental impact of phthalic acid esters and their removal from water and sediments by different technologies—A review[J]. Journal of Environmental Management，109（10）：164-178.

Aleksić M，Kušić H，Koprivanac N，et al. 2010. Heterogeneous Fenton type processes for the degradation of organic dye pollutant in water—The application of zeolite assisted AOPs[J]. Desalination, 257 (1) : 22-29.

Almeida L C, Garcia-Segura S, Arias C, et al. 2012. Electrochemical mineralization of the azo dye Acid Red 29 (Chromotrope 2R) by photoelectro-Fenton process[J]. Chemosphere, 89 (6) : 751-758.

Andreozzi R, Caprio V, Insola A, et al. 1999. Advanced oxidation processes (AOP) for water purification and recovery[J]. Catalysis Today, 53 (1) : 51-59.

Anipsitakis G P, Dionysiou D D. 2004. Radical generation by the interaction of transition metals with common oxidants[J]. Environmental Science & Technology, 38 (13) : 3705-3712.

Babuponnusami A, Muthukumar K. 2012. Advanced oxidation of phenol: A comparison between Fenton, electro-Fenton, sono-electro-Fenton and photo-electro-Fenton processes[J]. Chemical Engineering Journal, 183 (4) : 1-9.

Barbusiński K. 2009. Fenton reaction: Controversy concerning the chemistry[J]. Ecological Chemistry and Engineering S, 16 (3) : 347-358.

Barreiro J C, Capelato M D, Martin-Neto L, et al. 2007. Oxidative decomposition of atrazine by a Fenton-like reaction in a H_2O_2/ferrihydrite system[J]. Water Research, 41 (1) : 55-62.

Bautista P, Mohedano A F, Casas J A, et al. 2008. An overview of the application of Fenton oxidation to industrial wastewaters treatment[J]. Journal of Chemical Technology and Biotechnology, 83 (6) : 1323-1338.

Bautista P, Mohedano A F, Casas J A, et al. 2010a. Oxidation of cosmetic wastewaters with H_2O_2 using a Fe/γ-Al_2O_3 catalyst[J]. Water Science & Technology, 61 (6) : 1631-1636.

Bautista P, Mohedano A F, Menéndez N, et al. 2010b. Catalytic wet peroxide oxidation of cosmetic wastewaters with Fe-bearing catalysts[J]. Catalysis Today, 151 (1) : 148-152.

Bayat M, Sohrabi M, Royaee S J. 2012. Degradation of phenol by heterogeneous Fenton reaction using Fe/clinoptilolite[J]. Journal of Industry and Engineering Chemistry, 18 (3) : 957-962.

Bolova E, Gündüz G, Dükkancı M. 2012. Heterogeneous Fenton-like degradation of Orange II in water using FeZSM-5 zeolite catalyst[J]. International Journal of Chemical Reactor Engineering, 10 (1) : 1-21.

Carriazo J, Guélou E, Barrault J, et al. 2005. Catalytic wet peroxide oxidation of phenol by pillared clays containing Al-Ce-Fe[J]. Water Research, 39 (16) : 3891-3899.

Caudo S, Centi G, Genovese C, et al. 2006. Homogeneous versus heterogeneous catalytic reactions to eliminate organics from waste water using H_2O_2[J]. Topics in Catalysis, 40 (1-4) : 207-219.

Che H, Bae S, Lee W. 2011. Degradation of trichloroethylene by Fenton reaction in pyrite suspension[J]. Journal of Hazardous Materials, 185 (2) : 1355-1361.

Chen A Y, Ma X D, Sun H W. 2008. Decolorization of KN-R catalyzed by Fe-containing Y and ZSM-5 zeolites[J]. Journal of Hazardous Materials, 156 (1) : 568-575.

Chen G Z. 2010. A golden episode continues Fenton's colorful story[J]. Angewandte Chemie International Edition, 49 (32) : 5413-5415.

Chen J X, Zhu L Z. 2006. Catalytic degradation of Orange II by UV-Fenton with hydroxyl-Fe-pillared bentonite in water[J]. Chemosphere, 65 (7) : 1249-1255.

Cheng S A, Fung W K, Chan K Y, et al. 2003. Optimizing electron spin resonance detection of hydroxyl radical in water[J]. Chemosphere, 52 (10) : 1797-1805.

Das R, Vecitis C D, Schulze A, et al. 2017. Recent advances in nanomaterials for water protection and monitoring[J]. Chemical Society Reviews, 46 (30) : 6946-7020.

Deng Y, Englehardt J D. 2006. Treatment of landfill leachate by the Fenton process[J]. Water Research, 40 (20) : 3683-3694.

Dhakshinamoorthy A, Navalon S, Alvaro M, et al. 2012. Metal nanoparticles as heterogeneous Fenton catalysts[J]. ChemSusChem, 5（1）：46-64.

Dhaouadi A, Adhoum N. 2010. Heterogeneous catalytic wet peroxide oxidation of paraquat in the presence of modified activated carbon[J]. Applied Catalysis B-Environmental, 97（1）：227-235.

Dükkancı M, Gündüz G, Yılmaz S, et al. 2010. Characterization and catalytic activity of CuFeZSM-5 catalysts for oxidative degradation of Rhodamine 6G in aqueous solutions[J]. Applied Catalysis B-Environmental, 95（3）：270-278.

Dunford H B. 2002. Oxidations of iron（II）/（III）by hydrogen peroxide: from aquo to enzyme[J]. Coordination Chemistry Reviews, 233-234（11）：311-318.

Elaoud S C, Panizza M, Cerisola G, et al. 2012. Coumaric acid degradation by electro-Fenton process[J]. Journal of Electroanalytical Chemistry, 667（1）：19-23.

Ensing B, Buda F, Blöchl P, et al. 2001. Chemical involvement of solvent water molecules in elementary steps of the Fenton oxidation reaction[J]. Angewandte Chemie International Edition, 40（15）：2893-2895.

Ensing B, Buda F, Gribnau M C M, et al. 2004. Methane-to-methanol oxidation by the hydrated iron（IV）oxo species in aqueous solution: A combined DFT and Car-Parrinello molecular dynamics study[J]. Journal of the American Chemical Society, 126（13）：4355-4365.

Fenton H J H. 1894. Oxidation of tartaric acid in presence of iron[J]. Journal of the Chemical Society, Transactions, 65（1）：899-910.

Freinbichler W, Colivicchi M A, Stefanini C, et al. 2011. Highly reactive oxygen species: Detection, formation, and possible functions[J]. Cellular & Molecular Life Sciences, 68（12）：2067-2079.

Gallard H, De Laat J, Legube B. 1999. Spectrophotometric study of the formation of iron（III）-hydroperoxy complexes in homogeneous aqueous solutions[J]. Water Research, 33（13）：2929-2936.

Garcia-Segura S, Garrido J A, Rodríguez R M, et al. 2012. Mineralization of flumequine in acidic medium by electro-Fenton and photoelectro-Fenton processes[J]. Water Research, 46（7）：2067-2076.

Gomes H I, Dias-Ferreira C, Ribeiro A B. 2012. Electrokinetic remediation of organochlorines in soil: Enhancement techniques and integration with other remediation technologies[J]. Chemosphere, 87（10）：1077-1090.

Gonzalez-Olmos R, Holzer F, Kopinke F D, et al. 2011. Indications of the reactive species in a heterogeneous Fenton-like reaction using Fe-containing zeolites[J]. Applied Catalysis A-General, 398（1）：44-53.

Gonzalez-Olmos R, Roland U, Toufar H, et al. 2009. Fe-zeolites as catalysts for chemical oxidation of MTBE in water with H_2O_2[J]. Applied Catalysis B-Environmental, 89（3）：356-364.

Grant S B, Saphores J D, Feldman D L, et al. 2012. Taking the "waste" out of "wastewater" for human water security and ecosystem sustainability[J]. Science, 337（6095）：681-686.

Grčić I, Maljković M, Papić S, et al. 2011. Low frequency US and UV-A assisted Fenton oxidation of simulated dyehouse wastewater[J]. Journal of Hazardous Materials, 197（12）：272-284.

Guimarães J R, Maniero M G, Araújo R N. 2012. A comparative study on the degradation of RB-19 dye in an aqueous medium by advanced oxidation processes[J]. Journal of Environmental Management, 110（18）：33-39.

Gupta V K, Ali I, Saleh T A, et al. 2012. Chemical treatment technologies for waste-water recycling—An overview[J]. RSC Advances, 2（16）：6380-6388.

Hartmann M, Kullmann S, Keller H. 2010. Wastewater treatment with heterogeneous Fenton-type catalysts based on porous materials[J]. Journal of Materials Chemistry, 20（41）：9002-9017.

Hassan H, Hameed B H. 2011a. Fe-clay as effective heterogeneous Fenton catalyst for the decolorization of Reactive Blue 4[J].

Chemical Engineering Journal，171（3）：912-918.

Hassan H，Hameed B H. 2011b. Fenton-like oxidation of Acid Red 1 solutions using heterogeneous catalyst based on ball clay[J]. International Journal of Environmental Science and Development，2（3）：218-222.

Heckert E G，Seal S，Self W T. 2008. Fenton-like reaction catalyzed by the rare earth inner transition metal cerium[J]. Environmental Science & Technology，42（13）：5014-5019.

Herney-Ramirez J，Costa C A，Madeira L M，et al. 2007. Fenton-like oxidation of Orange II solutions using heterogeneous catalysts based on saponite clay[J]. Applied Catalysis B-Environmental，71（1）：44-56.

Herney-Ramirez J，Lampinen M，Vicente M A，et al. 2008. Experimental design to optimize the oxidation of Orange II dye solution using a clay-based Fenton-like catalyst[J]. Industrial & Engineering Chemistry Research，47（2）：284-294.

Herney-Ramirez J，Vicente M A，Madeira L M. 2010. Heterogeneous photo-Fenton oxidation with pillared clay-based catalysts for wastewater treatment：A review[J]. Applied Catalysis B-Environmental，98（1）：10-26.

Hu X B，Liu B Z，Deng Y H，et al. 2011. Adsorption and heterogeneous Fenton degradation of 17α-methyltestosterone on nano Fe_3O_4/MWCNTs in aqueous solution[J]. Applied Catalysis B-Environmental，107（3-4）：274-283.

Huang C P，Huang Y H. 2008. Comparison of catalytic decomposition of hydrogen peroxide and catalytic degradation of phenol by immobilized iron oxides[J]. Applied Catalysis A-General，346（1）：140-148.

Jung Y S，Lim W T，Park J Y，et al. 2009. Effect of pH on Fenton and Fenton-like oxidation[J]. Environmental Technology，30（2）：183-190.

Karn B，Kuiken T，Otto M. 2009. Nanotechnology and in situ remediation：A review of the benefits and potential risks[J]. Environmental Health Perspectives，117（12）：1823-1831.

Karthikeyan S，Titus A，Gnanamani A，et al. 2011. Treatment of textile wastewater by homogeneous and heterogeneous Fenton oxidation processes[J]. Desalination，281（20）：438-445.

Khin M M，Nair A S，Babu V J，et al. 2012. A review on nanomaterials for environmental remediation[J]. Energy & Environmental Science，5（8）：8075-8109.

Kitis M，Kaplan S S. 2007. Advanced oxidation of natural organic matter using hydrogen peroxide and iron-coated pumice particles[J]. Chemosphere，68（10）：1846-1853.

Kremer M L. 1999. Mechanism of the Fenton reaction：Evidence for a new intermediate[J]. Physical Chemistry Chemical Physics，1（15）：3595-3605.

Kušić H，Koprivanac N，Selanec I. 2006. Fe-exchanged zeolite as the effective heterogeneous Fenton-type catalyst for the organic pollutant minimization：UV irradiation assistance[J]. Chemosphere，65（1）：65-73.

Kwan W P，Voelker B M. 2002. Decomposition of hydrogen peroxide and organic compounds in the presence of dissolved iron and ferrihydrite[J]. Environmental Science & Technology，36（7）：1467-1476.

Landy D，Mallard I，Ponchel A，et al. 2012. Remediation technologies using cyclodextrins：An overview[J]. Environmental Chemistry Letters，10（3）：225-237.

Li D P，Qu J H. 2009. The progress of catalytic technologies in water purification：A review[J]. Journal of Environmental Science，21（6）：713-719.

Li P，Xu H Y，Li X，et al. 2012. Preparation and evaluation of a photo-Fenton heterogeneous catalyst：Spinel-typed $ZnFe_2O_4$[J]. Advanced Materials Research，550-553（7）：329-335.

Liou M J，Lu M C. 2008. Catalytic degradation of explosives with goethite and hydrogen peroxide[J]. Journal of Hazardous Materials，151（2）：540-546.

Liu W C，Xu H Y，Shi T N，et al. 2013. Preparation and photocatalytic activity of TiO_2/tourmaline composite[J]. Advanced

Materials Research，800（9）：464-470.

Lu M，Wu X J，Wei X F. 2012. Chemical degradation of polyacrylamide by advanced oxidation processes[J]. Environmental Technology，33（9）：1021-1028.

Magario I，Einschlag F S G，Rueda E H，et al. 2012. Mechanisms of radical generation in the removal of phenol derivatives and pigments using different Fe-based catalytic systems[J]. Journal of Molecular Catalysis A-Chemical，352（10）：1-20.

Mecozzi R，Palma L D，Pilone D，et al. 2006. Use of EAF dust as heterogeneous catalyst in Fenton oxidation of PCP contaminated wastewaters[J]. Journal of Hazardous Materials，137（2）：886-892.

Molina C B，Casas J A，Zazo J A，et al. 2006. A comparison of Al-Fe and Zr-Fe pillared clays for catalytic wet peroxide oxidation[J]. Chemical Engineering Journal，118（1）：29-35.

Molina R，Martínez F，Melero J A，et al. 2006. Mineralization of phenol by a heterogeneous ultrasound/Fe-SBA-15/H_2O_2 process：Multivariate study by factorial design of experiments[J]. Applied Catalysis B-Environmental，66（3）：198-207.

Navalon S，Alvaro M，Garcia H. 2010a. Heterogeneous Fenton catalysts based on clays，silicas and zeolites[J]. Applied Catalysis B-Environmental，99（1）：1-26.

Navalon S，Martin R，Alvaro M，et al. 2010b. Gold on diamond nanoparticles as a highly efficient Fenton catalyst[J]. Angewandte Chemie International Edition，49（45）：8403-8407.

Navalon S，Miguel M，Martin R，et al. 2011. Enhancement of the catalytic activity of supported gold nanoparticles for the Fenton reaction by light[J]. Journal of the American Chemical Society，133（7）：2218-2226.

Neyens E，Baeyens J. 2003. A review of classic Fenton's peroxidation as an advanced oxidation technique[J]. Journal of Hazardous Materials，98（1）：33-50.

Nidheesh P V，Gandhimathi R. 2012. Trends in electro-Fenton process for water and wastewater treatment：An overview[J]. Desalination，299（4）：1-15.

Paspaliaris I，Papassiopi N，Xenidis A，et al. 2008. Soil remediation[M]//Wang L K，Shammas N K，Hung Y T. Advances in Hazardous Industrial Waste Treatment. New York：CRC Press：36.

Perathoner S，Centi G. 2005. Wet hydrogen peroxide catalytic oxidation （WHPCO） of organic waste in agro-food and industrial streams[J]. Topics in Catalysis，33（1-4）：207-224.

Pera-Titus M，García-Molina V，Baños M A，et al. 2004. Degradation of chlorophenols by means of advanced oxidation processes：A general review[J]. Applied Catalysis B-Environmental，47（4）：219-256.

Pestovsky O，Stoian S，Bominaar E L，et al. 2005. Aqueous $Fe^{IV}=O$：Spectroscopic identification and oxo-group exchange[J]. Angewandte Chemie International Edition，44（42）：6871-6874.

Pignatello J J，Oliveros E，MacKay A. 2006. Advanced oxidation processes for organic contaminant destruction based on the Fenton reaction and related chemistry[J]. Critical Reviews in Environmental Science and Technology，36（1）：1-84.

Plata G B O，Alfano O M，Cassano A E. 2012. 2-Chlorophenol degradation via photo Fenton reaction employing zero valent iron nanoparticles[J]. Journal of Photochemistry and Photobiology A-Chemistry，233（2）：53-59.

Platon N，Siminiceanu I，Nistor I D，et al. 2011. Fe-pillared clay as an efficient Fenton-like heterogeneous catalyst for phenol degradation[J]. Revista de Chimi （Bucharest），62（6）：676-679.

Prucek R，Hermanek M，Zbořil R. 2009. An effect of iron （III） oxides crystallinity on their catalytic efficiency and applicability in phenol degradation—A competition between homogeneous and heterogeneous catalysis[J]. Applied Catalysis A-General，366（2）：325-332.

Qi S Y，Wu C，Wang D P，et al. 2017. The effect of schorl on the photocatalytic properties of the TiO_2/schorl composite materials[J]. Results in Physics, 7（9）: 3645-3647.

Schwarzenbach R P, Escher B I, Fenner K, et al. 2006. The challenge of micropollutants in aquatic systems[J]. Science, 313（5790）: 1072-1077.

Shannon M A, Bohn P W, Elimelech M, et al. 2008. Science and technology for water purification in the coming decades[J]. Nature, 452（7185）: 301-310.

Shi T N, Xu H Y, Chang H Z. 2014. UV-Fenton discoloration of Methyl Orange using Fe_3O_4/MWCNTs as heterogeneous catalyst obtained by an in situ strategy[J]. Applied Mechanics and Materials, 618（8）: 208-214.

Sonntag C V. 2008. Advanced oxidation processes: Mechanistic aspects[J]. Water Science & Technology, 58（5）: 1015-1021.

Souza S M A G U, Bonilla K A S, Souza A A U. 2010. Removal of COD and color from hydrolyzed textile azo dye by combined ozonation and biological treatment[J]. Journal of Hazardous Materials, 179（1）: 35-42.

Stasinakis A S. 2008. Use of selected advanced oxidation processes （AOPs） for wastewater treatment— A mini review[J]. Global Nest Journal, 10（3）: 376-385.

Tan Q, Xu H Y. 2014. Photocatalytic degradation of Methyl Orange over $BiOCl_xBr_{1-x}$ （$0 \leqslant x \leqslant 1$） solid solutions[C]//International Conference on Mechatronics, Electronic, Industrial and Control Engineering, Shenyang: 200-203.

Tunç S, Gürkan T, Duman O. 2012. On-line spectrophotometric method for the determination of optimum operation parameters on the decolorization of Acid Red 66 and Direct Blue 71 from aqueous solution by Fenton process[J]. Chemical Engineering Journal, 181-182（2）: 431-442.

Umar M, Aziz H A, Yusoff M S. 2010. Trends in the use of Fenton, electro-Fenton and photo-Fenton for the treatment of landfill leachate[J]. Waste Management, 30（11）: 2113-2121.

Vogelpohl A, Kim S M. 2004. Advanced oxidation processes （AOPs） in wastewater treatment[J]. Journal of Industrial and Engineering Chemistry, 10（1）: 33-44.

Wang J L, Xu L J. 2012. Advanced oxidation processes for wastewater treatment: Formation of hydroxyl radical and application[J]. Critical Reviews in Environmental Science and Technology, 42（3）: 251-325.

Wang Y J, Zhao H Y, Gao J X, et al. 2012. Rapid mineralization of azo-dye wastewater by microwave synergistic electro-Fenton oxidation process[J]. Journal of Physical Chemistry C, 116（13）: 7457-7463.

Wu L C, Xu H Y, Zhao H. 2014. Pyrolytic synthesis of bifunctional $g-C_3N_4$ derived from melamine[J]. Applied Mechanics & Materials, 618（8）: 215-219.

Wu L C, Zhao H, Jin L G, et al. 2016. TiO_2/$g-C_3N_4$ heterojunctions: In situ fabrication mechanism and enhanced photocatalytic activity[J]. Frontiers of Materials Science, 10（3）: 310-319.

Xu H Y, Han X, Tan Q, et al. 2017a. Crystal-chemistry insight into the photocatalytic activity of $BiOCl_xBr_{1-x}$ nanoplate solid solutions[J]. Frontiers of Materials Science, 11（2）: 120-129.

Xu H Y, Han X, Tan Q, et al. 2017b. Structure-dependent photocatalytic performance of $BiOBr_xI_{1-x}$ nanoplate solid solutions[J]. Catalysts, 7（5）: 153.

Xu H Y, Li B, Li P. 2018. Morphology dependent photocatalytic efficacy of zinc ferrite probed for Methyl Orange degradation[J]. Journal of the Serbian Chemical Society, 83（11）: 1261-1271.

Xu H Y, Li X, Li Y, et al. 2015a. Photocatalytic degradation of Methyl Orange by TiO_2/schorl photocatalyst: Affecting parameters[J]. Applied Mechanics & Materials, 713-715（1）: 2785-2788.

Xu H Y, Li X, Li Y, et al. 2015b. Photocatalytic degradation of Methyl Orange by TiO_2/schorl photocatalyst: Kinetics and thermodynamics[J]. Applied Mechanics & Materials, 713-715（1）: 2789-2792.

Xu H Y，Liu W C，Shi J，et al. 2014. Photocatalytic discoloration of Methyl Orange by anatase/schorl composite：Optimization using response surface method[J]. Environmental Science and Pollution Research，21（2）：1582-1591.

Xu H Y，Wu L C，Jin L G，et al. 2017c. Combination mechanism and enhanced visible-light photocatalytic activity and stability of CdS/g-C$_3$N$_4$ heterojunctions[J]. Journal of Materials Science & Technology，33（1）：30-38.

Xu H Y，Wu L C，Zhao H，et al. 2015c. Synergic effect between adsorption and photocatalysis of metal-free g-C$_3$N$_4$ derived from different precursors[J]. PLoS ONE，10（11）：e0142616.

Xu H Y，Zheng Z，Mao G J. 2010. Enhanced photocatalytic discoloration of acid fuchsine wastewater by TiO$_2$/schorl composite catalyst[J]. Journal of Hazardous Materials，175（1）：658-665.

Yamaguchi R，Kurosu S，Suzuki M，et al. 2018. Hydroxyl radical generation by zero-valent iron/Cu（ZVI/Cu）bimetallic catalyst in wastewater treatment：Heterogeneous Fenton/Fenton-like reactions by Fenton reagents formed in-situ under oxic conditions[J]. Chemical Engineering Journal，334（2）：1537-1549.

Yap C L，Gan S，Ng H K. 2011. Fenton based remediation of polycyclic aromatic hydrocarbons-contaminated soils[J]. Chemosphere，83（11）：1414-1430.

Yin J Y，Xu H Y. 2014. Degradation of organic dyes over polymeric photocatalyst C$_3$N$_3$S$_3$[C]//International Conference on Mechatronics，Electronic，Industrial and Control Engineering，Shenyang：196-199.

Ying-Shih M A. 2012. Enhancement of the biodegradability of ethylenediamine in wastewater by sono-Fenton degradation[J]. Journal of Water & Environment Technology，10（2）：117-127.

Yoo S H，Jang D，Joh H I，et al. 2017. Iron oxide/porous carbon as a heterogeneous Fenton catalyst for fast decomposition of hydrogen peroxide and efficient removal of methylene blue[J]. Journal of Materials Chemistry A，5（2）：748-755.

Zhang G K，Gao Y Y，Zhang Y L，et al. 2010. Fe$_2$O$_3$-pillared rectorite as an efficient and stable Fenton-like heterogeneous catalyst for photodegradation of organic contaminants[J]. Environmental Science and Technology，44（16）：6384-6389.

Zhao H，Wu L C，Xu H Y. 2016. Adsorption and photocatalysis of organic dyes by g-C$_3$N$_4$ in situ doped with S[J]. Science of Advanced Materials，8（7）：1408-1416.

Zhong X，Jacques B J，Duprez D，et al. 2012. Modulating the copper oxide morphology and accessibility by using micro-/mesoporous SBA-15 structures as host support：Effect on the activity for the CWPO of phenol reaction[J]. Applied Catalysis B-Environmental，121-122（6）：123-134.

Zhou H，Smith D W. 2001. Advanced technologies in water and wastewater treatment[J]. Canadian Journal of Civil Engineering，28（S1）：49-66.

第2章 载铁型非均相 Fenton 催化材料

2.1 概　述

一些无机固体具有特殊的晶体和物理化学性质，可以作为 Fe^{2+}、Fe^{3+} 和其他过渡金属离子的载体，形成团聚物、络合物、氧化物等。可以通过很多种方法实现 Fe^{2+} 和 Fe^{3+} 在载体中的负载，如离子交换、浸渍、柱撑、同晶取代，或通过水热法、沉淀法和化学气相沉积法直接合成负载型催化材料，Hartmann 等（2010）和 Wegener 等（2012）对此进行了详细的总结。

2.2　黏土载铁催化材料

黏土等天然材料具有实用性、低成本、环境稳定性以及高吸附性和离子交换性，最适合作为载体。此外，黏土材料可以通过各种化学或物理方法进行改性，以获得所需的表面性能，从而更好地固定特定的化合物。它们被广泛用作吸附剂、离子交换剂、脱色剂、铸造黏合剂和分子筛催化材料（Sarkar et al.，2012）。天然黏土矿物广泛存在于世界各地的地质沉积物和土壤中，这些矿物的粒度一般在微米量级，具有层状结构，单层的厚度为纳米量级（Heinz，2012）。黏土矿物可分为七类：①高岭石和蛇纹石类，典型的双层层状硅酸盐；②云母类，三层片层状硅酸盐；③蛭石类，膨胀的三层片层状硅酸盐；④蒙脱土类，剧烈膨胀的三层片层状硅酸盐，蒙脱土黏土层间不存在羟基官能团，因此硅烷偶联剂只能在片层的边缘发生反应；⑤叶蜡石与滑石类，无膨胀的三层叶蜡石；⑥绿泥石类，四层片层状硅酸盐；⑦层状纤维结构的坡缕石和海泡石类（Lee and Tiwari，2012）。黏土表面存在多种类型的活性点位，包括 Brønsted 和 Lewis 酸性点位、氧化和还原点位以及离子交换点位（Srinivasan，2011）。

层状黏土结构的层空间具有可进入性，这一直是研究的热点，可以通过将半径大的阳离子放在片层之间来实现，这个过程称为柱撑（Navalon et al.，2010a）。将金属聚合阳离子嵌入溶胀的黏土矿物（特别是蒙脱土）中，形成柱撑黏土（pillared interlayered clays，PILCs）。在高温（约 500℃）下加热，通过脱水和脱羟基作用，将插入的聚合物转变为相应的金属氧化物团簇。这些氧化物起到了支柱的作用，将黏土结构层分开，在层间形成中微孔。因此，与初始黏土矿物相比，柱撑黏土具有更大的层间距和表面积（Garrido-Ramírez et al.，2010）。柱撑法和浸渍法是将金属离子掺入黏土结构中最为有效的方法（Herney-Ramirez et al.，2010）。据报道，黏土负载的铁或其他过渡金属经常作为具有高活性和稳定性的非均相 Fenton 催化材料。表 2.1 总结了典型有机污染物的降解情况，包括黏土基非均相催化材料、有机污染物种类、最佳催化活性、浸入到溶液中的铁离子（或其他金属离子）浓度（或质量分数）以及相应的反应类型。

表 2.1　不同黏土基材料催化非均相 Fenton 反应降解典型有机污染物

催化材料/载体	污染物	催化活性	浸出离子	反应类型	参考文献
Al-柱撑膨润土	苯酚（phenol）	$^{a}X_{phenol} = 55\%$；$X_{TOC} = 5\%$（6h）	—	^{b}CWPO（pH = 3～3.5）	Molina C B 等（2006）
Zr-柱撑膨润土		$X_{phenol} = 45\%$；$X_{TOC} = 10\%$（6h）	—		
Al/Fe-柱撑膨润土		$X_{phenol} = 99\%$（1h）；$X_{TOC} = 65\%$（6h）	1%铁离子（质量分数）		
Zr/Fe-柱撑膨润土		$X_{phenol} = 99\%$（3h）；$X_{TOC} = 50\%$（6h）	2%铁离子（质量分数）		
Al-柱撑膨润土	苯酚	$X_{phenol} = 100\%$（2h）；$X_{TOC} = 39\%$（4h）	0.20mg/L 铁离子（4h）	CWPO（pH = 3.7）	Carriazo 等（2005）
Al/Fe（10%）-柱撑膨润土		$X_{phenol} = 100\%$（2h）；$X_{TOC} = 50\%$（4h）	0.21mg/L 铁离子（4h）		
Al/Ce-柱撑膨润土		$X_{phenol} = 100\%$（2h）；$X_{TOC} = 51\%$（4h）	0.21mg/L 铁离子（4h）		
Al/Ce/Fe（1%）-柱撑膨润土		$X_{phenol} = 100\%$（2h）；$X_{TOC} = 55\%$（4h）	0.27mg/L 铁离子（4h）		
Al/Ce/Fe（5%）-柱撑膨润土		$X_{phenol} = 100\%$（1h）；$X_{TOC} = 52\%$（4h）	0.34mg/L 铁离子（4h）		
Al/Ce/Fe（10%）-柱撑膨润土		$X_{phenol} = 100\%$（1h）；$X_{TOC} = 54\%$（4h）	0.25mg/L 铁离子（4h）		
Al/Fe-柱撑膨润土	苯酚	$X_{phenol} = 100\%$（最大）	0.3%铁离子（3h，质量分数）	类 Fenton 反应（pH = 3.5～4.7）	Luo 等（2009）
膨润土基铁纳米复合物薄膜	橙黄 II（OII）	$X_{OII} = 100\%$；$X_{TOC} = 60\%$（2h）	0.5mg/L 铁离子（2h）	光-Fenton 反应（pH = 3）	Feng 等（2005）
膨润土基铁纳米催化材料	橙黄 II	$X_{OII} = 100\%$（90min）；$X_{TOC} = 65\%$（2h）	可忽略不计	光-Fenton 反应（pH = 6.6）	Feng 等（2004b）
膨润土基铁纳米催化材料	橙黄 II	$X_{OII} = 100\%$（1h）；$X_{TOC} = 100\%$（2h）	—	光-Fenton 反应（pH = 3.0）	Feng 等（2004a）

催化材料/载体	污染物	催化活性	浸出离子	反应类型	参考文献
羟基铁柱撑膨润土	橙黄 II	$X_{OII} = 100\%$（2h）；$X_{TOC} = 60\%$（2h）	<2mg/L 铁离子；<1.2%铁离子（质量分数）	光-Fenton 反应（pH = 3～9.5）	Chen 和 Zhu（2006）
Cu-酸活化膨润土	酸性黑 1（AB1）	$X_{AB1} = 98\%$（pH = 3，30min）	3.3mg/L 铜离子（pH = 3，2h）	光-Fenton 反应	Yip 等（2005a）
		$X_{AB1} = 87\%$（pH = 5.3，30min）	3.1mg/L 铜离子（pH = 5.3，2h）		
		$X_{AB1} = 85\%$（pH = 8，30min）	1.7mg/L 铜离子（pH = 8，2h）		
Cu-酸活化膨润土	酸性黑 1	$X_{AB1} = 100\%$（pH = 3，30min）	3.4mg/L 铜离子（pH = 3，2h）	光-Fenton 反应	Yip 等（2005b）
		$X_{AB1} = 93\%$（pH = 7，30min）			
		$X_{AB1} = 86\%$（pH = 9，30min）；$X_{TOC} = 85\%$（2h）			
Cu/Fe-酸活化膨润土	酸性黑 1	$X_{AB1} = 100\%$；$X_{TOC} = 93\%$（pH = 3，2h）	2.2mg/L 铜离子（pH = 3，0.5h）；1.6mg/L 铜离子（pH = 7，0.5h）；1.8mg/L 铜离子（pH = 9，1h）	光-Fenton 反应	Yip 等（2007）
		$X_{AB1} = 99\%$；$X_{TOC} = 85\%$（pH = 7，2h）	2.3mg/L 铁离子（pH = 3，2h）；0.8mg/L 铁离子（pH = 7，2h）；		
		$X_{AB1} = 99\%$；$X_{TOC} = 94\%$（pH = 9，2h）	0.9mg/L 铁离子（pH = 9，2h）		
Fe-柱撑膨润土	偶氮染料 X-3B	$X_{X-3B} = 98\%$；$X_{COD} = 68\%$（pH = 3，100min）	0.65mg/L 铁离子（pH = 3）	光-Fenton 反应	Li 等（2006）
Al/Fe-柱撑膨润土			0.18mg/L 铁离子（pH = 3）		
Al/Fe-柱撑膨润土	偶氮染料 X-3B	$X_{X-3B} = 98\%$（pH = 3，100min）	0.14mg/L 铁离子（最大值，pH = 3）；0.26%铁离子（最大值，质量分数，pH = 3）	光-Fenton 反应（太阳光）	Li 等（2005）
Fe-柱撑膨润土	亚甲基蓝（MB）	$X_{MB} = 93\%$（pH = 3，30min）	—	光-Fenton 反应	León 等（2008）
		$X_{MB} = 87\%$（pH = 6，30min）			

续表

催化材料/载体	污染物	催化活性	浸出离子	反应类型	参考文献
Fe^{3+}-交换蒙脱土	孔雀绿（MG）	$X_{MG} = 100\%$（2h）；$X_{TOC} = 44.7\%$	零	光-Fenton 反应（pH = 5）	Cheng 等（2008）
零价铁/蒙脱土	罗丹明 B（RhB）	$X_{RhB} = 79\%$（中性 pH，60min）	—	类 Fenton 反应	Son 等（2012）
Fe-柱撑蒙脱土	亮橙（X-GN）	$X_{X\text{-}GN} = 98.6\%$；$X_{TOC} = 52.9\%$（pH = 3，140min）	1.26%铁离子（最大值，质量分数）	可见光-Fenton 反应（$\lambda \geqslant 420nm$）	Chen 等（2009）
蒙脱土封装铁	酸性黄 17（AY17）	$X_{AY17} = 99.7\%$（pH = 3，1h）	0.38mg/L Fe^{3+}（pH = 3）	光-Fenton 反应	Muthuvel 等（2012a）
		$X_{AY17} = 87.6\%$（pH = 5，1h）	0.31mg/L Fe^{3+}（pH = 5）		
		$X_{AY17} = 75.6\%$（pH = 7，1h）	0.30mg/L Fe^{3+}（pH = 7）		
Fe/Al-柱撑蒙脱土	对氯苯酚（4-CP）	$X_{4\text{-}CP} = 100\%$（pH = 3.5，140min）	—	紫外线-Fenton 反应；可见光-Fenton 反应；类 Fenton 反应	Catrinescu 等（2012）
		$X_{4\text{-}CP} = 100\%$（pH = 3.5，180min）			
		$X_{4\text{-}CP} = 100\%$（pH = 3.5，250min）			
Fe-柱撑蒙脱土	苯乙烯酸（CA）	$X_{CA} = 89.2\%$（3h，pH = 5）	—	类 Fenton 反应	Tabet 等（2006）
		$X_{CA} = 95.8\%$（3h，pH = 2.9）			
草酸 Fe-柱撑蒙脱土	阿莫西林（AMX）	$X_{AMX} = 99.65\%$；$X_{COD} = 84.26\%$（10min，40℃）	1.58mg/L 铁离子	光-Fenton 反应（pH = 5.03）	Ayodele 等（2012b）
Al/Fe-柱撑蒙脱土	市政垃圾填埋渗滤液	$X_{COD} = 50\%$（最大值，4h）	—	CWPO（COD = 5000～7000mg O_2/L；BOD_5 = 800mg O_2/L；pH = 8.0）	Galeano 等（2011）
草酸铁/磷酸改性高岭土	苯酚	$X_{phenol} = 99.15\%$（中性 pH，5min）	—	光-Fenton 反应	Ayodele 等（2012a）
铁浸渍高岭土	酸性红 1（AR1）	$X_{AR1} = 98.37\%$（pH = 3，4h）	3.22mg/L 铁离子（最大值）	类 Fenton 反应	Daud 和 Hameed（2011）

续表

催化材料/载体	污染物	催化活性	浸出离子	反应类型	参考文献
Fe-高岭土	酸性品红（AF）	$X_{AF} = 100\%$ （pH = 3，10min）	—	类 Fenton 反应	Xu 等 （2009）
Fe-柱撑皂石	橙黄 7（O7）	$X_{O7} = 100\%$（3h）； $X_{TOC} = 83\%$（3h）	零（1.5h）； 0.07%铁离子 （2h，质量分数）	CWPO（pH = 3）	Silva 等 （2012）
Fe^{2+}/Al-柱撑皂石	橙黄 7	$X_{O7} = 100\%$（4h）； $X_{TOC} = 70\%$（4h）	0.6%铁离子（4h， 质量分数）	CWPO（pH = 3）	Herney- Ramirez 等（2011）
Fe^{3+}/Al-柱撑皂石	橙黄 II	$X_{OII} = 100\%$； $X_{TOC} > 65\%$（4h）	0.66%~5%铁离 子（4h，质量分数）	类 Fenton 反应 （pH = 3）	Herney- Ramirez 等（2008）
Fe/Al-柱撑皂石	橙黄 II	$X_{OII} = 99\%$； $X_{TOC} = 91\%$ （4h，70℃）	<1mg/L 铁离子	类 Fenton 反应 （pH = 3）	Herney- Ramirez 等（2007）
		$X_{OII} = 96\%$； $X_{TOC} = 82\%$ （4h，30℃）			
Fe-柱撑皂石	环丙沙星 （XFX）	$X_{XFX} = 100\%$； $X_{TOC} = 57\%$（30min）	反应 2h 前后催化 材料中铁离子的 质量分数分别为 30.9%和 30.1%	光-Fenton 反应 （pH = 3）	Bobu 等 （2008）
皂石基铁纳米催化材料	橙黄 II	$X_{OII} = 100\%$ （45min）； $X_{TOC} = 70\%$（90min）	3mg/L 铁离子 （45min）； 1mg/L 铁离子 （90min）	光-Fenton 反应 （pH = 3）	Yue 等 （2004）
皂石基铁纳米催化材料	活性红 （HE-3B）	$X_{HE-3B} = 100\%$ （30min）； $X_{TOC} = 76\%$（2h）	2mg/L 铁离子 （最大值）	光-Fenton 反应 （pH = 3）	Feng 等 （2003a）
皂石基铁纳米催化材料	酸性黑 1	$X_{AB1} = 100\%$ （pH = 3，90min）； $X_{TOC} = 100\%$ （pH = 3，2h）	<1mg/L 铁离子 （pH = 3，2h）	光-Fenton 反应	Sum 等 （2004）
改性皂石基铁纳米催 化材料	酸性黑 1	$X_{AB1} = 100\%$； $X_{TOC} > 90\%$ （pH = 3，90min）	可忽略不计	光-Fenton 反应	Sum 等 （2005）
Fe/Al-柱撑铝膨润石	苯酚	$X_{phenol} = 99.9\%$； $X_{COD} = 86\%$ （pH = 2.5）	2mg/L 铁离子 （pH = 2.5）	CWPO（3h）	Catrinescu 等（2003）
		$X_{phenol} = 100\%$； $X_{COD} = 89\%$ （pH = 3.5）	1.2mg/L 铁离子 （pH = 3.5）		
		$X_{phenol} = 100\%$； $X_{COD} = 87.9\%$（pH = 5）	<1mg/L 铁离子 （pH = 5）		

续表

催化材料/载体	污染物	催化活性	浸出离子	反应类型	参考文献
Fe/Al-柱撑铝膨润石	苯酚	$X_{phenol} = 88.9\%$; $X_{COD} = 65\%$ (pH = 7)	<1mg/L 铁离子 (pH = 7)	CWPO（3h）	Catrinescu 等（2003）
Fe₂O₃-柱撑累托石	罗丹明 B	$X_{RhB} = 99\%$; $X_{COD} = 89.3\%$ （100min）	—	光-Fenton 反应 （pH = 4.25）	Zhang 等 （2010a）
	对硝基苯酚 （4NP）	$X_{4NP} = 99\%$; $X_{COD} = 87\%$（3h）		光-Fenton 反应 （pH = 6.94）	
铁改性累托石	罗丹明 B	$X_{RhB} = 90\%$（1h）; $X_{TOC} = 100\%$（6h） （可见光）	—	光-Fenton 反应 （pH = 4.5）	Zhao 等 （2012）
		$X_{RhB} = 99\%$（1h）; $X_{TOC} = 100\%$（1h） （太阳光）			
Fe-柱撑蛭石	亮橙	$X_{X-GN} = 98.7\%$; $X_{TOC} = 54.4\%$ (pH = 3，75min)	<1mg/L 铁离子 (pH = 3)	光-Fenton 反应	Chen 等 （2010）
Fe-球黏土	活性蓝 4（RB4）	$X_{RB4} = 99\%$ （140min）	<5mg/L 铁离子 （连续四次循环）	类 Fenton 反应 (pH = 3)	Hassan 和 Hameed （2011a）
Fe-球黏土	酸性红 1	$X_{AR1} = 99\%$（3h）	—	类 Fenton 反应 (pH = 2.5)	Hassan 和 Hameed （2011b）
耐火土固定 Fe³⁺	酸性紫罗兰 7 （AV7）	$X_{AV7} = 99\%$ (pH = 3，40min)； $X_{AV7} = 100\%$ (pH = 7，90min)； $X_{COD} = 96.1\%$ (pH = 3，2h)	2.6×10^{-4}mol/L 铁离子（pH = 3）； 2.3×10^{-4}mol/L 铁离子（pH = 5）； 1.9×10^{-4}mol/L 铁离子（pH = 7）	光-Fenton 反应 （太阳光）	Muthuvel 等 （2012b）
膨润土基铁纳米催化 材料		$X_{OII} = 100\%$（1h）； $X_{TOC} = 100\%$（2h）	<1.0mg/L 铁离子 (pH = 3.00， 6.60)；	光-Fenton 反应 （pH = 3）	Feng 等 （2006）
皂石基铁纳米催化材 料	橙黄 II （0.2mmol/L）	$X_{OII} = 100\%$（1h）； $X_{TOC} = 90\%$（2h）	<0.5mg/L 铁离子 (pH = 4.06， 5.16)； 3.0mg/L 铁离子 （最大值）		
膨润土基铁纳米催化 材料	橙黄 II （2mmol/L）	$X_{OII} = 100\%$（3h）； $X_{TOC} = 95\%$（5h）	12.8mg/L 铁离子 （最大值）	光-Fenton 反应 （pH = 3）	Feng 等 （2009）
皂石基铁纳米催化材 料		$X_{OII} = 100\%$（2h）； $X_{TOC} = 98\%$（5h）			
Fe³⁺-柱撑膨润土	苯酚	$X_{phenol} = 100\%$ （50min）	—	类 Fenton 反应 （pH = 3.5）	Platon 等 （2011）

续表

催化材料/载体	污染物	催化活性	浸出离子	反应类型	参考文献
Fe^{3+}-柱撑蒙脱土 KSF	苯酚	$X_{phenol} = 93\%$（50min）	—	类 Fenton 反应（pH = 3.5）	Platon 等（2011）
Fe^{3+}-柱撑蒙脱土 K10	苯酚	$X_{phenol} = 25\%$（50min）			
Fe^{3+}-蒙脱土	菲（PNT）	$X_{PNT} = 100\%$（6h）	—	光-Fenton 反应	Jia 等（2012）
Fe^{3+}-蛭石		$X_{PNT} = 100\%$（8h）			
Fe^{3+}-高岭石		$X_{PNT} = 100\%$（14h）			

注：[a]X 为污染物、总有机碳（total organic carbon，TOC）或化学需氧量（chemical oxygen demand，COD）的去除率，以及染料的脱色率；[b]CWPO 为催化湿式过氧化氢氧化法（catalytic wet peroxide oxidation）

　　对于黏土非均相 Fenton 体系，影响有机污染物降解或矿化的主要因素包括 H_2O_2 浓度、催化材料浓度、有机污染物初始浓度、温度和初始 pH 以及黏土的类型、合成条件和粒径。这些因素的影响作用均已被 Herney-Ramirez 等（2010）证实。值得注意的是，黏土非均相 Fenton 反应在较大的 pH 范围内都具有较高的催化活性。Tabet 等（2006）发现，Fe-柱撑蒙脱土的催化活性高于均相中的 Fe^{2+} 和 Fe^{3+}，并且 pH 对其影响较小，可能与柱撑黏土的孔结构内 Fe^{2+} 和 Fe^{3+} 的特殊环境有关。在不同 pH 下，Fe^{3+} 与催化材料表面相互作用的形态尚未明确，但与溶液中的形态截然不同。很明显，即使在中性 pH 下，也存在一些活性 Fe^{3+}，它们能够与 H_2O_2 建立有效的氧化还原体系，拓宽发生 Fenton 催化反应的 pH 范围（Catrinescu et al.，2003）。此外，柱撑黏土的表面酸性可能是另一个重要原因（Chen and Zhu，2006）。柱撑黏土通常含有 Brønsted 和 Lewis 酸性点位，以 Al-柱撑皂石为例，傅里叶变换红外光谱（Fourier transform infrared spectroscopy，FTIR）表明，柱撑皂石的酸度相比原皂石有所提高，并证实了 Brønsted 酸性点位和两种类型的 Lewis 酸性点位（不同的强度）的存在（Kooli and Jones，1997）。

　　对于非均相 Fenton 催化材料，除了在较宽的 pH 范围内对有机污染物的降解具有较高的活性外，保持长期稳定性是另一个关键问题，其中多次可重复使用性和金属物质从固相到液相的浸出是讨论的热门话题。Cheng 等（2008）采用 Fe^{3+} 置换蒙脱土作为非均相催化材料，评估了其在光-Fenton 体系中的回收再利用能力。该材料重复使用 14 次以上后几乎保留了原有的催化活性。此外，电感耦合等离子体原子发射光谱（inductively coupled plasma atomic emission spectroscopy，ICP-AES）结果表明，反应后黏土中的 Fe^{3+} 质量分数与初始值基本一致，说明催化材料很稳定。然而，Navalon 等（2010a）认为，多次反应的可重复利用并不是衡量催化材料稳定性的标准，因为可重复利用性取决于有机物与催化材料的比例。在连续反应中通常需要使用过量的催化材料，少量的固体催化材料将使可重复利用变得更加困难。考虑到所用催化材料数量的变化，最好采用最大催化效率的催化材料用量，这可以通过特定实验来确定。实验中使用过量的有机物并延长反应时间直至催化材料完全失活。此时，除了获得体系的最大催化效率外，催化材料还必须失活，因此，可以确定失活的主要原因并设计简单的再生方案。

从固体催化材料浸出到溶液中的金属离子的数量是衡量非均相催化材料稳定性的另一个重要参数（Luo et al.，2009；Feng et al.，2003b）。从固体催化材料浸出到溶液中的金属离子可以作为 Fenton 反应的均相催化剂。因此，在有金属离子浸出的情况下，体系总的催化活性可以看作浸出离子活性与固体催化材料活性的组合，确定这两种过程对实验活性的影响是十分重要的。金属离子浸出的一个缺点是会导致固体中活性催化点位的损耗，从长期来看，这将导致固体催化材料催化活性的丧失（Navalon et al.，2010a）。在不同 pH 和温度下，对溶解金属离子的浓度进行比较更有意义。如果苯酚（初始浓度 20mg/L）的氧化去除率是 95%，在 pH 为 4.7 和温度为 35.0℃±1.0℃时，溶液中产生溶解铁的浓度小于 0.2mg/L；而在 pH 为 4.0 和温度为 28.0℃±1.0℃时，产生的溶解铁的浓度为 0.4~0.5mg/L（Luo et al.，2009）。可以看出，金属离子的浸出对 pH 更敏感，且溶解浓度随 pH 降低而增加。温度对金属离子的浸出也有较大的影响，溶解浓度随温度的升高而升高。因此，一般来说，如果同时考虑催化材料稳定性和活性，30℃似乎是最佳操作温度（Silva et al.，2012）。

柱撑法和浸渍法是将 Fe^{2+} 或 Fe^{3+} 掺入黏土中较为有效的方法。柱撑黏土的催化活性源于可获得的 Fe^{2+} 或 Fe^{3+}，其量可以通过引入 Al^{3+} 引起层间距的变化来调节。无柱撑黏土由于受到层间距限制，Fe^{2+} 或 Fe^{3+} 不能与反应物（有机物和 H_2O_2）接近。Al 柱撑后使层间距加宽，层内 Fe^{2+} 或 Fe^{3+} 可以与反应物接触并引发 Fenton 反应（Luo et al.，2009）。除了 Al 以外，黏土还可以与 Zr、Ce 等其他元素或者元素组合实现柱撑。Carriazo 等（2005）发现，在哥伦比亚膨润土中加入 Ce 助剂，可以使膨润土的层间距更大，并使其具有较好的 Fe^{2+} 或 Fe^{3+} 分散性。根据使用前后材料的 X 射线衍射（X-ray diffraction，XRD）分析可知，催化材料的结构没有发生明显变化，说明材料非常稳定。

对于柱撑黏土，浸渍后的固体催化材料必须在使用之前进行煅烧，尽管预期活性物质在柱撑法和浸渍法中都是相似的（铁氧基氢氧化物），但它们可能具有不同的性质（粒径、分散度、固体结构中的位置）（Herney-Ramirez et al.，2010），这些都会影响 Fenton 反应过程。因此，黏土非均相 Fenton 催化材料的制备工艺是影响催化活性的一个重要因素（Navalon et al.，2010a）。XRD 和透射电子显微镜（transmission electronmicroscopy，TEM）分析表明，不同的制备工艺会影响插层产物的相组成及其在黏土结构中的位置、粒径和比表面积，从而使催化材料表现出不同的催化活性（Son et al.，2012）。

对于黏土非均相 Fenton 催化材料，黏土结构中铁活性点位是另一个研究热点。

Guélou 等（2003）采用电子自旋共振（electron spin resonance，ESR）谱揭示了样品中存在三种形态的铁物质：①黏土层中高度扭曲的八面体对称的孤立 Fe^{3+}；②铁氧化物团簇；③可能属于作为外骨架柱撑剂或者铝原子替换柱撑剂的八面体对称的孤立铁物质。他们还认为第三种情况是催化 H_2O_2 氧化苯酚的主要活性点位。蒙脱土 K10 是一种具有代表性的天然黏土矿物，同时含有游离的铁氧化物和黏土八面体晶格中的结构铁。紫外线照射下，表面游离铁氧化物能有效催化 H_2O_2 的分解，但八面体晶格中的结构铁的反应活性较差，这是由铁氧化物和结构铁在紫外线照射下产生的 Fe^{2+} 的差异造成的。但当引入 N,N-二甲苯胺、罗丹明 B、孔雀石绿等光敏性物质时，发现结构铁能大大促进 H_2O_2 的分解（Song et al.，2006）。Cheng 等（2008）采用三种层状黏土（蒙脱土、锂皂石和绿脱石）研究黏土中不同化学环境的铁物质在非均相 Fenton 反应中的作用。同样发现，黏土中可交换的层间铁离子比两层[SiO$_4$]四面体中间的八面体中心的结构铁具有更好的催化能力。电子顺磁共振（electron paramagnetic resonance，EPR）结果表明，两种铁物质的催化反应是通过不同途径进行的。

2.3　沸石载铁催化材料

　　沸石也是一种重要的载体材料，广泛用于负载过渡金属离子。它具有众多优越的性能，如大的比表面积、均匀且可调控的微孔、可剪裁的化学组分、高的吸附容量和阳离子交换能力、可调节的酸碱度、优异的热稳定性、高的机械阻力、孔径尺寸明确且形状可选择（Chen et al.，2012；Yamada et al.，2011），使用沸石不会造成环境污染（Misaelides，2011）。

　　沸石是一种由[TO$_4$]四面体（T = Si、Al、P 等）组成的纳米多孔无机晶体材料，四面体通过共用氧原子连接，形成具有明确通道或分子尺度空腔的三维骨架。沸石的优越性能取决于它们的拓扑结构、形态和组分特征，如通道尺寸、孔径、可进入的间隙空间、阳离子的数量与位置、硅铝比、活性点位、电子性质的可控性、是否存在强电场以及孔内的限制效应等（Wang et al.，2012b；Martínez and Corma，2011）。在过去的几十年中，天然沸石和合成沸石已作为吸附剂、催化材料和离子交换剂广泛应用于工业中。它们是石油工业最重要的固体催化材料，特别是炼油中的裂解催化材料（Wang et al.，2012b）。除了环境友好的本质外，天然沸石及其改性产物还具有低成本的优势，在世界许多地方都可大量获取（Misaelides，2011）。迄今已经发现或合成了 197 种沸石材料，每种沸石材料都有一个由三个字母组成的代码（Wang et al.，2012b）。用作铁（或其他过渡金属）离子载体的效果最好的沸石包括 ZSM-5（MFI）、Y（FAU）和 β（BEA）（表 2.2）。ZSM-5 沸石由两种交叉的孔道系统组成，一种是直筒形十元环孔道（0.53nm×0.56nm），另一种是 Z

字形横向十元环孔道（0.55nm×0.51nm）。Y 沸石也具有三维孔道系统，其中含有一种大的"超级笼"（d = 1.3nm），可通过直径为 0.74nm 的十二元环进入。β 沸石是由直筒形和弯曲形的十二元环构成的三维孔道结构（0.73nm×0.6nm 和 0.56nm×0.56nm）（Hartmann et al.，2010）。

表 2.2　载铁（或其他过渡金属）沸石催化非均相 Fenton 反应降解典型有机污染物

催化材料/载体	污染物	催化活性	浸出离子	反应类型	参考文献
Cu/Fe ZSM-5 沸石（[a]IE）	罗丹明 6G（R6G）	X_{R6G} = 100%（pH = 6.4）；X_{R6G} = 41.5%（pH = 3.5，45min）	0.5mg/L 铁离子；12.3mg/L 铜离子	类 Fenton 反应	Dükkancı 等（2010）
		X_{TOC} = 25.7%（pH = 6.4）；X_{TOC} = 34.5%（pH = 3.5）			
Cu/Fe ZSM-5 沸石（[b]HT）	罗丹明 6G（R6G）	X_{R6G} = 99%（pH = 6.4）；X_{R6G} = 100%（pH = 3.4，45min）	0.7mg/L 铁离子；1.4mg/L 铜离子	类 Fenton 反应	
		X_{TOC} = 34%（pH = 6.4）；X_{TOC} = 51.8%（pH = 3.5）			
Fe-ZSM-5 沸石	酸性蓝 74（AB74）	X_{AB74} = 51.28%；X_{TOC} = 57%（pH = 5，2h）	0.3mg/L 铁离子	光-Fenton 反应	Kasiri 等（2008）
1.5%Fe-ZSM-5 沸石	对硝基苯酚（4NP）	X_{4NP} = 100%（4h，65℃）；X_{TOC} = 100%（8h，65℃）；X_{4NP} = 100%（8h，35℃）；X_{TOC} = 100%（12h，35℃）	64%铁离子（15h，35℃，摩尔分数）	光-Fenton 反应	Pulgarin 等（1995）
Fe-ZSM-5 沸石（[a]IE，[c]22）	橙黄 II（OII）	X_{OII} = 16.7%；X_{TOC} = 9.1%（pH = 7，2h）	2.4mg/L 铁离子（pH = 7，2h）；3.1mg/L 铁离子（pH = 3.5，2h）		
Fe-ZSM-5 沸石（[a]IE，[c]42）		X_{OII} = 99.9%；X_{TOC} = 84%（pH = 7，2h）	2.6mg/L 铁离子（pH = 7，2h）；3.8mg/L 铁离子（pH = 3.5，2h）	CWPO	Bolova 等（2011）
Fe-ZSM-5 沸石（[b]HT）		X_{OII} = 65.8%；X_{TOC} = 35.6%（pH = 7，2h）	2.2mg/L 铁离子（pH = 7，2h）；1.6mg/L 铁离子（pH = 3.5，2h）		
ZSM-5 沸石（[c]22）	活性红 141（AR141）	X_{AR141} = 10%；X_{COD} = 0%（pH = 7，2h）	—	类 Fenton 反应	Yaman 等（2012）
		X_{AR141} = 27.2%；X_{COD} = 11.8%（pH = 3.5，2h）			
ZSM-5 沸石（[c]42）		X_{AR141} = 70.6%；X_{COD} = 3.6%（pH = 7，2h）			

续表

催化材料/载体	污染物	催化活性	浸出离子	反应类型	参考文献
ZSM-5 沸石（[c]42）	活性红 141（AR141）	$X_{AR141} = 85.2\%$；$X_{COD} = 14.1\%$（pH = 3.5, 2h）	—	类 Fenton 反应	Yaman 等（2012）
Fe-ZSM-5 沸石（[a]IE，[c]22）		$X_{AR141} = 29.6\%$；$X_{COD} = 40.8\%$（pH = 7, 2h）			
		$X_{AR141} = 47.8\%$；$X_{COD} = 49.8\%$（pH = 3.5, 2h）			
Fe-ZSM-5 沸石（[a]IE，[c]42）		$X_{AR141} = 86.2\%$；$X_{COD} = 67.5\%$（pH = 7, 2h）	0.3mg/L 铁离子（pH = 7, 2h）		
		$X_{AR141} = 97\%$；$X_{COD} = 52\%$（pH = 3.5, 2h）			
Fe-ZSM-5 沸石（[b]HT，H_2SO_4 酸化）	活性红 141（AR141）	$X_{AR141} = 57.9\%$；$X_{COD} = 86.4\%$（pH = 7, 2h）	—	类 Fenton 反应	Yaman 等（2012）
		$X_{AR141} = 85.4\%$；$X_{COD} = 74.6\%$（pH = 3.5, 2h）			
Fe-ZSM-5 沸石（[b]HT，$H_2C_2O_4$ 酸化）		$X_{AR141} = 74.6\%$；$X_{COD} = 95.4\%$（pH = 7, 2h）	0.15mg/L 铁离子（pH = 7, 2h）		
		$X_{AR141} = 91.4\%$；$X_{COD} = 99.1\%$（pH = 3.5, 2h）			
Fe-ZSM-5 沸石	苯酚（phenol）	$X_{phenol} = 100\%$（30min）；$X_{TOC} = 43\%\sim46\%$（60min）	0.53mmol/L 铁离子	光-Fenton 反应（pH = 3）	Kušić 等（2006）
Fe-ZSM-5 沸石	橙黄 II	[d]$t_{1/2} = 0.9$（pH = 3.0）；$X_{TOC} = 30.9\%$（pH = 3.0, 24h）	0.161mg/L 铁离子（24h）	类 Fenton 反应	Duarte 和 Madeira（2010）
		[d]$t_{1/2} = 1.3$（pH = 5.2）；$X_{TOC} = 25.6\%$（pH = 5.2, 24h）	0.115mg/L 铁离子（24h）		
		[d]$t_{1/2} = 7.0$（pH = 8.5）；$X_{TOC} = 0\%$（pH = 8.5, 24h）	0.063mg/L 铁离子（24h）		
		[d]$t_{1/2} = 0.2$（pH = 3.0）；$X_{TOC} = 92.5\%$（pH = 3.0, 24h）	零	光-Fenton 反应	
		[d]$t_{1/2} = 0.3$（pH = 5.2）；$X_{TOC} = 91.4\%$（pH = 5.2, 24h）			
		[d]$t_{1/2} = 0.4$（pH = 8.5）；$X_{TOC} = 66.0\%$（pH = 8.5, 24h）			

续表

催化材料/载体	污染物	催化活性	浸出离子	反应类型	参考文献
Fe-ZSM-5 沸石	活性蓝 137（RB137）	$X_{RB137} = 96.5\%$；$X_{TOC} = 30.6\%$（pH = 3，1h）	0.16mmol/L 铁离子（pH = 3，1h）	类 Fenton 反应	Aleksić 等（2010b）
		$X_{RB137} = 95.0\%$；$X_{TOC} = 58.2\%$（pH = 5，1h）	0.07mmol/L 铁离子（pH = 5，1h）		
		$X_{RB137} = 96.6\%$；$X_{TOC} = 55.5\%$（pH = 3，1h）	0.26mmol/L 铁离子（pH = 3，1h）	光-Fenton 反应	
		$X_{RB137} = 100\%$；$X_{TOC} = 81.1\%$（pH = 6，1h）	0.07mmol/L 铁离子（pH = 6，1h）		
Fe-ZSM-5 沸石	橙黄 II	$X_{OII} = 100\%$；$X_{COD} = 81.2\%$（pH = 3.5，2h）	接近欧盟排放值	类 Fenton 反应	Bolova 等（2012）
		$X_{OII} = 100\%$；$X_{COD} = 55.0\%$（pH = 7.2，2h）			
Fe-ZSM-5 沸石	酸性红 14（AR14）	$X_{AR14} = 46.52\%$（pH = 2）；$X_{AR14} = 77.61\%$（pH = 3.5）；$X_{AR14} = 79.16\%$（pH = 5）；$X_{AR14} = 75.72\%$（pH = 6.5）；$X_{AR14} = 58.14\%$（pH = 8）	<0.3mg/L 铁离子	固定光反应器中的光-Fenton 反应	Kasiri 等（2010a）
		$X_{TOC} = 76\%$（最优条件）			Kasiri 等（2010b）
Fe-ZSM5 沸石	苯酚	$X_{phenol} = 100\%$（100min）；$^{e}X_{DOC} = 90\%$（180min）	—	光-Fenton 反应（pH = 7，模拟太阳光）	Gonzalez-Olmos 等（2012）
	吡虫啉（IDD）	$X_{IDD} = 98\%$（420min）；$^{e}X_{DOC} = 43\%$（800min）			
	二氯乙酸（DACC）	$X_{DACC} = 65\%$（800min）；$^{e}X_{DOC} = 63\%$（800min）			
Fe-β 沸石	苯酚	$X_{phenol} = 50\%$（200min）；$^{e}X_{DOC} = 60\%$（800min）			
	吡虫啉	$X_{IDD} = 50\%$（105min）；$^{e}X_{DOC} = 50\%$（1200min）			
Fe-NaY 沸石	酞菁（KN-R）	$X_{KN-R} > 90\%$（pH = 2.5，30min）	11.0~12.0mg/g 铁离子	类 Fenton 反应	Chen 等（2008）
Fe-ZSM-5 沸石		$X_{KN-R} > 90\%$（pH = 2.5，20min）			
Fe-MFI 沸石（$^{f}t_s = 60min$，$^{g}X_c = 0\%$）	苯酚	$X_{phenol} > 99\%$；$X_{TOC} = 58.5\%$（10min）	5.7mg/L 铁离子（10min）	CWPO	Melero 等（2004）

续表

催化材料/载体	污染物	催化活性	浸出离子	反应类型	参考文献
Fe-MFI 沸石（$^f t_s = 60\text{min}$，$^g X_c = 0\%$）	苯酚	$X_{phenol} > 99\%$；$X_{TOC} = 72.4\%$（90min）	7.2mg/L 铁离子（90min）	CWPO	Melero 等（2004）
Fe-MFI 沸石（$^f t_s = 90\text{min}$，$^g X_c = 34\%$）		$X_{phenol} > 99\%$；$X_{TOC} = 49.5\%$（10min）	4.7mg/L 铁离子（10min）		
		$X_{phenol} > 99\%$；$X_{TOC} = 66\%$（90min）	6.0mg/L 铁离子（90min）		
Fe-MFI 沸石（$^f t_s = 120\text{min}$，$^g X_c = 77\%$）		$X_{phenol} = 96\%$；$X_{TOC} = 43.7\%$（10min）	1.0mg/L 铁离子（10min）		
		$X_{phenol} > 99\%$；$X_{TOC} = 64.3\%$（90min）	2.8mg/L 铁离子（90min）		
Fe-MFI 沸石（$^f t_s = 180\text{min}$，$^g X_c = 100\%$）		$X_{phenol} = 59.5\%$；$X_{TOC} = 21.1\%$（10min）	0.3mg/L 铁离子（10min）		
		$X_{phenol} > 99\%$；$X_{TOC} = 56.3\%$（90min）	0.9mg/L 铁离子（90min）		
Fe-MFI 沸石（草酸活化）	1,2-二甲基肼	$X_{TOC} = 83\%$	—	类 Fenton 反应	Parkhomchuk 等（2008）
Fe-USY 沸石-^{h}5	活性黄 84（RY84）	$X_{RY84} = 99.96\%$；$X_{COD} > 74.14\%$；$X_{TOC} = 66.80\%$	8.91%铁离子（质量分数）	CWPO（pH = 5，50℃，2h）	Neamțu 等（2004a）
Fe-USY 沸石-^{h}11.5		$X_{RY84} = 97.83\%$；$X_{COD} > 74.14\%$；$X_{TOC} = 51.57\%$	11.54%铁离子（质量分数）		
Fe-USY 沸石-^{h}80		$X_{RY84} = 78.87\%$；$X_{COD} = 38.60\%$；$X_{TOC} = 10.00\%$	5.30%铁离子（质量分数）		
Fe-USY 沸石-^{h}11.5	普施安海洋蓝（H-EXL）	$X_{H\text{-}EXL} = 96\%$；$X_{COD} = 76\%$；$X_{TOC} = 37\%$（pH = 5，50℃，30min）	1~4mg/L 铁离子	CWPO	Neamțu 等（2004b）
Fe^{3+}-HY 沸石	苯酚	$X_{phenol} = 100\%$（pH = 6，1h）	<0.3mg/L 铁离子	光-Fenton 反应	Noorjahan 等（2005）
α-Fe$_2$O$_3$-HY 沸石	甲基橙（MO）	$X_{MO} = 80\%$（pH = 2，2h）	0.46%铁离子（1h，质量分数）；0.74%铁离子（2h，质量分数）	光-Fenton 反应	Jaafar 等（2012）
三(1,10)-邻二氮杂菲 Fe^{2+}-NaY 沸石	亚甲基蓝（MB）	$X_{MB} = 92.6\%$（140min，碱性溶液）	—	光-Fenton 反应（可见光）	Zhang 等（2011）
		$X_{MB} = 91.5\%$（160min，中性溶液）			
		$X_{MB} = 87.6\%$（160min，酸性溶液）			

续表

催化材料/载体	污染物	催化活性	浸出离子	反应类型	参考文献
[i]NZVI-NaY 沸石	邻苯二甲酸氢钾	X_{COD} = 79% (pH = 3.5, 2h)	<50%铁离子（质量分数）	类 Fenton 反应	Wang 等 (2010)
Fe^{3+}-NaY 沸石	2, 4-二甲苯胺	[j]F (xyl) = 36 (pH = 3, 210min)	<2%铁离子（质量分数）	光-Fenton 反应（太阳光）	Rios-Enriquez 等 (2004)
Mn^{3+}-salen/NaY 沸石	德玛普褐（DB）	X_{DB} = 90%(pH = 2, 2h)	—	CWPO	Aravindhan 等 (2006)
Fe-Y 沸石	酸性红 1（AR1）	X_{AR1} = 99% (pH = 2.5, 60min)	0.60mg/L 铁离子（第一次循环）／1.23mg/L 铁离子（第二次循环）／1.45mg/L 铁离子（第三次循环）	类 Fenton 反应	Hassan 和 Hameed (2011c)
Fe-Y 沸石	活性蓝 137	X_{RB137} = 91.9%; X_{TOC} = 31.9%（pH = 3, 1h）／X_{RB137} = 97.4%; X_{TOC} = 72.6%(pH = 3, 1h)／X_{RB137} = 99.7%; X_{TOC} = 75.4%(pH = 5, 1h)	0.37mmol/L 铁离子／0.39mmol/L 铁离子／0.02mmol/L 铁离子	无光照 Fenton 反应／光-Fenton 反应	Aleksić 等 (2010a)
Fe^{2+}-Y 沸石	酸性红 14	X_{AR14} = 99.3%±0.2%; X_{TOC} = 84%±5% (pH = 5.96, 80℃, 6min)	<0.2mg/L± 0.1mg/L 铁离子	类 Fenton 反应	Idel-Aouad 等 (2011)
Fe^{2+}-13X 沸石	苯酚	X_{COD} = 83% (pH = 3, 30min)	2.24mg/L 铁离子（2h）	光-Fenton 反应	He 等 (2003)
Fe^{3+}-沸石	酸性红 88（AR88）	X_{AR88} = 100%; X_{TOC} = 90% (120min)	≤ 0.4mg/L 铁离子	光-Fenton 反应（pH = 5.5）	Ohura 等 (2013)
Fe-硅质岩沸石	苯酚	X_{phenol} = 99.3%; X_{TOC} = 57.2% (90min)	<8mg/L 铁离子	CWPO (pH = 5.5)	Calleja 等 (2005)
Fe-斜发沸石	苯酚	X_{phenol} = 100%; X_{COD} = 70% (pH = 3.5, 30min)	1.2%铁离子（质量分数）	类 Fenton 反应	Bayat 等 (2012)
Fe-天然沸石（80%斜发沸石）	雷马素亮橙（3R）	X_{3R}>90%（1h）; X_{COD}<70%（2h）	<0.5mg/L 铁离子（90min）	光-Fenton 反应（pH = 5.2）	Tekbaş 等 (2008)

注：[a]IE 表示离子交换法；[b]HT 表示水热法；[c]22, [c]42 表示 Si/Al 分别为 22 和 24；[d]$t_{1/2}$ 表示橙黄 II 脱色的半衰期（h）；[e]X_{DOC} 表示溶解有机碳（DOC）去除率；[f]t_s 表示合成时间；[g]X_c 表示结晶度；[h]5, [h]11.5, [h]80 表示沸石结构中 SiO$_2$/Al$_2$O$_3$ 的摩尔比分别为 5、11.5 和 80；[i]NZVI 表示纳米级零价铁；[j]F (xyl) 表示每分钟 2,4-二甲基苯胺被氧化的比例（×10^4）

　　为了更好地研究均相和非均相 Fenton 催化材料的性能差异，并证明沸石可能会起到提高反应速率的作用，在相同的实验条件下，Neamţu 等（2004b）用与沸石中等量的 Fe^{3+} 进行均相催化实验，结果表明，非均相催化材料的反应速率高于均相催化材料。此外，Melero 等（2004）也做了类似的实验研究，并得到了相似的结论。在非均相 Fenton 体系中，Fe-沸石催化材料比均相铁离子具有更高的催化活性。为了检验非均相沸石催化材料［三(1,10)-邻二氮杂菲 Fe^{2+}-NaY 沸石］的稳定性，Zhang 等（2011a）使用回收的催化材料进行了循环实验。当循环使用 4 次时，催化材料对染料亚甲基蓝的脱色率并没有明显降低，表明催化材料具有非常好的稳定性。

Kasiri 等（2010a）使用 Fe-ZSM5 沸石作为非均相催化材料，系统研究了溶液 pH 对光-Fenton 反应过程的影响，结果表明，3.5<pH<6.5 时，染料脱色率最高，这一发现非常重要。众所周知，均相光-Fenton 反应的一个主要缺点是 pH 范围窄，而使用 Fe-ZSM5 沸石作为非均相催化材料，即使在中性 pH 下也能保证反应过程的高效性。他们在另一篇文章中还讨论了这种现象产生的原因，认为催化材料在中性 pH 条件下的活性可能与沸石孔结构内铁离子的特定环境有关，其中存在强静电场。Fe 在这种环境中的分布尚不清楚，但它很有可能依赖于溶液的 pH。Fe^{3+} 与带负电荷的沸石骨架的相互作用似乎可以防止或减缓氢氧化铁的沉淀，即使在中性 pH 下也一样。沸石骨架上负电荷分布可能是控制铁物种活性的关键因素。从沸石骨架中浸出的铁离子数量在很大程度上也依赖于溶液的 pH。在 pH = 3 时，Fe 的浸出浓度最大（0.3mg/L），并且浸出浓度会随着 pH 的增加而迅速降低。此外，他们还研究了染料脱色后溶液 pH 的变化情况。在 pH = 5（溶液的初始 pH）的情况下，反应时间内溶液 pH 从 5 降低至约 3.5；而在 pH = 8 的情况下，溶液 pH 从 8 降至 3.8；在 pH = 3 的情况下，反应期间的 pH 保持不变（Kasiri et al.，2008）。随着 Fenton 反应的进行，有机物转变为有机酸，从而导致溶液 pH 下降。Neamţu 等（2004a）使用离子色谱仪，分析了在 Fe-Y/H_2O_2 体系中偶氮染料活性黄 84 脱色过程中产生的中间体，结果表明：乙酸盐、硝酸盐、甲酸盐、丙二酸盐和草酸盐是染料氧化降解过程产生的主要中间体。

同时，制备方法和煅烧温度对 Fe-沸石催化材料的催化活性和稳定性也有显著影响。Chen 等（2008）使用共沉淀法和离子交换法制备了载铁的 ZSM-5 和 Y 沸石。共沉淀法和离子交换法得到的催化材料分别称为 $FeZSM-5_{co}$、FeY_{co} 和 $FeZSM-5_{ie}$、FeY_{ie}。部分催化材料样品分别在 250℃、350℃、450℃和 550℃下煅烧 2h。对蒽醌染料酞菁 KN-R 的催化活性依次为 $FeZSM-5_{co}$＞FeY_{ie}＞$FeZSM-5_{ie}$＞Fe^{2+}＞FeY_{co}。也就是说，$FeZSM-5_{co}$ 对染料的脱色率最高，其表观速率常数（k_a）是 15mg/L Fe^{2+} 催化的均相 Fenton 反应的 4 倍。此外，不同 Fe-沸石制备方法中催化效率存在很大差异。对于 FeZSM-5 沸石，$FeZSM-5_{co}$ 的催化活性高于 $FeZSM-5_{ie}$；而 FeY 沸石则相反，即 FeY_{ie} 的催化活性高于 FeY_{co}。对于煅烧温度，煅烧后的 FeY_{ie} 对染料催化脱色的 k_a 明显降低。而在一定温度下煅烧 $FeZSM-5_{co}$ 后，染料脱色效果显著增强，在 450℃煅烧的 $FeZSM-5_{co}$ 具有最大的 k_a（0.24min^{-1}）。X 射线光电子能谱（X-ray photoelectron spectroscopy，XPS）分析表明，在热处理过程中，FeZSM-5$_{co}$ 中 Fe^{2+} 的质量分数没有下降。然而，经 XRD 检测后发现 FeZSM-5$_{co}$ 经煅烧后 Al 被脱除了，可能对其催化活性产生影响。因此，沸石中的 Si/Al 摩尔比对沸石催化材料的催化活性也有显著影响。此外，沸石中的 Si/Al 摩尔比也会影响沸石的其他重要性质，如活性点位的数量、阴离子场强和阳离子摩尔分数等。众所周知，金属离子主要用来平衡硅铝骨架中的负电荷，具有一定的迁移性和可交换性，其交换容量受 Si/Al 摩尔比的控制。铁离子与沸石晶格相互作用的强度，以及它们的催化活性和抵制浸出的稳定性，主要取决于沸石的阴离子场强（Neamţu et al.，2004a）。

　　离子交换法制备的催化材料 IE-CuFeZSM-5 催化 H$_2$O$_2$ 脱色罗丹明 6G，反应 90min 后罗丹明 6G 完全脱色。水热法制备的催化材料 HT-CuFeZSM-5 反应 2h 后罗丹明 6G 的脱色率为 99.0%，而没有负载 Cu 的 IE-FeZSM-5 反应 2h 后罗丹明 6G 的脱色率仅为 27.6%。这一结果可能是由铁元素在沸石中的不同分散程度引起的。通过对 IE-CuFeZSM-5 和 IE-FeZSM-5 催化活性进行比较，说明了 Cu 的复合负载对 IE-FeZSM-5 沸石的催化活性具有很大的影响（Dükkancı et al.，2010）。因此，除了制备方法和煅烧温度外，还应调节过渡金属在沸石中的引入量和种类，以实现沸石的最大催化活性。

　　通常，必须考虑沸石分子筛结构中三种类型的铁物质，即骨架外阳离子位的铁离子、骨架中同晶取代的铁离子和孔道结构中的氧化铁（Hartmann et al.，2010）。Gonzalez-Olmos 等（2011）使用 X 射线荧光（X-ray fluorescence，XRF）和紫外-可见漫反射光谱（diffuse reflectance spectrum，DRS）研究了 Fe-ZSM5 和 Fe-β 中总铁和不同类型铁的质量分数。不同 Fe-沸石样品显著变化的催化活性不能完全通过铁离子质量分数的微小差异和铁形态的不同来解释。游离 Fe^{3+} 的氧化还原性可能在很大程度上取决于沸石孔道表面上各种类型酸性点位的特定配位形式。Brønsted 酸点位与晶格中存在的 Al^{3+} 密切相关，并且硅醇中的羟基被看作 Fe^{3+} 的固定点位。

　　Noorjahan 等（2005）用 FTIR 和 XPS 对 Fe^{3+}-HY 沸石催化去除苯酚的光-Fenton 反应中 Fe^{3+} 还原为 Fe^{2+} 过程进行了表征。FTIR 结果表明，光-Fenton 反应过程中 Fe^{3+}-HY 转化为 Fe^{2+}-HY。XPS 结果表明，光照射后 Fe$_{2p}$ 峰的结合能略有下降，这可能是由 Fe^{3+} 向 Fe^{2+} 转变所致。光辐照后的样品在 710.3eV 处观察到的 XPS 信号是由大量的 Fe^{2+} 引起的，与反应前出现在 711.3eV 处的 Fe^{3+} 的原始信号明显不同。

2.4　介孔 SiO$_2$ 载铁催化材料

　　20 世纪 90 年代初，学者首次报道了使用表面活性剂作为结构导向剂（structure

direction agents，SDAs），制备了具有均匀孔径和长程有序孔结构的介孔 SiO_2 纳米粒子。目前，有序介孔 SiO_2 的合成及其在催化、吸附、分离、传感、药物传递等方面的应用已取得重要进展（Tang et al.，2012）。最常见的介孔 SiO_2 材料包括 MCM-41、MCM-48 和 SBA-15，它们具有不同的孔径（2～10nm）和结构特征（二维六边形和三维立方体）。利用组装阳离子型表面活性剂胶束模板可以合成介孔 SiO_2 材料，该胶束模板作为结构导向剂通过静电相互作用聚合 SiO_2 组分。可控的合成工艺、优异的介孔结构和表面硅烷醇基团使介孔 SiO_2 材料具有独特的性能，如表面积大、孔容高、孔径均匀可调（通过改变表面活性剂容易实现）、密度低、无毒性、表面易于改性、生物相容性良好（Yang et al.，2012）。介孔 SiO_2 的孔径为 2～50nm。介孔 SiO_2 的化学稳定性、水热稳定性和机械稳定性不如孔径在 1.5nm 左右的沸石。但是，介孔 SiO_2 的孔径足够大，可以容纳各种大分子，并且孔壁上的高密度硅烷醇基团有利于引入具有高覆盖度的官能团。实际上，为了赋予表面新的功能，可进行多种表面改性（Yokoi et al.，2012）。所有这些性质表明，具有适当设计的孔形态的介孔 SiO_2 不仅保持了有序的介孔结构，还是固定活性点位的合适载体。因此，介孔 SiO_2 材料被认为是铁或其他过渡金属离子的主要载体，被广泛地用于非均相 Fenton 反应降解有机物（表 2.3）。

表 2.3　介孔 SiO_2 负载铁或其他过渡金属离子用于非均相 Fenton 反应降解有机物

催化材料/载体	污染物	催化活性	浸出离子	反应类型	参考文献
Fe-MCM-41	橙黄 II	$X_{TOC} = 65\%$	—	光-Fenton 反应（2h，pH = 5.5）	Lam 和 Hu（2007）
Cu-MCM-41		$X_{TOC} = 75\%$	—		
Fe/Cu-MCM-41		$X_{TOC} = 93\%$（pH = 3）	0.35mg/L 铜离子；0.32mg/L 铁离子		
		$X_{TOC} = 83\%$（pH = 5.5）			
		$X_{TOC} = 78\%$（pH = 7）			
α-Fe_2O_3/MCM-41	亚甲基蓝（MB）	$X_{MB} = 94\%\sim96\%$（pH = 3，60min）	—	超声辅助类 Fenton 反应	Ursachi 等（2012）
		$X_{MB} = 99\%$（pH = 3，270min）			
V-MCM-41	罗丹明 B（RhB）	$X_{RhB} = 55\%$（pH = 3，120min）	—	类 Fenton 反应	Wu 等（2009）
γ-Fe_2O_3/MCM-41	苯酚（phenol）	$X_{TOC} = 78\%$（pH = 4，2h）	0.90mg/L 铁离子（第一次循环）	类 Fenton 反应	Xia 等（2011）
			0.29mg/L 铁离子（第三次循环）		
Fe_2O_3/SBA-15	酸性橙 7（AO7）	$X_{AO7} = 95.3\%$（最大值，pH = 2，60min）	2.67mg/L 铁离子（最大值）	超声-光-Fenton 反应	Zhong 等（2011）
Fe-SBA-15	苯酚	$X_{phenol} = 99.9\%$；$X_{TOC} = 77.7\%$	<8mg/L 铁离子	CWPO（pH = 5.5，90min）	Calleja 等（2005）
铁氧化物/SBA-15		$X_{phenol} = 99.9\%$；$X_{TOC} = 83.1\%$			

续表

催化材料/载体	污染物	催化活性	浸出离子	反应类型	参考文献
Fe$_2$O$_3$/SBA-15	苯酚	$X_{phenol} = 100\%$；$X_{TOC} = 64\%$（8h，pH = 4.3）	14mg/L 铁离子	固定床反应器类 Fenton 反应	Botas 等（2010）
Fe$_2$O$_3$/[a]NMS		$X_{phenol} = 100\%$；$X_{TOC} = 52\%$（8h，pH = 4.0）	11mg/L 铁离子		
Fe-SBA-15	苯酚	$X_{phenol} = 100\%$；$X_{TOC} = 80\%$（pH = 5.5，4h）	<8mg/L 铁离子	光-Fenton 反应（>313nm）	Martínez 等（2005）
Fe-SBA-15	苯酚	$X_{TOC} = 38\%$（pH = 3，270min）	4.9mg/L 铁离子（pH = 3，90min）	超声-Fenton 反应	Molina R 等（2006）
			5.0mg/L 铁离子（pH = 3，120min）		
			5.0mg/L 铁离子（pH = 3，270min）		
[b]4CuO/SBA-15(10)	苯酚	$X_{phenol} = 100\%$；$X_{TOC} = 67.3\%$	3.2mg/L 铜离子	CWPO（pH = 6.5，2h）	Zhong 等（2012）
[b]4CuO/SBA-15(8)		$X_{phenol} = 100\%$；$X_{TOC} = 71.4\%$	4.1mg/L 铜离子		
[b]4CuO/SBA-15(6)	苯酚	$X_{phenol} = 83.2\%$；$X_{TOC} = 60.8\%$	3.9mg/L 铜离子	CWPO（pH = 6.5，2h）	Zhong 等（2012）
[b]6CuO/SBA-15(10)		$X_{phenol} = 100\%$；$X_{TOC} = 80.5\%$	4.4mg/L 铜离子		
[b]10CuO/SBA-15(10)		$X_{phenol} = 100\%$；$X_{TOC} = 84.2\%$	3.6mg/L 铜离子		
[b]10CuO/SBA-15(8)		$X_{phenol} = 100\%$；$X_{TOC} = 81.8\%$	3.7mg/L 铜离子		
[b]10CuO/SBA-15(6)		$X_{phenol} = 100\%$；$X_{TOC} = 79.3\%$	3.5mg/L 铜离子		
Fe$_2$O$_3$/SBA-15	苯酚	$X_{TOC} = 77\%$（pH = 5.5，90min，100℃，$C_{0phenol} = 1000$mg/L）	4.66%铁离子（质量分数）	CWPO	Melero 等（2007）
Fe-SBA-15	苯酚	$X_{phenol} = 100\%$；$X_{TOC} = 68.9\%$（最大值，4h）	8.2mg/L 铁离子（最大值，4h）	CWPO	Xiang 等（2009）
Fe-介孔 SiO$_2$	酸性蓝 29（AB29）	$X_{AB29} = 98.4\%$（第一次循环）	0.4825mg/L 铁离子	光-Fenton 反应（可见光，pH = 3，100min）	Soon 和 Hameed（2013）
		$X_{AB29} = 94.5\%$（第二次循环）	0.2122mg/L 铁离子		
		$X_{AB29} = 90.3\%$（第三次循环）	0.2043mg/L 铁离子		
		$X_{AB29} = 88.6\%$（第四次循环）	0.1101mg/L 铁离子		

注：[a]NMS 表示无序介孔 SiO$_2$；[b]xCuO/SBA-15(y)中，x 为 Cu 的摩尔分数（%），y 为 SiO$_2$ 载体的孔径（nm）

　　在室温和近中性 pH 条件下，使用近紫外-可见光照射（波长>313nm），Melero 等（2007）成功地研究了介孔结构嵌有结晶赤铁矿颗粒的 SBA-15 基复合催化材料非均相光-Fenton 反应去除酚醛的性能。煅烧后复合催化材料的比表面积约为 $468m^2/g$，略低于纯 SBA-15 基体材料，这可能归因于赤铁矿填充了 SBA-15 的介孔孔道。最后，从低角度 XRD 谱中可以推断，较窄的孔径分布可以证实存在相同大小的均匀孔隙，并且具有较高的介观有序度。在所有反应体系中，存在 H_2O_2 和紫外线照射时，具有催化活性的 Fe-SBA-15 材料表现出最高的 TOC 去除率。值得注意的是，以工业氧化铁为催化材料时，TOC 的去除率非常低，这无疑证实了在六边形 SBA-15 介孔材料表面负载微小氧化铁颗粒的优势。催化材料在光-Fenton 体系中的稳定性是一个与反应条件密切相关的复杂行为。紫外线照射和 H_2O_2 对 Fe-H_2O_2 络合物的屏蔽作用或对溶解在溶液中 Fe^{2+} 的再氧化作用，都可以作为证明 Fe-SBA-15 催化材料稳定性的主要论据。为了查明浸出到水溶液中的铁物质的影响作用，使用氯化铁作为均相 Fenton 反应的催化材料进行了对比实验。结果表明，均相体系的 TOC 去除过程明显低于非均相体系，尤其是在反应的初始阶段。此外，在初始阶段，源于非均相催化材料的溶解铁离子浓度要低得多，而此时 TOC 的去除率却很高。这些结果表明，均相 Fenton 反应可能与非均相 Fenton 过程同时发生，但也清楚地证明了 Fe-SBA-15 催化材料对整个光-Fenton 反应过程的显著贡献，特别是在 TOC 去除率较高的反应初始阶段。

随后，Melero 等（2007）又阐明了金属氧化物颗粒是如何固定在 SBA-15 载体的孔道内或外表面上的。他们所提出的模型证实了可以通过掺入氧化铁颗粒来减小表面积，并发现了介观有序区域和晶体铁氧化物颗粒簇。除了嵌入 SBA-15 载体介孔结构中的不同铁氧化物颗粒（主要是结晶赤铁矿）之外，通过穆斯堡尔谱（Mössbauer spectrum）还检测到在 SiO_2 骨架内同晶取代的少量 Fe^{3+}（Martínez et al.，2005）。然后，Melero 等（2007）提出了 Fe-SBA-15 非均相 Fenton 反应去除酚类化合物的微观机理，涉及多个平行反应过程，包括固相表面的非均相 Fenton 反应和溶液内的均相 Fenton 反应。

Cornu 等（2012）制备了两种介孔 SiO_2 基的非均相 Fenton 催化材料，一种催化材料内部含有分散的 Fe^{3+} 及其氧化物颗粒，另一种催化材料外部含有铁氧化物颗粒，然后在可见光下将其用于两种典型有机物甲酸钠和染料 RV2 的催化降解。尽管受到反应接触的限制，含有内部铁物质的催化材料比含有外部铁氧化物的催化材料表现出了更高的催化活性。对于含有内部铁物质的催化材料，观察到了两种铁物质（SiO_2 孔内氧化铁颗粒和含有 Fe^{2+} 的另一相）之间存在电子相互作用（Cornu et al.，2012）。此外，SiO_2 基催化材料的催化活性受过渡金属的分散性及其与载体表面活性点位的接触性的影响（Zhong et al.，2012）。同时，Xia 等（2011）开发了一种新型磁性可分离的介孔 SiO_2 材料作为非均相 Fenton 催化材料去除苯酚。该材料是以 γ-Fe_2O_3 作为磁性的核和以有序介孔 MCM-41 作为壳组成的纳米复合材料，具有较大比表面积（$908.7m^2/g$）和均匀孔结构（平均孔径为 3.14nm）。MCM-41 壳不仅能作为过渡金属离子的负载基体，而且在煅烧过程中对磁性 γ-Fe_2O_3 起到保护作用。由于 SiO_2 表面和骨架上有高度分散的铁物质，这种材料有足够多的活性点位来支持非均相 Fenton 反应，并表现出显著的催化性能。合成的 γ-Fe_2O_3、MSFM（可磁分离的 Fe-MCM-41）和 MSM（可磁分离的 MCM-41）的比饱和磁化强度分别为 62.61×10^{-3} A·m^2/kg、14.34×10^{-3} A·m^2/kg 和 13.60×10^{-3} A·m^2/kg。比饱和磁化强度的下降归因于 MCM-41 壳。通过施加外部磁场，催化材料可以收集并高效地循环再利用。该材料为非均相 Fenton 催化和磁分离介孔材料的工业应用展现了光明的前景。今后的工作应着重于进一步提高这种材料的稳定性，并制造各种类似的性能优异的多功能材料。

2.5　Al_2O_3 载铁催化材料

由于表面的电子不足，纳米结构的 Al_2O_3 对目标阴离子具有很强的亲和力，可以用作去除有害/有毒金属含氧阴离子的吸附剂（Patra et al.，2012）。它也是非均相 Fenton 催化中得到广泛使用的氧化物载体。实际上，Al_2O_3 在许多领域都有应用，包括环境（氧化或还原）、能源（加氢处理与制氢）和精细化工（El-Nadjar et al.，2012）。众所周知，不同的方法可以制备出具有不同物理和化学性质的 Al_2O_3。Al_2O_3 具有高比表面积、区域选择性和表面酸度，其多孔结构和形态可以通过多种模板可控地合成。此外，在过去几十年中，木材、棉花、竹子和硅藻等天然材料也被用作模板来合成具有生物形态的材料（Ma et al.，2012）。表 2.4 列举了 Al_2O_3 非均相催化材料催化 Fenton 反应高效地降解不同有机物的情况。

表 2.4　Al_2O_3 负载铁或其他过渡金属非均相 Fenton 反应降解有机物

催化材料/载体	污染物	催化活性	浸出离子	反应类型	参考文献
Fe/介孔-Al_2O_3	苯酚（phenol）	$X_{phenol} = 98\%$（pH = 6，1h）	未检测出铁离子	光-Fenton 反应	Parida 和 Pradhan（2010）
Fe_2O_3/γ-Al_2O_3	苯酚	$X_{phenol} = 100\%$；$X_{TOC} = 72.2\%$（pH=5.6，4h，70℃）	10%铁离子（1h，质量分数）	CWPO	Luca 等（2012）
			40%铁离子（2h，质量分数）		
			60%铁离子（4h，质量分数）		
Fe^{3+}/Al_2O_3	2,4-二硝基苯酚（DNP）	$X_{DNP} = 98.7\%$（第一次循环）	6mg/L 铁离子（第一次循环）	类 Fenton 反应（pH = 3，35min）	Ghosh 等（2012）
		$X_{DNP} = 85.5\%$（第二次循环）	3mg/L 铁离子（第二次循环）		
		$X_{DNP} = 80.4\%$（第三次循环）	1mg/L 铁离子（第三次循环）		
		$X_{DNP} = 80\%$（第四次循环）	0.82mg/L 铁离子（第四次循环）		

续表

催化材料/载体	污染物	催化活性	浸出离子	反应类型	参考文献
CuO/γ-Al$_2$O$_3$	4-氯邻苯二酚（4CP）	$X_{4CP} = 28.5\%$（pH = 6.9~7.1，4h）	—	类 Fenton 反应	Kim 和 Metcalfe（2007）
CuO/ZnO/γ-Al$_2$O$_3$		$X_{4CP} = 19.2\%$（pH = 6.9~7.1，4h）			
Fe^{3+}-5-磺基水杨酸/Al$_2$O$_3$	地乐酚（DNBP）	$X_{DNBP} = 100\%$（pH = 2.5，100min）	可忽略	光-Fenton 反应（太阳光）	Zhang 等（2010b）
α-Fe$_2$O$_3$/γ-Al$_2$O$_3$	化妆品废水	$X_{COD} = 82\%$；$X_{TOC} = 60\%$（100h；85℃）	3%铁离子（质量分数）	CWPO（生产测试）	Bautista 等（2010a）
4%Fe/Al$_2$O$_3$	化妆品废水	$X_{COD} = 83.5\%$；$X_{TOC} = 55.9\%$（85℃）	0.26%铁离子（质量分数）	CWPO	Bautista 等（2010b）
8%Fe/Al$_2$O$_3$		$X_{COD} = 75.5\%$；$X_{TOC} = 52\%$（85℃）	0.28%铁离子（质量分数）		
Fe$_2$O$_3$/γ-Al$_2$O$_3$	酸性橙黄 52（AO52）	$X_{AO52} = 79.89\%$；$X_{TOC} = 73.30\%$（3h）	0.04mg/L 铁离子；0.36mg/L 铝离子；0mg/L 铈离子	CWPO	Liu 和 Sun（2007）
Fe$_2$O$_3$/CeO$_2$/γ-Al$_2$O$_3$		$X_{AO52} = 88.77\%$；$X_{TOC} = 81.44\%$（3h）	0.01mg/L 铁离子；0.39mg/L 铝离子；2.16mg/L 铈离子		
Fe^{3+}/Al$_2$O$_3$	酸性紫 7（AV7）	$X_{AV7} = 100\%$（pH = 3.0，60min）	—	光-Fenton 反应	Muthuvel 和 Swaminathan（2007）
Fe^{2+}/Al$_2$O$_3$	直接红 23（DR23）	$X_{DR23} = 100\%$（pH = 3.0±0.1；60min）	≤7.3%铁离子（pH = 2~7，质量分数）	光-Fenton 反应	Muthuku-mari 等（2009）
	活性橙黄 4（RO4）	$X_{RO4} = 75\%$（pH = 3.0±0.1；60min）	—		

通过 CWPO 工艺处理化妆品废水的过程中，在 50℃下使用 Al-4%FeT450 催化材料（铁的质量分数为 4%，煅烧温度为 450℃），TOC 随时间的变化表明，Al-4%FeT450 对 TOC 的去除作用可忽略不计，但 Fe/γ-Al$_2$O$_3$ 却效果显著。此外，提高催化材料的煅烧温度降低了 COD 和 TOC 的去除率。77 K 时的穆斯堡尔谱分析表明，在较低温度下煅烧的催化材料中 α-Fe$_2$O$_3$ 纳米粒子的质量分数较高（在 300℃和 450℃分别为 33%和 26%），这是它在催化氧化过程中具有较高反应活性的原因（Bautista et al.，2010b）。此外，负载铁的 Al$_2$O$_3$ 比相应的均相铁离子催化活性更高。例如，室温下分别使用硫酸铁和负载在 Al$_2$O$_3$ 上的铁去除 2,4-二硝基苯酚，比较研究发现非均相体系中负载铁的催化活性高于均相体

系中的硫酸铁。负载铁具有较高去除率（94.2%）的原因是产生了更多的·OH。Al_2O_3 是一种 Lewis 酸，对催化氧化过程起重要的促进作用。在与 H_2O_2 的反应中，表面铁的价态在 +2 和 +3 之间相互转化。Fe^{2+} 被 H_2O_2 氧化会产生·OH，这个反应比 H_2O_2 还原 Fe^{3+} 快得多。因此，只有加快 H_2O_2 还原 Fe^{3+} 才能增强这种氧化还原反应的循环。Lewis 酸从铁中心获取电子促进 H_2O_2 还原 Fe^{3+}，从而 Fe^{3+} 的价态降低，这可能是非均相催化材料比均相催化材料效率更高的原因。在两种情况下，达到最佳催化效率后进一步增加铁的质量分数，会导致催化效率降低。过量的 Fe^{2+} 会使·OH 被消耗，从而降低催化效果，如反应式（1-4）所示（Ghosh et al.，2012）。

酸性中间产物的大量累积可以促进铁离子的溶解。提高煅烧温度也可以改善 Al_2O_3 负载型非均相催化材料的催化稳定性。以 Fe_2O_3/Al_2O_3（铁的质量分数为 2%）为例，400℃下煅烧的样品在反应前 30min 内未检测到 Fe^{3+} 的析出。一段时间后，溶液中 Fe^{3+} 的浓度逐渐增加。反应进行 1h、2h 和 4h 后，Fe^{3+} 的析出量分别为初始铁质量分数的 10%、40% 和 60%。而 900℃下煅烧的样品在反应过程中仅有 7% 的 Fe^{3+} 被析出，并且在反应的 1h 内溶液中没有检测到 Fe^{3+} 的溶出。因此，对催化材料进行热处理改性，在对高浓度苯酚去除率影响较小的情况下，催化材料的稳定性有了显著提高。铁负载在 Al_2O_3 上会增强铁的稳定性，这是其耐浸出性和诱导时间增加的主要原因（Luca et al.，2012）。

2.6　碳材料载铁催化材料

纳米碳材料具有许多独特的性能，并且能以碳纳米管（carbon nanotubes，CNTs）、碳珠、碳纤维、纳米多孔碳、活性炭（activated carbon，AC）、石墨、金刚石等多种形式存在。CNTs 可以看作圆柱形的空心石墨微晶，可分为多壁碳纳米管（multi-wall carbon nanotubes，MWCNTs）和单壁碳纳米管（single-wall carbon nanotubes，SWCNTs）。由于具有较大的比表面积，CNTs 作为一种新型的吸附剂引起了研究者的广泛兴趣。CNTs 的外径为 4～30nm，长度可达 1mm。AC 纳米粒子单位质量的比表面积非常大，具有许多优于传统材料的优点。AC 在环境修复方面的优势在于：①吸附污染物范围广；②动力学速率快；③比表面积大；④对芳香族化合物具有选择吸附性（Khin et al.，2012）。纳米碳材料被广泛用作铁或其他过渡金属的载体，通过类 Fenton 反应有效降解各种有机污染物，如表 2.5 所示。

表 2.5　纳米碳材料负载铁或过渡金属催化非均相 Fenton 反应降解有机污染物

催化材料/载体	污染物	催化活性	浸出离子	反应类型	参考文献
Fe_3O_4/MWCNTs	17α-甲基睾丸酮（MT）	$X_{MT} = 85.9\%$（pH = 5.0，8h）	<1mg/L 铁离子（pH = 3.5～7）	类 Fenton 反应	Hu 等（2011）
Fe_xO_y/MWCNTs	橙黄 G（OGT）	$X_{OGT} = 96\%$（pH = 7.0，30min）	0.1%铁离子（第三次循环，质量分数）	类 Fenton 反应	Variava 等（2012）
Fe/HNO$_3$ 预处理 AC	苯酚（phenol）	$X_{TOC} = 85.3\%$（自然 pH，1h，100℃）	1%～1.5%铁离子（质量分数）	CWPO	Martínez 等（2012）
Au-AC	苯酚	$X_{phenol} < 70\%$；$X_{TOC} < 50\%$（pH = 3.5，4h）	0.01%金离子（质量分数）	CWPO	Quintanilla 等（2012）
Fe/AC	橙黄 II（OII）	$X_{OII} = 100\%$（2h）；$X_{TOC} < 60\%$（24h）	<3mg/L 铁离子（24h）	类 Fenton 反应	Duarte 等（2012）
Fe-AC	橙黄 II	$X_{OII} = 55\%$；$X_{TOC} = 23\%$（pH = 3，4h）	0.498mg/L 铁离子（pH = 3，4h）	类 Fenton 反应	Ramirez 等（2007）
Fe-碳气凝胶		$X_{OII} = 94.6\%$；$X_{TOC} = 58.8\%$（pH = 3，4h）	0.642mg/L 铁离子（pH = 3，4h）		
Fe/AC	芝加哥天蓝（CSB）	$X_{CSB} = 88\%$；$X_{TOC} = 47\%$（pH = 3，50℃）	<0.35mg/L 铁离子	连续填充床反应器类 Fenton 反应	Mesquita 等（2012）
Fe/AC	氨苄西林钠	$X_{COD} = 90\%$；$X_{TOC} = 85\%$（pH = 3，4h）	<18mg/L 铁离子（pH = 3，2h）	类 Fenton 反应	Wang 等（2012a）
FeOOH/AC	活性亮橙（RBO）	$X_{RBO} = 98\%$（pH = 7，4h，第一次循环）	0.49mg/L 铁离子（第一次循环）	类 Fenton 反应	Wu 等（2013）
		$X_{RBO} = 81\%$（pH = 7，4h，第四次循环）	0.75mg/L 铁离子（第四次循环）		
Fe-改性 AC	百草枯（PQ）	$X_{PQ} = 98\%$；$X_{COD} = 71\%$（3h，70℃）	1.3mg/L 铁离子（12h，25℃）	CWPO（pH = 3）	Dhaouadi 和 Adhoum（2010）
		$X_{PQ} = 80\%$；$X_{COD} = 31\%$（3h，25℃）			
Au-HO-金刚石	苯酚	$X_{phenol} = 93\%$（pH = 4，24h）	0.7%金离子（质量分数）	类 Fenton 反应	Navalon 等（2010b）
Au-金刚石	苯酚	$X_{phenol} = 100\%$（pH = 4，33h）	—	类 Fenton 反应	Martín 等（2011b）
		$X_{phenol} = 92\%$（pH = 5.5，33h）			
Au-金刚石	苯酚	$X_{phenol} = 100\%$（pH = 4，5h，O$_2$，50℃）	<3%金离子（质量分数）	类 Fenton 反应	Martín 等（2011a）

催化材料/载体	污染物	催化活性	浸出离子	反应类型	参考文献
Au-HO-金刚石	苯酚	$X_{phenol} = 100\%$ （pH = 4，2h）	—	光-Fenton 反应	Navalon 等 （2011）
天然石墨尾矿 （Fe_2O_3/石墨）	罗丹明 B （RhB）	$X_{RhB} = 93.39\%$； $X_{TOC} = 49.02\%$ （初始 pH，4h）	0.4824mg/L 铁离子	类 Fenton 反应	Bai 等 （2012）
Co/碳干凝胶-G[a]	苯酚	$X_{phenol} = 100\%$ （初始 pH，20min，40℃）	—	类 Fenton 反应	Sun 等 （2012）
Co/碳干凝胶-I[b]		$X_{phenol} = 100\%$ （初始 pH，15min，45℃）			
铁氧体/碳气凝胶	甲霜灵	$X_{TOC} = 98\%$ （pH = 6，4h）	0.8mg/L 铁离子 （pH = 3，40h）	电-Fenton 反应	Wang 等 （2013）
Fe_3O_4/介孔碳泡沫	苯酚	$X_{phenol} = 95\%$ （pH = 3，4h）	3mol/L 铁离子	类 Fenton 反应	Chun 等 （2012）
Fe^{2+}/AC	芝加哥天蓝	$X_{CSB} = 88\%$；$X_{TOC} = 47\%$ （pH = 3，50℃）	<0.4mg/L 铁离子	填充床反应器 类 Fenton 反应	Mesquita 等（2012）

注：Co/碳干凝胶-G[a] 指 Co 离子原位掺杂；Co/碳干凝胶-I[b] 指 Co 离子浸渍掺杂

Hu 等（2011）通过 XPS 发现在 Fe_3O_4/MWCNTs 非均相 Fenton 反应过程中，催化材料最外层 Fe^{2+} 部分氧化成 Fe^{3+}，磁铁矿可能转变为磁赤铁矿。基于此，他们提出了 Fe_3O_4/MWCNTs 催化 H_2O_2 的可能机理，包括在 $\equiv Fe^{2+} \cdot H_2O$ 的含水表面和 H_2O_2 之间通过配位取代形成络合物，称为 $\equiv Fe^{2+} \cdot H_2O_2$ ［反应式（2-1）］，其中 $\equiv Fe^{2+} \cdot H_2O$ 代表催化材料表面的 Fe^{2+} 点位。最初形成的 $\equiv Fe^{2+} \cdot H_2O_2$ 可以通过分子内电子转移生成 •OH，从而降解有机物［反应式（2-2）和反应式（2-3）］。

$$\equiv Fe^{2+} \cdot H_2O + H_2O_2 \longrightarrow \equiv Fe^{2+} \cdot H_2O_2 + H_2O \qquad (2\text{-}1)$$

$$\equiv Fe^{2+} \cdot H_2O_2 \longrightarrow \equiv Fe^{3+} + \bullet OH + OH^- \qquad (2\text{-}2)$$

$$\bullet OH + 有机物 \longrightarrow CO_2 + H_2O \qquad (2\text{-}3)$$

$\equiv Fe^{3+}$ 形成自由基的机理与之类似，如反应式（2-4）～反应式（2-6）所示。其中，$\equiv Fe^{3+}$ 表示催化材料表面的 Fe^{3+} 点位。

$$\equiv Fe^{3+} + H_2O_2 \longrightarrow \equiv Fe^{3+} \cdot H_2O_2 \qquad (2\text{-}4)$$

$$\equiv Fe^{3+} \cdot H_2O_2 \longrightarrow \equiv Fe^{2+} + \bullet OOH + H^+ \qquad (2\text{-}5)$$

$$\equiv Fe^{3+} + \bullet OOH \longrightarrow \equiv Fe^{2+} + O_2 + H^+ \qquad (2\text{-}6)$$

Deng 等（2012）采用粉末状 Fe_3O_4 和 Fe_3O_4 纳米粒子催化 H_2O_2 脱色橙黄 II，粉末状 Fe_3O_4 催化 H_2O_2 脱色橙黄 II 的效果较差（脱色率仅为 15.8%），Fe_3O_4 纳

米粒子所观察到的脱色率也仅有 37.1%，催化活性较低。以 Fe_3O_4/MWCNTs 为催化材料时脱色率可达 94.0%，是 Fe_3O_4 纳米粒子的 2 倍。这些比较是基于相同质量的催化材料进行的。如果以相同 Fe_3O_4 用量进行比较，那么 Fe_3O_4/MWCNTs 的催化效率比 Fe_3O_4 纳米粒子高 6 倍。催化材料活性的显著增强可归因于 Fe_3O_4 纳米粒子在 MWCNTs 上的均匀分散，增加了活性催化点位。同时，MWCNTs 杂化结构可协同加速 Fe^{3+} 和 Fe^{2+} 之间的循环。

众所周知，在非均相 Fenton 过程中，吸附和催化共存。为了阐明 Fe/AC 非均相 Fenton 反应机理，Duarte 等（2013）采用热重-微分热重法（thermogravity-differential thermogravity，TG-DTG）和程序升温脱附法（temperature programmed desorption，TPD）对相应的氮气吸附等温线和吸附产物的性质进行了研究。虽然 TPD 检测到了有机物分子与 AC 表面基团间的相互作用，但有机物仅仅是被吸附，分子结构并没有发生任何变化。高 H_2O_2 浓度时形成的副产物更容易被氧化分解，从而阻碍吸附过程的进行。

在纳米碳材料中，金刚石也可用作过渡金属的载体，并以负载 Au 的金刚石（Au/D）作为非均相 Fenton 催化材料进行了一系列的研究，包括：在硫酸溶液中用 H_2O_2 和 $FeSO_4·7H_2O$ 对金刚石进行表面改性；通过光照增强反应的催化活性；制备工艺对其催化活性的影响；非均相 Fenton 反应和生物降解技术组合工艺的优化处理（Martín et al.，2011a；Navalon et al.，2011，2010b）。制备工艺对载 Au 催化材料的催化活性有相当大的影响，具有最佳催化活性的 Au/D 样品是在 pH = 5 的条件下沉积 Au 后通过氢还原法制备得到的。沉积 pH 对催化活性的影响可能是由于 Au 纳米颗粒的粒径随载 Au 量和载体尺寸的变化而变化。表面上所有 Au 原子具有相同的活性，催化活性的关键因素是获取大的表面积以负载 Au 纳米颗粒（Martín et al.，2011b）。

此外，对催化材料的辐照也是加速限速步骤从而提高催化活性的有效策略。在 532nm 处照射悬浮在苯酚（100mg/L）和 H_2O_2（200mg/L）水溶液（pH = 4）中的 Au/OH-npD（OH-npD 指 Fenton 处理的金刚石纳米颗粒），会使 Au/OH-npD 的催化活性显著增强。在这个过程中，向 H_2O_2 注入一个电子会产生羟基，这是攻击苯酚的中间反应（图 2.1 中还原半反应）。如果光吸收产生了电子的光致发射，并且这些电子被 H_2O_2 捕获，则在 Au 表面等离子体带上的辐照，能观察到负载 Au 对苯酚转化为对苯二酚和邻苯二酚催化活性的增强。在随后的反应步骤中，H_2O_2 能够将氧化的 Au 还原到初始状态（图 2.1 中氧化半反应），从而停止催化循环。在这一机理中，负载的 Au 纳米粒子将发挥多种作用，包括稳定所需 Au 的氧化状态，控制氧化还原电势，并允许•OH 扩散到液相中（Navalon et al.，2011）。

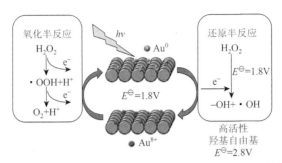

图 2.1　Fenton 催化过程的光化学增强机理（Navalon et al.，2011，美国化学会授权）

2.7　载铁型非均相 Fenton 催化材料的比较与原理

为了选择合适的载体，Rodríguez 等（2010）选用 CNTs、碳纳米纤维、AC、类水滑石、介孔 SiO$_2$（MCM41）、SiO$_2$、SiO$_2$ 干凝胶、海泡石、USY 沸石等不同载体材料负载铁催化非均相 Fenton 反应脱色酸性橙黄 II。对比结果发现，最佳催化材料为负载铁的海泡石。这只是他们简单比较的一个例子。事实上，对于负载型非均相 Fenton 催化材料，影响其非均相 Fenton 催化活性的因素很多，如固体载体的结构和表面性质、制备方法和热处理工艺、载体上铁物质的负载形式和位置、有机污染物的物理化学性质、固体载体与有机分子的相互作用等。因此，很难说哪种材料最适合用作高效 Fenton 反应的铁的载体。根据以往在 Fe/高岭土非均相 Fenton 催化材料研究的成果（Xu et al.，2009），黏土矿物材料似乎不适于非均相 Fenton 催化材料的载体。不可否认，黏土负载铁催化非均相 Fenton 反应是有效的，但黏土在水溶液中具有溶胀和絮凝作用，使用后很难分离，将产生一种新的泥状污染。在所有铁的载体中，多孔材料由于其高表面积、高孔容和可调孔径等优点，具有广阔的研究和应用前景。多孔材料的这些优点可以促进吸附与催化的耦合作用，从而提高 Fenton 反应效能。此外，骨架金属离子的可取代性、孔体积和尺寸的可调性以及通过引入异质结构物质的功能化和固定有机官能团都可以使多孔材料在非均相 Fenton 催化领域得到广泛的应用。同时，应该注意的是，当铁物质负载到某些多孔材料上时，最好不要堵塞骨架结构中的孔隙。否则，表面积的减小会降低非均相 Fenton 反应的催化活性。因此，在制备过程中，精细的控制是必不可少的，这在以前的报道研究中经常被忽略。从成本的角度来看，我们更倾向于将储量丰富的本地天然材料作为非均相 Fenton 催化材料的载体用于实际废水处理，这是最佳的选择。然后，根据所选用材料和待处理废水的特点，筛选适宜的制备方法以使催化材料具有较高 Fenton 反应活性。此外，通过非均相 Fenton 体系和光-Fenton 体系的比较可以知道，光-Fenton 反应过程中有机污染物分子的去除率高于非均相 Fenton 反应，因为在光-Fenton 反应中 Fe^{3+} 与 Fe^{2+} 的氧化还原循环效率更高。这将为太阳能在非均相Fenton体系中的应用开辟广阔的空间，通过光照提高催化效率，降低运行成本。

与单相载体材料相比，多相复合物作为铁的载体似乎能更好地通过优化调控非均相Fenton催化材料的结构、表面性质和组装方案来提高其Fenton反应活性。Pradhan和Parida（2012）将介孔Al_2O_3原位组装到MCM-41外骨架而不堵塞孔隙。与原始的MCM-41相比，这种长程有序的复合载体具有更高的表面积。随后，他们采用相同的合成策略，开发了一种新型的非均相Fenton催化材料Cu/Al_2O_3-MCM-41，以铜代替铁作为Fenton反应的催化材料。Cu/Al_2O_3-MCM-41对苯酚、2-氯-4-硝基苯酚和4-氯-2-硝基苯酚等酚类化合物的光-Fenton去除具有良好的催化作用（Pradhan et al.，2013）。除了这两种已报道的由异质结构介孔固体组成的复合载体外，其他碳素材料（如多孔AC、CNTs、碳纤维或石墨烯）适当组装或修饰的多孔复合材料作为Fenton催化材料载体可能更吸引人，目前还没有人对其进行详细深入的研究，其可能会成为未来非均相Fenton催化材料研究的热点。

就Fenton化学而言，•OH的形成和有机物分子的降解途径是两个已被许多学者研究和讨论的关键问题。例如，Cheng等（2008）采用5,5-二甲基-1-吡咯啉-N-氧化物（DMPO）捕获EPR技术证实•OH的形成，以揭示黏土中铁物质的催化反应活性和反应途径。在可见光辐照下，Na^+-蒙脱土、孔雀石绿染料和H_2O_2的悬浮液体系中未观察到EPR信号；而Fe^{3+}-蒙脱土、孔雀石绿染料和H_2O_2的悬浮液体系中观察到了DMPO-•OH加合物的四个特征峰，强度比为1∶2∶2∶1。以Fe^{3+}-皂石为催化材料的非均相光-Fenton体系也出现了相同的信号。在Fe^{3+}-蒙脱土和Fe^{3+}-皂石的非均相Fenton体系中，Fe^{3+}与H_2O_2相互作用产生了•OH。DMPO捕获ESR技术也可用于检测•OH，它的特征图谱与EPR相似。Fe_3O_4/MWCNT和Fe_3O_4在不同条件下催化的非均相Fenton体系的ESR谱也具有典型DMPO-•OH加合物的四个特征峰，其强度比也是1∶2∶2∶1。同时可以观察到，谱峰的强度随着体系pH的降低而增加，这与有机污染物17α-甲基睾丸酮的降解实验结果一致（Hu et al.，2012）。

综上所述，以载铁材料作为非均相Fenton反应的催化材料降解各种有机污染物的效率都比较高。可供选择的无机固体材料种类多、固体结构和表面性质可调可控，以及固体载体和铁物质之间的多功能耦合，使非均相Fenton反应更加高效。但是，载铁型非均相Fenton催化材料的制备成本较高，主体、客体间的键合较松，催化稳定性相对较差，这些使得该类催化材料黯然失色。因此，自身含铁的固体材料，尤其是天然含铁矿物受到了越来越多的关注。

参 考 文 献

Aleksić M，Koprivanac N，Božić A L，et al. 2010a. The potential of Fe-exchanged Y zeolite as a heterogeneous Fenton-type catalyst for oxidative degradation of reactive dye in water[J]. Chemical and Biochemical Engineering Quarterly，24（3）：309-319.

Aleksić M，Kušić H，Koprivanac N，et al. 2010b. Heterogeneous Fenton type processes for the degradation of organic dye pollutant in water—The application of zeolite assisted AOPs[J]. Desalination，257（1）：22-29.

Aravindhan R，Fathima N N，Rao J R，et al. 2006. Wet oxidation of acid brown dye by hydrogen peroxide using heterogeneous catalyst Mn-salen-Y zeolite: A potential catalyst[J]. Journal of Hazardous Materials，138（1）：152-159.

Ayodele O B，Lim J K，Hameed B H. 2012a. Degradation of phenol in photo-Fenton process by phosphoric acid modified kaolin supported ferric-oxalate catalyst：Optimization and kinetic modelling[J]. Chemical Engineering Journal，197（14）：181-192.

Ayodele O B，Lim J K，Hameed B H. 2012b. Pillared montmorillonite supported ferric oxalate as heterogeneous photo-Fenton catalyst for degradation of amoxicillin[J]. Applied Catalysis A-General，413-414（1）：301-309.

Bai C P，Gong W Q，Feng D X，et al. 2012. Natural graphite tailings as heterogeneous Fenton catalyst for the decolorization of Rhodamine B[J]. Chemical Engineering Journal，197：306-313.

Bautista P，Mohedano A F，Casas J A，et al. 2010a. Oxidation of cosmetic wastewaters with H_2O_2 using a Fe/γ-Al_2O_3 catalyst[J]. Water Science & Technology，61（6）：1631-1636.

Bautista P，Mohedano A F，Menéndez N，et al. 2010b. Catalytic wet peroxide oxidation of cosmetic wastewaters with Fe-bearing catalysts[J]. Catalysis Today，151（1）：148-152.

Bayat M，Sohrabi M，Royaee S J. 2012. Degradation of phenol by heterogeneous Fenton reaction using Fe/clinoptilolite[J]. Journal of Industry and Engineering Chemistry，18（3）：957-962.

Bobu M，Yediler A，Siminiceanu I，et al. 2008. Degradation studies of ciprofloxacin on a pillared iron catalyst[J]. Applied Catalysis B-Environmental，83（1）：15-23.

Bolova E，Gündüz G，Dükkancı M，et al. 2011. Fe containing ZSM-5 zeolite as catalyst for wet peroxide oxidation of Orange Ⅱ[J]. International Journal of Chemical Reactor Engineering，9（1）：1-20.

Bolova E，Gündüz G，Dükkancı M. 2012. Heterogeneous Fenton-like degradation of Orange Ⅱ in water using FeZSM-5 zeolite catalyst[J]. International Journal of Chemical Reactor Engineering，10（1）：1-21.

Botas J A，Melero J A，Martínez F，et al. 2010. Assessment of Fe_2O_3/SiO_2 catalysts for the continuous treatment of phenol aqueous solutions in a fixed bed reactor[J]. Catalysis Today，149（3）：334-340.

Calleja G，Melero J A，Martínez F，et al. 2005. Activity and resistance of iron-containing amorphous，zeolitic and mesostructured materials for wet peroxide oxidation of phenol[J]. Water Research，39（9）：1741-1750.

Carriazo J，Guélou E，Barrault J，et al. 2005. Catalytic wet peroxide oxidation of phenol by pillared clays containing Al-Ce-Fe[J]. Water Research，39（16）：3891-3899.

Catrinescu C，Arsene D，Apopei P，et al. 2012. Degradation of 4-chlorophenol from wastewater through heterogeneous Fenton and photo-Fenton process catalyzed by Al-Fe PILC[J]. Applied Clay Science，58（1）：96-101.

Catrinescu C，Teodosiu C，Macoveanu M，et al. 2003. Catalytic wet peroxide oxidation of phenol over Fe-exchanged pillared beidellite[J]. Water Research，37（5）：1154-1160.

Chen A Y，Ma X D，Sun H W. 2008. Decolorization of KN-R catalyzed by Fe-containing Y and ZSM-5 zeolites[J]. Journal of Hazardous Materials，156（1）：568-575.

Chen J X, Zhu L Z. 2006. Catalytic degradation of Orange Ⅱ by UV-Fenton with hydroxyl-Fe-pillared bentonite in water[J]. Chemosphere, 65 (7): 1249-1255.

Chen L H, Li X Y, Rooke J C, et al. 2012. Hierarchically structured zeolites: Synthesis, mass transport properties and applications[J]. Journal of Materials Chemistry, 22 (34): 17381-17403.

Chen Q Q, Wu P X, Dang Z, et al. 2010. Iron pillared vermiculite as a heterogeneous photo-Fenton catalyst for photocatalytic degradation of azo dye reactive brilliant Orange X-GN[J]. Separation and Purification Technology, 71 (3): 315-323.

Chen Q Q, Wu P X, Li Y Y, et al. 2009. Heterogeneous photo-Fenton photodegradation of reactive brilliant Orange X-GN over iron-pillared montmorillonite under visible irradiation[J]. Journal of Hazardous Materials, 168 (2): 901-908.

Cheng M M, Song W J, Ma W H, et al. 2008. Catalytic activity of iron species in layered clays for photodegradation of organic dyes under visible irradiation[J]. Applied Catalysis B-Environmental, 77 (3): 355-363.

Chun J Y, Lee H S, Lee S H, et al. 2012. Magnetite/mesocellular carbon foam as a magnetically recoverable Fenton catalyst for removal of phenol and arsenic[J]. Chemosphere, 89 (10): 1230-1237.

Cornu C, Bonardet J L, Casale S, et al. 2012. Identification and location of iron species in Fe/SBA-15 catalysts: Interest for catalytic Fenton reactions[J]. Journal of Physical Chemistry C, 116 (5): 3437-3448.

Daud N K, Hameed B H. 2011. Acid Red 1 dye decolorization by heterogeneous Fenton-like reaction using Fe/kaolin catalyst[J]. Desalination, 269 (1): 291-293.

Deng J H, Wen X H, Wang Q N. 2012. Solvothermal in situ synthesis of Fe_3O_4-multiwalled carbon nanotubes with enhanced heterogeneous Fenton-like activity[J]. Materials Research Bulletin, 47 (11): 3369-3376.

Dhaouadi A, Adhoum N. 2010. Heterogeneous catalytic wet peroxide oxidation of paraquat in the presence of modified activated carbon[J]. Applied Catalysis B-Environmental, 97 (1): 227-235.

Duarte F, Madeira L M. 2010. Fenton-and photo-Fenton-like degradation of a textile dye by heterogeneous processes with Fe/ZSM-5 zeolite[J]. Separation Science and Technology, 45 (11): 1512-1520.

Duarte F, Maldonado-Hódar F J, Madeira L M. 2012. Influence of the particle size of activated carbons on their performance as Fe supports for developing Fenton-like catalysts[J]. Industrial & Engineering Chemistry Research, 51 (27): 9218-9226.

Duarte F, Maldonado-Hódar F J, Madeira L M. 2013. New insight about Orange Ⅱ elimination by characterization of spent activated carbon/Fe Fenton-like catalysts[J]. Applied Catalysis B-Environmental, 129 (2): 264-272.

Dükkancı M, Gündüz G, Yılmaz S, et al. 2010. Characterization and catalytic activity of CuFeZSM-5 catalysts for oxidative degradation of Rhodamine 6G in aqueous solutions[J]. Applied Catalysis B-Environmental, 95 (3): 270-278.

El-Nadjar W, Bonne M, Trela E, et al. 2012. Infrared investigation on surface properties of alumina obtained using recent templating routes[J]. Microporous and Mesoporous Materials, 158 (8): 88-98.

Feng J Y, Hu X J, Yue P L, et al. 2003a. Discoloration and mineralization of Reactive Red HE-3B by heterogeneous photo-Fenton reaction[J]. Water Research, 37 (15): 3776-3784.

Feng J Y, Hu X J, Yue P L, et al. 2003b. A novel laponite clay-based Fe nanocomposite and its photo-catalytic activity in photo-assisted degradation of Orange Ⅱ[J]. Chemical Engineering Science, 58 (3): 679-685.

Feng J Y, Hu X J, Yue P L, et al. 2009. Photo Fenton degradation of high concentration Orange Ⅱ (2mM) using catalysts containing Fe: A comparative study[J]. Separation and Purification Technology, 67 (2): 213-217.

Feng J Y, Hu X J, Yue P L. 2004a. Novel bentonite clay-based Fe-nanocomposite as a heterogeneous catalyst for photo-Fenton discoloration and mineralization of Orange Ⅱ[J]. Environmental Science & Technology, 38 (1): 269-275.

Feng J Y, Hu X J, Yue P L. 2005. Discoloration and mineralization of Orange Ⅱ by using a bentonite clay-based Fe nanocomposite film as a heterogeneous photo-Fenton catalyst[J]. Water Research, 39 (1): 89-96.

Feng J Y, Hu X J, Yue P L. 2006. Effect of initial solution pH on the degradation of Orange Ⅱ using clay-based Fe nanocomposites as heterogeneous photo-Fenton catalyst[J]. Water Research, 40 (4): 641-646.

Feng J Y, Wong R S K, Hu X J, et al. 2004b. Discoloration and mineralization of Orange Ⅱ by using Fe^{3+}-doped TiO_2 and bentonite clay-based Fe nanocatalysts[J]. Catalysis Today, 98 (3): 441-446.

Galeano L A, Vicente M A, Gil A. 2011. Treatment of municipal leachate of landfill by Fenton-like heterogeneous catalytic wet peroxide oxidation using an Al/Fe-pillared montmorillonite as active catalyst[J]. Chemical Engineering Journal, 178 (10): 146-153.

Garrido-Ramírez E G, Theng B K G, Mora M L. 2010. Clays and oxide minerals as catalysts and nanocatalysts in Fenton-like reactions-A review[J]. Applied Clay Science, 47 (3): 182-192.

Ghosh P, Kumar C, Samanta A N, et al. 2012. Comparison of a new immobilized Fe^{3+} catalyst with homogeneous Fe^{3+}-H_2O_2 system for degradation of 2,4-dinitrophenol[J]. Journal of Chemical Technology and Biotechnology, 87 (7): 914-923.

Gonzalez-Olmos R, Holzer F, Kopinke F D, et al. 2011. Indications of the reactive species in a heterogeneous Fenton-like reaction using Fe-containing zeolites[J]. Applied Catalysis A-General, 398 (1): 44-53.

Gonzalez-Olmos R, Martin M J, Georgi A, et al. 2012. Fe-zeolites as heterogeneous catalysts in solar Fenton-like reactions at neutral pH[J]. Applied Catalysis B-Environmental, 125 (3): 51-58.

Guélou E, Barrault J, Fournier J, et al. 2003. Active iron species in the catalytic wet peroxide oxidation of phenol over pillared clays containing iron[J]. Applied Catalysis B-Environmental, 44 (1): 1-8.

Hartmann M, Kullmann S, Keller H. 2010. Wastewater treatment with heterogeneous Fenton-type catalysts based on porous materials[J]. Journal of Materials Chemistry, 20 (41): 9002-9017.

Hassan H, Hameed B H. 2011a. Fe-clay as effective heterogeneous Fenton catalyst for the decolorization of Reactive Blue 4[J]. Chemical Engineering Journal, 171 (3): 912-918.

Hassan H, Hameed B H. 2011b. Fenton-like oxidation of Acid Red 1 solutions using heterogeneous catalyst based on ball clay[J]. International Journal of Environmental Science and Development, 2 (3): 218-222.

Hassan H, Hameed B H. 2011c. Oxidative decolorization of Acid Red 1 solutions by Fe-zeolite Y type catalyst[J]. Desalination, 276 (1-3): 45-52.

He F, Shen X Y, Lei L C. 2003. Photochemically enhanced degradation of phenol using heterogeneous Fenton-type catalysts[J]. Journal of Environmental Science, 15 (3): 351-355.

Heinz H. 2012. Clay minerals for nanocomposites and biotechnology: Surface modification, dynamics and responses to stimuli[J]. Clay Minerals, 47 (2): 205-230.

Herney-Ramirez J, Costa C A, Madeira L M, et al. 2007. Fenton-like oxidation of Orange Ⅱ solutions using heterogeneous catalysts based on saponite clay[J]. Applied Catalysis B-Environmental, 71 (1): 44-56.

Herney-Ramirez J, Lampinen M, Vicente M A, et al. 2008. Experimental design to optimize the oxidation of Orange Ⅱ dye solution using a clay-based Fenton-like catalyst[J]. Industrial & Engineering Chemistry Research, 47 (2): 284-294.

Herney-Ramirez J, Silva A M T, Vicente M A, et al. 2011. Degradation of Acid Orange 7 using a saponite-based catalyst in wet hydrogen peroxide oxidation: Kinetic study with the Fermi's equation[J]. Applied Catalysis B-Environmental, 101 (3-4): 197-205.

Herney-Ramirez J, Vicente M A, Madeira L M. 2010. Heterogeneous photo-Fenton oxidation with pillared clay-based catalysts for wastewater treatment: A review[J]. Applied Catalysis B-Environmental, 98（1）: 10-26.

Hu X B, Deng Y H, Gao Z Q, et al. 2012. Transformation and reduction of androgenic activity of 17α-methyltestosterone in Fe_3O_4/MWCNTs-H_2O_2 system[J]. Applied Catalysis B-Environmental, 127（8）: 167-174.

Hu X B, Liu B Z, Deng Y H, et al. 2011. Adsorption and heterogeneous Fenton degradation of 17α-methyltestosterone on nano Fe_3O_4/MWCNTs in aqueous solution[J]. Applied Catalysis B-Environmental, 107（3-4）: 274-283.

Idel-Aouad R, Valiente M, Yaacoubi A, et al. 2011. Rapid decolourization and mineralization of the azo dye C.I. Acid Red 14 by heterogeneous Fenton reaction[J]. Journal of Hazardous Materials, 186（1）: 745-750.

Jaafar N F, Jalil A A, Triwahyono S, et al. 2012. Photodecolorization of Methyl Orange over α-Fe_2O_3-supported HY catalysts: The effects of catalyst preparation and dealumination[J]. Chemical Engineering Journal, 191（5）: 112-122.

Jia H Z, Zhao J C, Fan X Y, et al. 2012. Photodegradation of phenanthrene on cation-modified clays under visible light[J]. Applied Catalysis B-Environmental, 123-124（7）: 43-51.

Kasiri M B, Aleboyeh A, Aleboyeh H. 2010a. Investigation of the solution initial pH effects on the performance of UV/Fe-ZSM5/H_2O_2 process[J]. Water Science & Technology, 61（8）: 2143-2149.

Kasiri M B, Aleboyeh H, Aleboyeh A. 2008. Degradation of Acid Blue 74 using Fe-ZSM5 zeolite as a heterogeneous photo-Fenton catalyst[J]. Applied Catalysis B-Environmental, 84（1）: 9-15.

Kasiri M B, Aleboyeh H, Aleboyeh A. 2010b. Mineralization of C.I. Acid Red 14 azo dye by UV/Fe-ZSM5/H_2O_2 process[J]. Environmental Technology, 31（2）: 165-173.

Khin M M, Nair A S, Babu V J, et al. 2012. A review on nanomaterials for environmental remediation[J]. Energy & Environmental Science, 5（8）: 8075-8109.

Kim J K, Metcalfe I S. 2007. Investigation of the generation of hydroxyl radicals and their oxidative role in the presence of heterogeneous copper catalysts[J]. Chemosphere, 69（5）: 689-696.

Kooli F, Jones W. 1997. Systematic comparison of a saponite clay pillared with Al and Zr metal oxides[J]. Chemistry of Materials, 9（12）: 2913-2920.

Kušić H, Koprivanac N, Selanec I. 2006. Fe-exchanged zeolite as the effective heterogeneous Fenton-type catalyst for the organic pollutant minimization: UV irradiation assistance[J]. Chemosphere, 65（1）: 65-73.

Lam F L Y, Hu X J. 2007. A high performance bimetallic catalyst for photo-Fenton oxidation of Orange Ⅱ over a wide pH range[J]. Catalysis Communications, 8（12）: 2125-2129.

Lee S M, Tiwari D. 2012. Organo and inorgano-organo-modified clays in the remediation of aqueous solutions: An overview[J]. Applied Clay Science, 59-60（5）: 84-102.

León M A D, Castiglioni J, Bussi J, et al. 2008. Catalytic activity of an iron-pillared montmorillonitic clay mineral in heterogeneous photo-Fenton process[J]. Catalysis Today, 133-135（1-4）: 600-605.

Li Y M, Jin Y, Li H Y. 2005. Solar photooxidation of azo dye over mixed （Al-Fe） pillared bentonite using hydrogen peroxide[J]. Reaction Kinetics and Catalysis Letters, 85（2）: 313-321.

Li Y M, Lu Y Q, Zhu X L. 2006. Photo-Fenton discoloration of the azo dye X-3B over pillared bentonites containing iron[J]. Journal of Hazardous Materials, 132（2）: 196-201.

Liu Y, Sun D Z. 2007. Effect of CeO_2 doping on catalytic activity of Fe_2O_3/γ-Al_2O_3 catalyst for catalytic wet peroxide oxidation of azo dyes[J]. Journal of Hazardous Materials, 143（1）: 448-454.

Luca C D, Ivorra F, Massa P, et al. 2012. Alumina supported Fenton-like systems for the catalytic wet peroxide oxidation of phenol solutions[J]. Industrial & Engineering Chemistry Research, 51（26）: 8979-8984.

Luo M L, Bowden D, Brimblecombe P. 2009. Catalytic property of Fe-Al pillared clay for Fenton oxidation of phenol by H_2O_2[J]. Applied Catalysis B-Environmental, 85（3）: 201-206.

Ma G F, Ma Z H, Zhang Z F, et al. 2012. Synthesis and catalytic properties of mesoporous alumina supported aluminium chloride with controllable morphology, structure and component[J]. Journal of Porous Materials, 19 (5): 597-604.

Martín R, Navalon S, Alvaro M, et al. 2011a. Optimized water treatment by combining catalytic Fenton reaction using diamond supported gold and biological degradation[J]. Applied Catalysis B-Environmental, 103 (1): 246-252.

Martín R, Navalon S, Delgado J J, et al. 2011b. Influence of the preparation procedure on the catalytic activity of gold supported on diamond nanoparticles for phenol peroxidation[J]. Chemistry-A European Journal, 17(34): 9494-9502.

Martínez C, Corma A. 2011. Inorganic molecular sieves: Preparation, modification and industrial application in catalytic processes[J]. Coordination Chemistry Reviews, 255 (13-14): 1558-1580.

Martínez F, Calleja G, Melero J A, et al. 2005. Heterogeneous photo-Fenton degradation of phenolic aqueous solutions over iron-containing SBA-15 catalyst[J]. Applied Catalysis B-Environmental, 60 (3): 181-190.

Martínez F, Pariente M I, Botas J Á, et al. 2012. Influence of preoxidizing treatments on the preparation of iron-containing activated carbons for catalytic wet peroxide oxidation of phenol[J]. Journal of Chemical Technology and Biotechnology, 87 (7): 880-886.

Melero J A, Calleja G, Martínez F, et al. 2004. Crystallization mechanism of Fe-MFI from wetness impregnated Fe_2O_3-SiO_2 amorphous xerogels: Role of iron species in Fenton-like processes[J]. Microporous and Mesoporous Materials, 74 (1): 11-21.

Melero J A, Calleja G, Martínez F, et al. 2007. Nanocomposite Fe_2O_3/SBA-15: An efficient and stable catalyst for the catalytic wet peroxidation of phenolic aqueous solutions[J]. Chemical Engineering Journal, 131 (1): 245-256.

Mesquita I, Matos L C, Duarte F, et al. 2012. Treatment of azo dye-containing wastewater by a Fenton-like process in a continuous packed-bed reactor filled with activated carbon[J]. Journal of Hazardous Materials, 237-238 (8): 30-37.

Misaelides P. 2011. Application of natural zeolites in environmental remediation: A short review[J]. Microporous and Mesoporous Materials, 144 (1): 15-18.

Molina C B, Casas J A, Zazo J A, et al. 2006. A comparison of Al-Fe and Zr-Fe pillared clays for catalytic wet peroxide oxidation[J]. Chemical Engineering Journal, 118 (1): 29-35.

Molina R, Martínez F, Melero J A, et al. 2006. Mineralization of phenol by a heterogeneous ultrasound/Fe-SBA-15/H_2O_2 process: Multivariate study by factorial design of experiments[J]. Applied Catalysis B-Environmental, 66 (3): 198-207.

Muthukumari B, Selvam K, Muthuvel I, et al. 2009. Photoassisted hetero-Fenton mineralisation of azo dyes by Fe(II)-Al_2O_3 catalyst[J]. Chemical Engineering Journal, 153 (1): 9-15.

Muthuvel I, Krishnakumar B, Swaminathan M. 2012a. Novel Fe encapsulated montmorillonite K10 clay for photo-Fenton mineralization of Acid Yellow 17[J]. Indian Journal of Chemistry, 51 (6): 800-806.

Muthuvel I, Krishnakumar B, Swaminathan M. 2012b. Solar active fire clay based hetero-Fenton catalyst over a wide pH range for degradation of Acid Violet 7[J]. Journal of Environmental Sciences, 24 (3): 529-535.

Muthuvel I, Swaminathan M. 2007. Photoassisted Fenton mineralisation of Acid Violet 7 by heterogeneous Fe(III)-Al_2O_3 catalyst[J]. Catalysis Communications, 8 (7): 981-986.

Navalon S, Alvaro M, Garcia H. 2010a. Heterogeneous Fenton catalysts based on clays, silicas and zeolites[J]. Applied Catalysis B-Environmental, 99 (1): 1-26.

Navalon S, Martin R, Alvaro M, et al. 2010b. Gold on diamond nanoparticles as a highly efficient Fenton catalyst[J]. Angewandte Chemie International Edition, 49 (45): 8403-8407.

Navalon S, Miguel M, Martin R, et al. 2011. Enhancement of the catalytic activity of supported gold nanoparticles for the Fenton reaction by light[J]. Journal of the American Chemical Society, 133 (7): 2218-2226.

Neamțu M，Catrinescu C，Kettrup A. 2004a. Effect of dealumination of iron(III)-exchanged Y zeolites on oxidation of Reactive Yellow 84 azo dye in the presence of hydrogen peroxide[J]. Applied Catalysis B-Environmental，51（3）：149-157.

Neamțu M，Zaharia C，Catrinescu C，et al. 2004b. Fe-exchanged Y zeolite as catalyst for wet peroxide oxidation of reactive azo dye Procion Marine H-EXL[J]. Applied Catalysis B-Environmental，48（4）：287-294.

Noorjahan M，Kumari V D，Subrahmanyam M，et al. 2005. Immobilized Fe(III)-HY：An efficient and stable photo-Fenton catalyst[J]. Applied Catalysis B-Environmental，57（4）：291-298.

Ohura S，Harada H，Shiki M，et al. 2013. Decoloration of Acid Red 88 using synthetic-zeolite-based iron as a heterogeneous photo-Fenton catalyst[J]. Environment and Pollution，2（1）：36-45.

Parida K M，Pradhan A C. 2010. Fe/meso-Al_2O_3：An efficient photo-Fenton catalyst for the adsorptive degradation of phenol[J]. Industrial & Engineering Chemistry Research，49（18）：8310-8318.

Parkhomchuk E V，Vanina M P，Preis S. 2008. The activation of heterogeneous Fenton-type catalyst Fe-MFI[J]. Catalysis Communications，9（3）：381-385.

Patra A K，Dutta A，Bhaumik A. 2012. Self-assembled mesoporous γ-Al_2O_3 spherical nanoparticles and their efficiency for the removal of arsenic from water[J]. Journal of Hazardous Materials，201-202（1）：170-177.

Platon N，Siminiceanu I，Nistor I D，et al. 2011. Fe-pillared clay as an efficient Fenton-like heterogeneous catalyst for phenol degradation[J]. Revista de Chimi（Bucharest），62（6）：676-679.

Pradhan A C，Nanda B，Parida K M，et al. 2013. Quick photo-Fenton degradation of phenolic compounds by Cu/Al_2O_3-MCM-41 under visible light irradiation：Small particle size，stabilization of copper，easy reducibility of Cu and visible light active material[J]. Dalton Transactions，42（2）：558-566.

Pradhan A C，Parida K M. 2012. Facile synthesis of mesoporous composite Fe/Al_2O_3-MCM-41：An efficient adsorbent/catalyst for swift removal of methylene blue and mixed dyes[J]. Journal of Materials Chemistry，22（15），7567-7579.

Pulgarin C，Peringer P，Albers P，et al. 1995. Effect of Fe-ZSM-5 zeolite on the photochemical and biochemical degradation of 4-nitrophenol[J]. Journal of Molecular Catalysis A-Chemical，95（1）：61-74.

Quintanilla A，García-Rodríguez S，Domínguez C M，et al. 2012. Supported gold nanoparticle catalysts for wet peroxide oxidation[J]. Applied Catalysis B-Environmental，111-112（1）：81-89.

Ramirez J H，Maldonado-Hódar F J，Pérez-Cadenas A F，et al. 2007. Azo-dye Orange II degradation by heterogeneous Fenton-like reaction using carbon-Fe catalysts[J]. Applied Catalysis B-Environmental，75（3）：312-323.

Rios-Enriquez M，Shahin N，Durán-de-Bazúa C，et al. 2004. Optimization of the heterogeneous Fenton-oxidation of the model pollutant 2，4-xylidine using the optimal experimental design methodology[J]. Solar Energy，77（5）：491-501.

Rodríguez A，Ovejero G，Sotelo J L，et al. 2010. Heterogeneous Fenton catalyst supports screening for mono azo dye degradation in contaminated wastewaters[J]. Industrial & Engineering Chemistry Research，49（2）：498-505.

Sarkar B，Xi Y F，Megharaj M，et al. 2012. Bioreactive organoclay：A new technology for environmental remediation[J]. Critical Reviews in Environmental Science and Technology，42（5）：435-488.

Silva A M T，Herney-Ramirez J，Söylemez U，et al. 2012. A lumped kinetic model based on the Fermi's equation applied to the catalytic wet hydrogen peroxide oxidation of Acid Orange 7[J]. Applied Catalysis B-Environmental，121-122（6）：10-19.

Son Y H，Lee J K，Soong Y，et al. 2012. Heterostructured zero valent iron-montmorillonite nanohybrid and their catalytic efficacy[J]. Applied Clay Science，62-63（7）：21-26.

Song W J，Cheng M M，Ma J H，et al. 2006. Decomposition of hydrogen peroxide driven by photochemical cycling of iron species in clay[J]. Environmental Science & Technology, 40 (15): 4782-4787.

Soon A N, Hameed B H. 2013. Degradation of Acid Blue 29 in visible light radiation using iron modified mesoporous silica as heterogeneous photo-Fenton catalyst[J]. Applied Catalysis A-General, 450 (2): 96-105.

Srinivasan R. 2011. Advances in application of natural clay and its composites in removal of biological, organic, and inorganic contaminants from drinking water[J]. Advances in Materials Science & Engineering, 2011 (10): 872531.

Sum O S N, Feng J Y, Hu X J, et al. 2004. Pillared laponite clay-based Fe nanocomposites as heterogeneous catalysts for photo-Fenton degradation of Acid Black 1[J]. Chemical Engineering Science, 59 (22): 5269-5275.

Sum O S N, Feng J Y, Hu X J, et al. 2005. Photo-assisted Fenton mineralization of an azo-dye Acid Black 1 using a modified laponite clay-based Fe nanocomposite as a heterogeneous catalyst[J]. Topics in Catalysis, 33 (1-4): 233-242.

Sun H Q, Tian H Y, Hardjono Y, et al. 2012. Preparation of cobalt/carbon-xerogel for heterogeneous oxidation of phenol[J]. Catalysis Today, 186 (1): 63-68.

Tabet D, Saidi M, Houari M, et al. 2006. Fe-pillared clay as a Fenton-type heterogeneous catalyst for cinnamic acid degradation[J]. Journal of Environmental Management, 80 (4): 342-346.

Tang F Q, Li L L, Chen D. 2012. Mesoporous silica nanoparticles: Synthesis, biocompatibility and drug delivery[J]. Advanced Materials, 24 (12): 1504-1534.

Tekbaş M, Yatmaz H C, Bektaş N. 2008. Heterogeneous photo-Fenton oxidation of reactive azo dye solutions using iron exchanged zeolite as a catalyst[J]. Microporous and Mesoporous Materials, 115 (3): 594-602.

Ursachi I, Stancu A, Vasile A. 2012. Magnetic α-Fe_2O_3/MCM-41 nanocomposites: Preparation, characterization, and catalytic activity for Methylene Blue degradation[J]. Journal of Colloid and Interface Science, 377 (1): 184-190.

Variava M F, Church T L, Harris A T. 2012. Magnetically recoverable Fe_xO_y-MWNT Fenton's catalysts that show enhanced activity at neutral pH[J]. Applied Catalysis B-Environmental, 123-124 (7): 200-207.

Wang G P, Wu T, Li Y J, et al. 2012a. Removal of ampicillin sodium in solution using activated carbon adsorption integrated with H_2O_2 oxidation[J]. Journal of Chemical Technology and Biotechnology, 87 (5): 623-628.

Wang W, Zhou M H, Mao Q, et al. 2010. Novel NaY zeolite-supported nanoscale zero-valent iron as an efficient heterogeneous Fenton catalyst[J]. Catalysis Communications, 11 (11): 937-941.

Wang Y J, Zhao G H, Chai S N, et al. 2013. Three-dimensional homogeneous ferrite-carbon aerogel: One pot fabrication and enhanced electro-Fenton reactivity[J]. ACS Applied Materials & Interfaces, 5 (14): 842-852.

Wang Z P, Yu J H, Xu R R. 2012b. Needs and trends in rational synthesis of zeolitic materials[J]. Chemical Society Reviews, 41 (5): 1729-1741.

Wegener S L, Marks T J, Stair P C. 2012. Design strategies for the molecular level synthesis of supported catalysts[J]. Accounts of Chemical Research, 45 (2): 206-214.

Wu D Y, Long M C, Chen C, et al. 2009. Removing dye Rhodamine B from aqueous medium via wet peroxidation with V-MCM-41 and H_2O_2[J]. Water Science & Technology, 59 (3): 565-571.

Wu J H, Lin G H, Li P, et al. 2013. Heterogeneous Fenton-like degradation of an azo dye reactive Brilliant Orange by the combination of activated carbon-FeOOH catalyst and H_2O_2[J]. Water Science & Technology, 67 (3): 572-578.

Xia M, Chen C, Long M C, et al. 2011. Magnetically separable mesoporous silica nanocomposite and its application in Fenton catalysis[J]. Microporous and Mesoporous Materials, 145 (1): 217-223.

Xiang L, Royer S, Zhang H, et al. 2009. Properties of iron-based mesoporous silica for the CWPO of phenol: A comparison between impregnation and co-condensation routes[J]. Journal of Hazardous Materials, 172 (2): 1175-1184.

Xu H Y, He X L, Wu Z, et al. 2009. Iron-loaded natural clay as heterogeneous catalyst for Fenton-like discoloration of dyeing wastewater[J]. Bulletin of Korean Chemical Society, 30（10）: 2249-2252.

Yamada H, Tamura K, Watanabe Y, et al. 2011. Geomaterials: Their application to environmental remediation[J]. Science and Technology of Advanced Materials, 12（6）: 1-13.

Yaman Y C, Gündüz G, Dükkancı M. 2012. Degradation of CI Reactive Red 141 by heterogeneous Fenton-like process over iron-containing ZSM-5 zeolites[J]. Coloration Technology, 129（1）: 69-75.

Yang P P, Gai S L, Lin J. 2012. Functionalized mesoporous silica materials for controlled drug delivery[J]. Chemical Society Reviews, 41（9）: 3679-3698.

Yip A C K, Lam F L Y, Hu X J. 2005a. A novel heterogeneous acid-activated clay supported copper catalyst for the photobleaching and degradation of textile organic pollutant using photo-Fenton-like reaction[J]. Chemical Communications, 41（25）: 3218-3220.

Yip A C K, Lam F L Y, Hu X J. 2005b. Chemical-vapor-deposited copper on acid-activated bentonite clay as an applicable heterogeneous catalyst for the photo-Fenton-like oxidation of textile organic pollutants[J]. Industrial & Engineering Chemistry Research, 44（21）: 7983-7990.

Yip A C K, Lam F L Y, Hu X J. 2007. Novel bimetallic catalyst for the photo-assisted degradation of Acid Black 1 over a broad range of pH[J]. Chemical Engineering Science, 62（18）: 5150-5153.

Yokoi T, Kubota Y, Tatsumi T. 2012. Amino-functionalized mesoporous silica as base catalyst and adsorbent[J]. Applied Catalysis A-General, 421-422（4）: 14-37.

Yue P L, Feng J Y, Hu X J. 2004. Photo-Fenton reaction using a nanocomposite[J]. Water Science & Technology, 49（4）: 85-90.

Zhang G K, Gao Y Y, Zhang Y L, et al. 2010a. Fe_2O_3-pillared rectorite as an efficient and stable Fenton-like heterogeneous catalyst for photodegradation of organic contaminants[J]. Environmental Science & Technology, 44（16）: 6384-6389.

Zhang J, Hu F T, Liu Q Q, et al. 2011. Application of heterogenous catalyst of tris(1,10)-phenanthroline iron（II）loaded on zeolite for the photo-Fenton degradation of Methylene Blue[J]. Reaction Kinetics, Mechanisms and Catalysis, 103（2）: 299-310.

Zhang Q, Jiang W F, Wang H L, et al. 2010b. Oxidative degradation of dinitro butyl phenol（DNBP）utilizing hydrogen peroxide and solar light over a Al_2O_3-supported Fe(III)-5-sulfosalicylic acid（ssal）catalyst[J]. Journal of Hazardous Materials, 176（1）: 1058-1064.

Zhao X R, Zhu L H, Zhang Y Y, et al. 2012. Removing organic contaminants with bifunctional iron modified rectorite as efficient adsorbent and visible light photo-Fenton catalyst[J]. Journal of Hazardous Materials, 215-216（2）: 57-64.

Zhong X, Jacques B J, Duprez D, et al. 2012. Modulating the copper oxide morphology and accessibility by using micro-/mesoporous SBA-15 structures as host support: Effect on the activity for the CWPO of phenol reaction[J]. Applied Catalysis B-Environmental, 121-122（6）: 123-134.

Zhong X, Royer S, Zhang H, et al. 2011. Mesoporous silica iron-doped as stable and efficient heterogeneous catalyst for the degradation of C.I. Acid Orange 7 using sono-photo-Fenton process[J]. Separation and Purification Technology, 80（1）: 163-171.

第3章 含铁型非均相 Fenton 催化材料

3.1 概　述

具有多种功能的铁元素可以构成不同氧化态和结构的固态物质，如方铁矿（FeO）、磁铁矿（Fe_3O_4）、磁赤铁矿（$\gamma\text{-}Fe_2O_3$）、赤铁矿（$\alpha\text{-}Fe_2O_3$）、针铁矿（$\alpha\text{-}FeOOH$）、四方纤铁矿（$\beta\text{-}FeOOH$）、纤铁矿（$\gamma\text{-}FeOOH$）、六方纤铁矿（$\delta\text{-}FeOOH$）、水合氧化铁（$Fe_5HO_8\cdot4H_2O$）、黄铁矿（FeS_2）、褐铁矿等。铁元素作为地壳中第四大最常见元素也存在于其他主要矿物中（Pereira et al.，2012），广泛分布于土壤环境中的铁矿物在 H_2O_2 存在的情况下可以通过非均相 Fenton 反应对土壤和地下水进行原位修复（Teixeira et al.，2012）。尤其是铁（羟基）氧化物，可以在纳米量级合成并且在自然界中广泛存在。这些事实使得许多铁（羟基）氧化物成为一种合适的非均相 Fenton 催化材料，关于铁（羟基）氧化物在 Fenton 催化领域的研究论文已大量出版。Pereira 等（2012）和 Teixeira 等（2012）总结了一些主要铁（羟基）氧化物的晶体结构和特征，在此不赘述。

除了与其他载体复合外，纯铁（羟基）氧化物或掺杂了其他阳离子/阴离子的铁（羟基）氧化物也可作为非均相 Fenton 催化材料。天然的或合成的铁（羟基）氧化物作为 Fenton 催化材料在水溶液中几乎不溶解，因此可以多次回收再利用，并仍然保持较高的催化活性（Garrido-Ramírez et al.，2010）。除了这些优点之外，应用于 Fenton 化学的铁质矿物/固体还具有较长的使用寿命，不需要再生或替换（Dulova et al.，2011）。此外，一些铁（羟基）氧化物（如 Fe_3O_4、$\gamma\text{-}Fe_2O_3$ 和 $\delta\text{-}FeOOH$）具有顺磁性，可以通过外加磁场快速地从水溶液中分离出来，在 Fenton 体系中具有广阔的应用前景。

我们对铁（羟基）氧化物催化的 Fenton 反应的机理知之甚少，而且目前提出的几种反应机理也不能达成一致。Kwan 和 Voelker（2003）提出$\bullet OH$ 是由 H_2O_2 通过铁的表面组分生成的，这一论点类似于 Haber-Weiss 循环的均相 Fenton 体系反应机理。反应式（3-1）～反应式（3-3）描述了该反应过程。

$$\equiv Fe^{3+} + H_2O_2 \longrightarrow \equiv Fe^{3+}\cdot H_2O_2 \tag{3-1}$$

$$\equiv Fe^{3+}\cdot H_2O_2 \longrightarrow \equiv Fe^{2+} + \bullet OOH + H^+ \tag{3-2}$$

$$\equiv Fe^{2+} + H_2O_2 \longrightarrow \equiv Fe^{3+} + \bullet OH + OH^- \tag{3-3}$$

在过去的十年中，铁（羟基）氧化物作为非均相 Fenton 催化材料得到了充分的研究（Pereira et al.，2012）。在此，介绍二价铁、三价铁、混合价态铁以及改性含铁矿物在非均相 Fenton 反应中的应用，重点介绍 Fenton 反应效能、影响因素以及相关 Fenton 化学性质。

3.2　含二价铁固体催化材料

对于二价铁矿物，已公开发表的关于方铁矿应用于非均相 Fenton 反应的论文很少，因此本节将重点介绍黄铁矿。天然黄铁矿可以有效地催化 H_2O_2 产生·OH 降解或者脱色有机化合物或染料，主要应用如表 3.1 所示。

表 3.1　黄铁矿作为非均相 Fenton 催化材料用于有机化合物或染料的降解或脱色

催化材料	污染物	催化活性	浸出离子	反应类型	参考文献
黄铁矿	三氯乙烯（TCE）	$X_{TCE} = 97\%$（pH = 3，100min）	黄铁矿中 0.46%的 Fe^{2+}（质量分数）	类 Fenton 反应	Che 等（2011）
黄铁矿	三氯乙烯	$X_{TCE} = 99\%$（pH = 3，140min）	—	类 Fenton 反应	Che 和 Lee（2011）
	四氯化碳（CT）	$X_{CT} = 93\%$（pH = 3，140min）			
黄铁矿	活性黑 5（RB5）	$X_{RB5} = 85\%$（pH = 6.43，10min）	9.1mg/L Fe^{2+}；12.1mg/L 铁离子；46.2mg/L 硫离子	类 Fenton 反应	Wu 等（2013）
	酸性红 GR（ARGR）	$X_{ARGR} = 85\%$（pH = 6.43，10min）			
	阳离子红（X-GRL）	$X_{X\text{-}GRL} > 85\%$（pH = 6.43，10min）			
黄铁矿	2, 4, 6-三硝基苯（TNT）	$X_{TNT} = 100\%$（pH = 3，48h）	—	类 Fenton 反应	Arienzo（1999）
		$X_{TOC} = 42\%$（无光照）；$X_{TOC} = 85\%$（光照）			

黄铁矿不仅可以催化 H_2O_2 产生·OH，还可以在较宽的 pH 范围内使水中的溶解分子氧生成 H_2O_2，这是一个非常有趣的现象。Wang 等（2012a）在无氧和有氧的环境下进行了一系列完整的对照实验，他们提出水溶液中的黄铁矿可以原位自发形成·OH 和 H_2O_2，将其作为非均相 Fenton 催化材料在无外加 H_2O_2 的条件下可将乳酸盐降解为丙酮酸盐。此外，Cohn 等（2010）设计了完全不同的实验，以证实在只加入黄铁矿的非均相 Fenton 反应降解腺嘌呤过程中有 H_2O_2 和·OH 生成。同时，他们还证实 H_2O_2 是黄铁矿在溶解分子氧存在的情况下氧化的中间产物。H_2O_2 是 4 个电子从黄铁矿向分子氧转移的重要中间体。酸洗黄铁矿在空气饱和的

水中会产生大量的 H_2O_2 和•OH，而用部分氧化黄铁矿制成的悬浮液的 H_2O_2 产物明显减少。Fe^{3+}-氧化物或 Fe^{3+}-氢氧化物确实促进了 H_2O_2 向 O_2 和 H_2O 的转化。因此，黄铁矿表面被 Fe^{3+}-氧化物或 Fe^{3+}-氢氧化物覆盖的程度是控制溶液中 H_2O_2 浓度的重要因素（Schoonen et al.，2010）。

存在溶解分子氧时，黄铁矿中$\equiv Fe^{2+}$可与之反应形成超氧阴离子•O_2^-［反应式（3-4）］，•O_2^-再与$\equiv Fe^{2+}$反应生成 H_2O_2［反应式（3-5）］，最终形成•OH［反应式（3-6）］。黄铁矿表面的非化学计量$\equiv Fe^{3+}$点位也可以与 H_2O 反应生成•OH［反应式（3-7）］。

$$\equiv Fe^{2+} + O_2 \longrightarrow \equiv Fe^{3+} + \cdot O_2^- \tag{3-4}$$

$$\equiv Fe^{2+} + \cdot O_2^- + 2H^+ \longrightarrow \equiv Fe^{3+} + H_2O_2 \tag{3-5}$$

$$\equiv Fe^{2+} + H_2O_2 \longrightarrow \equiv Fe^{3+} + \cdot OH + OH^- \tag{3-6}$$

$$\equiv Fe^{3+} + H_2O \longrightarrow \equiv Fe^{2+} + \cdot OH + H^+ \tag{3-7}$$

尽管 H_2O_2 和•OH 在黄铁矿悬浮液中可以自发产生，但只存在黄铁矿时降解有机物是一个缓慢的过程，完全降解有机物需要几天或更长时间，从环境的角度限制了其大规模的应用。实验表明，在 H_2O_2 和 FeS_2 同时存在时，三种染料溶液的脱色率均有显著提高，反应 10min 后，活性黑 5 与酸性红 GR 的脱色率约为 85%，而阳离子红 X-GRL 的脱色率更高（Wu et al.，2013）。

此外，黄铁矿还可以在放电非热等离子体反应器中作为 H_2O_2 源，用于去除亚甲基蓝。在反应器中 H_2O_2 的产量随水中原料气体种类的变化而变化（$N_2 < Ar < O_2$）。当以 O_2 为原料气体时，在酸性介质中向反应器中加入黄铁矿，染料脱色率显著提高，同样表明黄铁矿是一种高效的非均相 Fenton 催化材料（Benetoli et al.，2012）。

3.3　含三价铁固体催化材料

通常被用作非均相 Fenton 催化材料的含有三价铁的矿物包括赤铁矿、针铁矿、四方针铁矿、纤铁矿、六方纤铁矿、磁赤铁矿、水合氧化铁以及褐铁矿。表 3.2 列出了一些含三价铁固体在非均相 Fenton 反应中的应用。其中，赤铁矿和针铁矿在已发表的文章中报道较多。

表 3.2　含三价铁固体催化非均相 Fenton 反应降解有机化合物的效率

催化材料	污染物	催化活性	浸出离子	反应类型	参考文献
针铁矿	苦味酸（PA）	$X_{PA} = 71\%$（2h）	—	类 Fenton 反应（pH = 2.8）	Liou 和 Lu（2008）
	苦味酸铵（AP）	$X_{AP} = 69\%$（2h）			
	苦味酸	$X_{PA} = 85\%$（2h）		光-Fenton 反应（pH = 2.8）	
	苦味酸铵	$X_{AP} = 89\%$（2h）			

续表

催化材料	污染物	催化活性	浸出离子	反应类型	参考文献
针铁矿	三氯乙烯（TCE）	$X_{TCE} > 99\%$（pH = 3）	—	类 Fenton 反应	Teel 等（2001）
		$X_{TCE} = 22\%$（pH = 7）			
针铁矿	酸性橙黄 7（AO7）	$X_{AO7} = 85.3\%$（pH = 7，30min）	忽略不计	超声增强类 Fenton 反应	Zhang 等（2009）
		$X_{AO7} > 99\%$（pH = 3，30min）			
		$X_{TOC} = 42\%$（pH = 3，90min）			
针铁矿	直接橙黄 39（DO39）	$X_{DO39} = 83\%$（第一次循环）	<2mg/L 铁离子	超声类 Fenton 反应（pH = 3，90min）	Muruganandham 等（2007）
		$X_{DO39} = 81.3\%$（第二次循环）	<3mg/L 铁离子		
		$X_{DO39} = 81\%$（第三次循环）	<3mg/L 铁离子		
		$X_{DO39} = 80\%$（第四次循环）	<3mg/L 铁离子		
针铁矿	苯胺	$X_{TOC} = 95\%$（pH = 3，24h）	<3mg/L 铁离子	电-Fenton 反应	Sánchez-Sánchez 等（2007）
针铁矿	橙黄 G（OG）	$X_{OG} = 99.5\%$（pH = 3，180min）	—	类 Fenton 反应	Wu 等（2012）
无定形 Fe$_2$O$_3$-[a]401	苯酚（phenol）	$X_{phenol} = 44.4\%$（130min）	18.5mg/L Fe^{3+}	类 Fenton 反应（pH = 5）	Prucek 等（2009）
无定形 Fe$_2$O$_3$-[a]386		$X_{phenol} = 45.0\%$（180min）	16.0mg/L Fe^{3+}		
赤铁矿-[a]337		$X_{phenol} = 46.0\%$（330min）	5.1mg/L Fe^{3+}		
赤铁矿-[a]288		$X_{phenol} = 43.0\%$（330min）	4.7mg/L Fe^{3+}		
赤铁矿-[a]245		$X_{phenol} = 45.7\%$（370min）	2.5mg/L Fe^{3+}		
赤铁矿	戴绵丽红（X-6BN）	$X_{X-6BN} = 99\%$（pH = 2.5，120min）	<0.68mg/L 铁离子	类 Fenton 反应	Araujo 等（2011）
纤铁矿	结晶紫（CV）	$X_{CV} = 100\%$（pH = 7，6h）	—	光-Fenton 反应（可见光）	Lin 等（2012）
巴西褐铁矿（磁分离）	喹啉（QL）	$X_{TOC} = 50\%$（6h）	—	类 Fenton 反应	Souza 等（2009b）
还原褐铁矿	喹啉	$X_{QL} = 90\%$（6h）	0.067mg/L 铁离子	类 Fenton 反应（pH = 6，HCOOH）	Souza 等（2009a）
	二苯并噻吩（DBT）	$X_{DBT} = 96\%$（4h）			
还原褐铁矿	亚甲基蓝（MB）	$X_{MB} = 100\%$（2h）	0.067mg/L 铁离子	类 Fenton 反应（pH = 6，HCOOH）	Souza 等（2009a）

续表

催化材料	污染物	催化活性	浸出离子	反应类型	参考文献
针铁矿	苯胺	$X_{TOC} = 90.2\%$（pH = 3，25h）	2.2mg/L 铁离子（24h）	电-Fenton 反应	Expósito 等（2007）
赤铁矿		$X_{TOC} = 33\%$（pH = 3，25h）	1.3mg/L 铁离子（24h）		
针铁矿		$X_{TOC} > 60\%$（pH = 3，9h）	1.2mg/L 铁离子（5h）	光电-Fenton 反应（$\lambda_{max} = 254nm$）	
赤铁矿		$X_{TOC} > 20\%$（pH = 3，8.5h）	0.8mg/L 铁离子（5h）		

注：[a]401 指比表面积，余同

大量的实验研究表明，含三价铁固体催化的非均相 Fenton 反应可以有效地去除或降解有机化合物。与其他非均相 Fenton 反应一样，在含三价铁固体/H_2O_2 体系中，初始有机化合物浓度、催化材料和 H_2O_2 用量、溶液 pH、反应时间和温度是影响 Fenton 反应效能的主要因素。此外，它们的 Fenton 反应效能也与含铁固体的颗粒尺寸和比表面积密切相关。一般来说，Fenton 反应效能随着颗粒尺寸的减小和比表面积的增加而增加，根本原因在于固体表面铁活性点位增加（Pinto et al.，2012；Lu，2000）。

相同实验条件下，几种三价铁（羟基）氧化物（α-FeOOH、γ-Fe_2O_3、γ-FeOOH 和 α-Fe_2O_3）非均相 Fenton 反应效能对比研究发现，α-FeOOH 对磺胺嘧啶的降解效果最好（Wang et al.，2010）。He 等（2012）在对偶氮染料酸性媒介黄 10 的光-Fenton 脱色研究中也发现了相同的结果，在 α-Fe_2O_3、α-FeOOH 和 β-FeOOH 中，对染料脱色速率最大的是 α-FeOOH。一般认为针铁矿催化 H_2O_2 氧化有机污染物的机理是：①针铁矿表面铁活性点位催化 H_2O_2 生成•OH（非均相催化）；②针铁矿溶出的 Fe^{3+} 与 H_2O_2 反应生成•OH（均相催化）（Lu，2000）。动力学研究表明，针铁矿催化非均相 Fenton 反应氧化 2-氯苯酚存在两个反应阶段，每个阶段的动力学模型都符合赝一级动力学方程（Gordon and Marsh，2009）。对于非均相催化反应过程，•OH 的生成主要依赖于针铁矿表面 Fe^{3+} 向 Fe^{2+} 的还原（Souza et al.，2010）。

然而，有些学者对于针铁矿表面活性铁点位非均相催化产生•OH 这一结论仍持有不同见解。Teel 等（2001）以三氯乙烯为目标污染物，通过对比研究发现，标准 Fenton 体系对三氯乙烯的降解完全是由•OH 引起的，而在 pH = 3 的针铁矿催化非均相 Fenton 体系中，10%～15%的三氯乙烯降解是由非羟基自由基机理完成的。在 pH = 7 的针铁矿催化非均相 Fenton 体系中，仅存在非羟基自由基机理，这种机理可能是通过矿物表面的电子转移或生成了不同于•OH 的瞬态氧的反应而实现的。但是，他们对非羟基自由基机理仍然缺乏详细的描述。Goi 等（2008）对针铁矿催化的类 Fenton 反应机理也有类似的观点。在 pH = 3.0 时有大量的 Fe^{3+}

溶出，所以他们认为此时 α-FeOOH/H$_2$O$_2$ 体系氧化降解水杨酸的主要机理是液相中的均相催化占主导。在中性或碱性条件下，可能是表面活性铁的非均相 Fenton 催化机理占主导。他们对表面活性铁的非均相 Fenton 催化机理进行了合理且详细的讨论。对于表面活性铁催化机理，还需要运用多种分析计算手段来揭开它的面纱，包括基于密度泛函理论的分子模拟计算，以及 XPS、显微-FTIR、穆斯堡尔谱、X 射线吸收光谱（X-ray absorption spectroscopy，XAS）等，这些方法将会为理解非均相 Fenton 催化本质提供分子层面上的证据。

铁矿物中铁的溶解机理一般可根据溶剂类型和溶解前发生的反应分为三种：质子化、络合作用和还原反应（Goi et al.，2008）。此外，对于含有 Fe^{3+} 的固体，可以在不改变价态的情况下直接溶解，也可以通过还原反应转变成更易溶的 Fe^{2+}。因此，在络合物或还原剂存在的情况下，含 Fe^{3+} 固体的溶解速率会加快（Lu et al.，2002）。为了全面认识针铁矿催化非均相 Fenton 反应，Plata 等（2010）研究了 2-氯苯酚在针铁矿非均相 Fenton 反应中的氧化降解。他们认为，该反应本质上是四个非均相过程的集合与一个典型的均相 Fenton 反应结合。极少量的浸出铁离子是激发均相 Fenton 反应的必要条件，而且与反应温度密切相关。随后，考虑到整个反应过程既有非均相反应又有均相反应，他们提出了一个较为合理的反应机理。

含铁矿物应用于非均相 Fenton 反应的主要缺点是，在酸性条件下，有机污染物的分解速率比均相 Fenton 反应中的慢。为了克服 Fenton 反应的这一缺点，在含铁矿物非均相 Fenton 反应中加入螯合剂。某些螯合剂可以通过络合或还原机理加速针铁矿的溶解，从而阻碍或促进均相 Fenton 反应（Huang et al.，2013）。不同草酸盐浓度影响针铁矿溶解的研究表明，草酸盐浓度越高，针铁矿溶解速率越快。由于络合溶解机理，溶出到溶液中的铁离子是 Fe^{3+}。同样，针铁矿的溶解速率随着抗坏血酸（还原剂）浓度的增加而增加。此时溶解于溶液中的铁离子主要为 Fe^{2+}（摩尔分数＞80%），这说明发生了还原性溶解反应（Lu et al.，2002）。值得注意的是，在 Fenton 氧化过程中会形成大量不同性质的中间体，包括络合剂和还原剂。它们可以延缓或加快有机化合物的降解速率。由于有机化合物性质的不同，在氧化过程中会产生不同的中间体，这可能就是即使在完全相同的非均相 Fenton 体系中，不同的有机化合物也会表现出不同的降解效果的原因。此外，在几乎所有的 Fenton 或类 Fenton 反应中，有机化合物完全矿化成 H$_2$O 和 CO$_2$ 所需的时间要比降解所需的时间长得多，这可能是由于形成了草酸盐等中间体络合物。

在非均相 Fenton 反应中，光照是加快有机污染物分解速率的另一种常用策略。在紫外线的作用下，光-Fenton 反应被引发并具有较高的催化效率，这是由于在酸性溶液中 Fe^{3+} 还原成更多的 Fe^{2+}。另外，光解水溶液中的 Fe(OH)$^{2+}$ 也是•OH 的一个重要来源（Goi et al.，2008；Liou and Lu，2008）。

3.4　含混合价铁固体催化材料

Fe$_3$O$_4$ 是非均相 Fenton 催化材料中最重要的含混合价铁固体材料。因为其结构中存在 Fe^{2+}，所以 Fe$_3$O$_4$ 在非均相 Fenton 体系中的催化作用被认为是特别有效的。根据 Haber-Weiss 循环，Fe^{2+} 作为电子施主在激发 Fenton 反应的过程中发挥着重要的作用。Fe$_3$O$_4$ 结构中的八面体位置可以同时容纳 Fe^{2+} 和 Fe^{3+}，在发生可逆的氧化还原反应时，不会改变其结构（Rusevova et al.，2012；Teixeira et al.，2012；Xu and Wang，2012a）。因此，Fe$_3$O$_4$ 结构中同时存在 Fe^{2+} 和 Fe^{3+} 有利于 H$_2$O$_2$ 的分解，从而促进有机污染物降解（Xue et al.，2009b）。另外，Fe$_3$O$_4$ 具有独特的磁性能，这也使得它在反应完成后能够更容易地通过外界磁场实现分离（Rusevova et al.，2012；Xu and Wang，2012a）。因此，Fe$_3$O$_4$ 被广泛地用作非均相 Fenton 反应催化材料降解各种有机化合物，如表 3.3 所示。

表 3.3　磁铁矿催化非均相 Fenton 反应降解不同的有机化合物

催化材料	污染物	催化活性	浸出离子	反应类型	参考文献
磁铁矿	五氯苯酚（PCP）	$X_{PCP} = 100\%$（4d）；$X_{TOC} = 100\%$（7d）	<0.05mmol/L 铁离子	类 Fenton 反应（pH = 7）	Xue 等（2009a）
磁铁矿	布洛芬（IBP）	$X_{IBP} = 95\%$；$X_{COD} = 65\%$（1h）	—	类 Fenton 反应（pH = 6.6）	Sabri 等（2012）
磁铁矿	2,4-二氯苯酚（2,4-DCP）	$X_{2,4-DCP} = 100\%$；$X_{TOC} = 51\%$（pH = 3，180min）	9.8mg/L 铁离子	类 Fenton 反应	Xu 和 Wang（2012a）
磁铁矿	双酚 A（BPA）	$X_{BPA} = 100\%$（pH = 3，8h） $X_{BPA} = 98.1\%$（pH = 7，8h） $X_{BPA} = 95.1\%$（pH = 9，8h）	<0.75mg/L 铁离子	超声-Fenton 反应	Huang 等（2012）
磁铁矿	苯胺	$X_{TOC} = 79.5\%$（pH = 3，25h） $X_{TOC} > 90\%$（pH = 3，5h）	21.2mg/L 铁离子（24h） 19.8mg/L 铁离子（5h）	电-Fenton 反应 光电-Fenton 反应（$\lambda_{max} = 254$nm）	Expósito 等（2007）

Xue 等（2009a，2009b）在不同的实验条件下研究了五氯苯酚在 Fe$_3$O$_4$ 非均相 Fenton 反应中的氧化降解。他们发现，五氯苯酚的 Fenton 氧化降解受表面反应机理控制，五氯苯酚分子之间相互竞争吸附在表面活性位点上。拉曼（Raman）光谱分析表明，Fe$_3$O$_4$ 表面吸附的五氯苯酚在氧化反应第一阶段就被去除了。H$_2$O$_2$ 会与五氯苯酚竞争固定在 Fe$_3$O$_4$ 表面的活性点位，并将五氯苯酚从表面置换到液

相中（Xue et al.，2009a）。在表面催化机理中，H_2O_2 与 Fe_3O_4 表面相互作用，形成•OH，进而攻击和破坏液相中的或吸附在固体表面的有机污染物。另外，吸附速率可能是整个催化氧化反应的控制因素（Xue et al.，2009b）。

Fe_3O_4 催化活性取决于其结晶度、比表面积、Fe^{2+} 摩尔分数以及铁的氧化态等特性，还与纳米颗粒尺寸有关。在相同的反应条件下，学者对比研究了 Fe_3O_4 纳米颗粒与商业 Fe_3O_4 粉体的催化性能。结果表明，合成的 Fe_3O_4 纳米颗粒对 2, 4-二氯苯酚的去除率更高些。商业 Fe_3O_4 粉体催化性能较差的原因在于其粒径较大且不均匀，致使其催化分解 H_2O_2 的活性降低。通过高效液相色谱（high performance liquid chromatography，HPLC）分析，2, 4-二氯苯酚降解过程中的主要中间体为2-氯对苯二酚、4, 6-二氯间苯二酚、乙酸和甲酸（Xu and Wang，2012a）。

在电-Fenton 体系中，Zhao 等（2012）构建了用于吡虫啉降解的 $Fe_3O_4@Fe_2O_3$/ACA（ACA 指活性炭气凝胶）复合阴极，并提出了合理的 $Fe_3O_4@Fe_2O_3$/ACA 阴极电-Fenton 氧化机理。pH = 3 时，溶解的 Fe^{3+} 和表面 Fe^{2+} 点位遵循 Haber-Weiss 循环，催化分解 H_2O_2 生成•OH。XPS 结果显示，使用后复合材料电极所有的峰位都保持不变，只是在 710.4 eV 处的肩峰完全消失，这表明在电-Fenton 反应过程中复合电极表面新形成了 Fe_2O_3。

利用 Fe_3O_4 作为非均相 Fenton 催化材料存在的主要问题是结构中 Fe^{2+} 向 Fe^{3+} 的氧化转变。这种氧化作用在 Fe_3O_4 表面产生 Fe^{3+} 的氧化层，使其表面钝化，从而抑制 Fe_3O_4 催化分解 H_2O_2 分子的效率（Pereira et al.，2012）。如果 Fe^{2+} 完全被氧化，Fe_3O_4 将转变成具有尖晶石结构的 γ-Fe_2O_3（Teixeira et al.，2012）。此外，由于 Fe_3O_4 纳米粒子具有较大的表面能以及固有的磁性，粒子团聚现象特别严重，导致催化反应活性明显降低（Wang et al.，2012b）。为了评价催化材料中 Fe^{2+} 的氧化程度，Rusevova 等（2012）在苯酚降解 24 h 后（未经过任何干燥过程）测定了催化材料中 Fe^{2+} 与 Fe^{3+} 的比例，大约 70%的 Fe_3O_4 转化为 γ-Fe_2O_3，这说明存在 H_2O_2 时，Fe_3O_4 纳米粒子被快速氧化。对 Fe_3O_4 来说，由于 H_2O_2 的氧化作用使其表面的 Fe^{2+} 很快被耗尽，Fe^{3+} 与 Fe^{2+} 在颗粒表面的循环将成为整体反应过程的限速步骤，而颗粒内部铁的氧化还原反应作用很小。结合其他催化实验，他们认为，Fe_3O_4 向 γ-Fe_2O_3 的转化不会影响其在非均相 Fenton 反应中的适用性。但由于 Fe_3O_4 的聚集作用，参与反应的活性表面可能会减少。此外，重复使用催化材料会缓慢失活，主要原因可能是表面活性铁与苯酚氧化形成的中间产物相互作用而使其表面钝化。非均相 Fenton 反应中苯酚氧化降解的典型产物有对苯二酚、邻苯二酚、琥珀酸以及其他小相对分子质量的有机酸，其中许多产物能与 Fe^{2+}/Fe^{3+} 络合。有机中间体与铁的络合既可以阻断催化材料的活性中心（与 H_2O_2 竞争吸附），也可以破坏活性表面结构。除 Fe_3O_4 外，其他的非均相催化材料也有同样的问题，这是所有非均相 Fenton 催化反应将要面对的一个重点和难点。

3.5　改性的含铁固体催化材料

为了使非均相 Fenton 反应具有更高的活性，研究者采用了许多方法对含铁固体催化材料进行改性，包括不同离子或不同过渡金属氧化物的类质同象取代和掺杂。由表 3.4 可知，改性后的含铁固体催化材料在非均相 Fenton 体系中都表现出了较高的催化活性。除了改变固体的物理化学性质，如表面积、粒径和表面电荷，也可以在固体催化材料中替换或掺杂其他变价金属离子，其中一些变价金属离子可以像铁离子一样催化 Fenton 反应，同时可以形成 Fe^{2+}/Fe^{3+} 与 $M^{n+}/M^{(n+1)+}$ 氧化还原对之间的耦合，从而通过电子转移更有效地再生具有 Fenton 催化活性的 Fe^{2+}。

表 3.4　改性的含铁固体非均相 Fenton 催化材料降解不同的有机化合物

催化材料	污染物	催化活性	浸出离子	反应类型	参考文献
Ni-针铁矿	喹啉（QL）	$X_{QL} = 70\%$（5h）	—	类 Fenton 反应（pH = 6）	Souza 等（2010）
Nb-针铁矿	亚甲基蓝（MB）	$X_{MB} = 85\%$（2h）	—	类 Fenton 反应（pH = 6）	Oliveira 等（2008）
钛磁铁矿（$Fe_{3-x}Ti_xO_4$）	亚甲基蓝	$X_{MB} = 90\%$（1h） $X_{MB} = 98\%$（24h）		类 Fenton 反应（pH = 6.8）	Yang 等（2009）
Si-针铁矿	邻苯二甲酸二甲酯（DMP）	$X_{DMP} = 97\%$（30min，pH = 5） $X_{DMP} = 87.1\%$（第六次循环）	0.106mg/L 铁离子（90min）	光-Fenton 反应	Yuan 等（2011）
热改性铁氧化物	苯酚（phenol）	$X_{phenol} = 100\%$（40min，pH = 7）	未检测到铁离子	类 Fenton 反应	Lee 等（2006）
腐殖酸涂层 Fe_3O_4	磺胺噻唑（SFT）	$X_{SFT} = 100\%$（1h，pH = 3.5） $X_{TOC} = 90\%$（6h，pH = 3.5）	0.1mg/L 铁离子（6h，pH = 3.5）	类 Fenton 反应	Niu 等（2011）
S 改性 α-Fe_2O_3	酸性橙黄 7（AO7）	$X_{AO7} = 95\%$（14min，pH = 6.85）	18×10^{-6}mol/L 铁离子	光-Fenton 反应（可见光）	Guo 等（2010）
$Fe_{2.82}Cr_{0.18}O_4$	亚甲基蓝	$X_{MB} = 59.3\%$（200min，pH = 7）	<0.5mg/L 铁离子；<0.5mg/L 铬离子	类 Fenton 反应	Liang 等（2012a）
$Fe_{2.67}Cr_{0.33}O_4$		$X_{MB} = 71.3\%$（200min，pH = 7）			
$Fe_{2.53}Cr_{0.47}O_4$		$X_{MB} = 87.0\%$（200min，pH = 7）			
$Fe_{2.33}Cr_{0.67}O_4$		$X_{MB} = 95.2\%$（200min，pH = 7）			
$Fe_{2.82}Cr_{0.18}O_4$	酸性橙黄 II（AO II）	$X_{AOII} = 48.6\%$（240min，pH = 7）	<0.5mg/L 铁离子；<0.5mg/L 铬离子	类 Fenton 反应	Liang 等（2012a）
$Fe_{2.67}Cr_{0.33}O_4$	酸性橙黄 II（AO II）	$X_{AOII} = 81.6\%$（240min，pH = 7）			

续表

催化材料	污染物	催化活性	浸出离子	反应类型	参考文献
$Fe_{2.53}Cr_{0.47}O_4$	酸性橙黄 II（AO II）	$X_{AO\,II}=86.4\%$（240min, pH = 7）	<0.5mg/L 铁离子；<0.5mg/L 铬离子	类 Fenton 反应	Liang 等（2012a）
$Fe_{2.33}Cr_{0.67}O_4$		$X_{AO\,II}=89.6\%$（240min, pH = 7）			
$Fe_{2.31}Ti_{0.69}O_4$	亚甲基蓝	$X_{MB}=96\%$（120min, pH = 7）	<0.03mg/L 铁离子；<0.01mg/L 钒离子；<0.01mg/L 钛离子	紫外线-Fenton 反应	Liang 等（2012b）
$Fe_{2.43}Ti_{0.54}V_{0.03}O_4$		$X_{MB}=94\%$（120min, pH = 7）			
$Fe_{2.50}Ti_{0.42}V_{0.08}O_4$		$X_{MB}=85\%$（120min, pH = 7）			
$Fe_{2.47}Ti_{0.40}V_{0.13}O_4$		$X_{MB}=83\%$（120min, pH = 7）			
$Fe_{2.68}V_{0.32}O_4$		$X_{MB}=61\%$（120min, pH = 7）			
Fe_3O_4		$X_{MB}=48\%$（120min, pH = 7）			
$Fe_{2.66}V_{0.34}O_4$	亚甲基蓝	$X_{MB}=93\%$（11h, pH = 10）	—	类 Fenton 反应	Liang 等（2010b）
$Fe_{2.74}V_{0.26}O_4$		$X_{MB}=81\%$（11h, pH = 10）			
$Fe_{2.84}V_{0.16}O_4$		$X_{MB}=60\%$（11h, pH = 10）			
Fe_3O_4		$X_{MB}=41\%$（11h, pH = 10）			
$Fe_{2.02}Ti_{0.98}O_4$	四溴双酚 A（TBBPA）	$X_{TBBPA}\approx100\%$（4h, pH = 6.5）	—	紫外线-Fenton 反应	Zhong 等（2012）
藻沅酸盐/Fe@Fe$_3$O$_4$	诺氟沙星（NOF）	$X_{NOF}=100\%$（60min, pH = 2.5~5.5）；$X_{TOC}=90\%$（酸性溶液, 10min）	—	类 Fenton 反应	Niu 等（2012）
Fe-Co-Al 三元金属氧化物	苯酚	$X_{phenol}=98\%$（2h, pH = 3.5, 第一次循环）	0.0046mg/L 铁离子	CWPO	Karthikeyan 等（2013）
		$X_{phenol}=96\%$（2h, pH = 3.5, 第二次循环）			
		$X_{phenol}=89\%$（2h, pH = 3.5, 第三次循环）			

　　对于非均相 Fenton 催化材料，较高的表面积可能导致更多的铁活性点位暴露于 H_2O_2，同时可增强对有机物分子的吸附能力，进而提高反应效率（Gajović et al., 2011）。一般来说，外来离子掺入含铁固体中可以增加其表面积，但并非所有的非均相 Fenton 反应效能都随外来离子或固体表面积的增加而增加，这主要取决于

外来离子和固体基体的性质（Magalhães et al.，2007）。在磁铁矿结构中掺入 Co、Mn 可显著提高反应活性，而 Ni 则抑制 H_2O_2 的催化分解。对于 Ni，在 Fenton 化学中只有 Ni^{2+} 被认为是稳定的，因此不能引发自由基反应。由于磁铁矿中的 Fe^{2+} 是激发 Fenton 反应的活性物质，当 Ni^{2+} 取代磁铁矿结构中的 Fe^{2+} 时 Fenton 反应将受到抑制。另外，Co 和 Mn 具有 Co^{2+}/Co^{3+} 和 Mn^{2+}/Mn^{3+} 氧化还原对，根据下列反应可以产生•OH：

$$\equiv Mn^{2+} + H_2O_2 \longrightarrow \equiv Mn^{3+} + \cdot OH + OH^- \tag{3-8}$$

$$\equiv Co^{2+} + H_2O_2 \longrightarrow \equiv Co^{3+} + \cdot OH + OH^- \tag{3-9}$$

Fe_3O_4 是一种禁带宽度很窄的半导体（E_g=0.1eV），具有几乎接近金属的高导电性，这种性质对电子转移是非常有利的。通过这一过程，固体表面 Co^{2+} 和 Mn^{2+} 能够有效再生，从而显著提高这些固体催化 H_2O_2 的分解和有机物的氧化（Costa et al.，2006）。由此可以推断，电子转移对 Fe^{2+} 的快速再生以及•OH 的生成起着至关重要的作用。此外，因为存在 Cu^+/Cu^{2+} 氧化还原对，掺 Cu 针铁矿对 H_2O_2 的催化分解具有强烈的促进作用（Guimaraes et al.，2009）。

He 课题组全面研究了 Cr、V、Ti 的单掺杂和 Ti、V 的共掺杂对磁铁矿结构的影响及其增强 Fenton 反应活性的机理。此外，还研究了天然含 V-Ti 针铁矿作为非均相 Fenton 催化材料的效果，他们得到了与上述讨论相同的结果（Liang et al.，2010a，2010b；Yang et al.，2009）。除取代和掺杂外，与其他过渡金属氧化物和有机酸的复合也是提高含铁固体非均相 Fenton 反应效能的有效方法（Niu et al.，2011）。以 Fe_3O_4/CeO_2 复合材料作为非均相 Fenton 催化材料去除 4-氯酚的效果明显高于纯 Fe_3O_4，说明引入 CeO_2 可以提高催化活性，这可能是复合材料的协同效应提高了反应点位的传质速率和化学反应速率。根据 XPS 分析信息，学者给出了 Fe_3O_4/CeO_2 在酸性条件下催化 H_2O_2 的反应机理，如图 3.1 所示。同样，Fe_3O_4/CeO_2

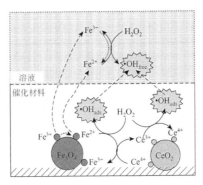

图 3.1　酸性条件下 Fe_3O_4/CeO_2 催化 H_2O_2 反应机理示意图
（Xu and Wang，2012b，美国化学会授权）

催化材料表面 Ce^{3+} 和 Ce^{4+} 氧化还原循环在非均相 Fenton 反应中也具有一定的作用（Xu and Wang，2012b）。此外，Nb/铁氧化物复合材料对亚甲基蓝的脱色也表现出比纯 Nb 或纯铁氧化物更高的 Fenton 反应效能（Oliveira et al.，2007）。

3.6　含铁型非均相 Fenton 催化材料的比较与原理

大量的对比实验为筛选适宜的催化材料提供了参考。例如，以颗粒状水合氧化铁、针铁矿和赤铁矿作为非均相 Fenton 催化材料去除 2-氯苯酚。三种催化材料以质量和表面积为基准评价的催化分解 H_2O_2 的活性依次为：水合氧化铁＞针铁矿＞赤铁矿。颗粒聚集程度对 H_2O_2 的分解动力学有很大影响。因此，应用非均相 Fenton 反应原位修复或设计非原位反应器时，应该考虑催化材料分散程度的影响，此时赤铁矿对 2-氯苯酚氧化的催化活性最高（Huang et al.，2001）。另外，中性 pH 条件下，紫外线辐照 H_2O_2/赤铁矿、H_2O_2/针铁矿和 H_2O_2/四方纤铁矿水分散体系脱色偶氮染料媒染黄 10，针铁矿催化的 Fenton 体系对染料的脱色速率最快（He et al.，2002）。同样，紫外线辐照下，铁（羟基）氧化物（针铁矿、磁赤铁矿、纤铁矿和赤铁矿）非均相 Fenton 反应去除磺胺嘧啶的对比研究也发现，针铁矿具有最高的催化活性（Wang et al.，2010）。上述三个例子所用的非均相 Fenton 催化材料都是含三价铁的矿物材料。Matta 课题组率先对不同价态含铁矿物催化 Fenton 反应活性进行比较，研究了不同含铁矿物（水合氧化铁、赤铁矿、针铁矿、纤铁矿、磁铁矿和黄铁矿）催化 Fenton 反应去除三硝基甲苯（Matta et al.，2007）。由于含铁固体催化 Fenton 反应活性与催化材料的表面积和等电位点密切相关（Huang et al.，2001），将 Fenton 反应速率用表面积归一化后进行比较更有说服力。磁铁矿和黄铁矿的单位表面积的比反应速率常数分别为 $k_{surf} = 1.47 \times 10^{-3}$ L/(min·m²) 和 $k_{surf} = 0.177$ L/(min·m²)，而含三价铁的矿物对三硝基甲苯的去除率较低（Matta et al.，2007）。随后，他们研究了中性 pH 条件下天然含铁矿物非均相 Fenton 反应去除三硝基甲苯的效能。黄铁矿、绿锈、磁铁矿、针铁矿去除三硝基甲苯的赝一级比反应速率常数分别为 3.75×10^{-4} L/(min·m²)、2.55×10^{-4} L/(min·m²)、1.0×10^{-4} L/(min·m²)、1.0×10^{-6} L/(min·m²)（Matta et al.，2008）。由此可见，含铁固体的 Fenton 催化活性随着固体结构中 Fe^{2+} 的增加而增加，这主要因为 Fe^{2+} 比 Fe^{3+} 能够更有效地激发 Haber-Weiss 循环。

值得注意的是，研究 Fenton 反应效能时必须考虑有机化合物的性质。即使在相同的 Fenton 体系中，不同有机物的降解速率也是不同的。He 等（2005）发现，在紫外线照射下，α-FeOOH 催化 H_2O_2 降解不同有机化合物的速率按如下顺序排列：水杨酸≈间羟基苯甲酸＞对羟基苯甲酸≈苯甲酸＞对苯二甲酸＞苯酚＞苯磺酸。反应 8h 后，苯磺酸仍未降解。为了研究铁氧化物/H_2O_2 体系催化氧化的选择性，Rusevova 等（2012）选用了 5 种结构的有机化合物 [甲基叔丁基醚（MTBE）、顺式-1, 2-二氯乙烯（cis-DCE）、1, 2-二氯乙烷（1, 2-DCA）、氯苯（MCB）、苯酚] 的混合物进行比较。每种化合物的起始浓度均为 10mg/L，结果表明，不饱和化合物 cis-DCE、MCB 和苯酚的降解速率最快，而饱和化合物 MTBE 和 1, 2-DCA 的降解速率较慢。不饱和化合物优先受到·OH 的攻击，而饱和化合物只能通过 C—H 键的抽氢反应进行。此外，Andreozzi 等（2002）还研究了在针铁矿/H_2O_2 体系中芳环上含有羧基、羟基、巯基和胺基的芳香族化合物在固体表面吸附和化学氧化的趋势。结果表明，分子中含有两个相邻取代基的化合物容易受到选择性攻击。相邻取代基既能保证高吸附能力，又能形成易氧化的吸附中间体。

Garrido-Ramírez 等（2010）综合评述了非均相 Fenton 反应过程中铁（羟基）氧化物催化材料表面形成活性氧化物质的 Fenton 化学机理，包括自由基机理和非自由基机理。对自由基机理的普遍认识是：在酸性条件下，以固体表面溶解到溶液中的铁离子为主激发均相催化反应；而在接近中性或更高 pH 时，则以固体表面的活性铁离子点位引发非均相催化反应。Rodríguez 等（2009）发现，在所研究的羧酸中，草酸对任何铁氧化物的溶解活性都是最强的，但磁铁矿的铁离子浸出效率要高于赤铁矿。由于草酸等羧酸通常是水中有机污染物 Fenton 氧化过程中的主要中间产物或终产物（Almeida et al., 2012；Munoz et al., 2012），这一现象具有更重要的意义。草酸可以通过络合或还原机理加速含铁固体的溶解，从而提高非均相 Fenton 反应有机污染物的降解速率。因为天然含铁矿物和羧酸广泛分布在地壳中，进一步研究铁矿物与羧酸（特别是草酸）间的相互作用机理，对于矿物催化非均相 Fenton 体系在原位地下水净化或土壤修复中具有深远的意义。

以高效液相色谱-质谱联用（high performance liquid chromatography-mass spectroscopy，HPLC-MS）和气相色谱-质谱联用（gas chromatography-mass spectroscopy，GC-MS）鉴定的主要芳香族化合物中间体为基础，有学者提出了 Fe_3O_4 非均相 Fenton 反应过程中对硝基苯酚降解的可能途径。首先，·OH 是由 Fe_3O_4 纳米颗粒表面吸附的 H_2O_2 催化分解而形成的。吸附的对硝基苯酚在·OH 的攻击下开始降解，并初步形成二羟基环己二烯自由基（DHCHD·）。其次，在氧化剂（如 O_2）和 Fe^{3+} 的参与下，DHCHD·被迅速氧化成羟基化衍生物。由于苯环上羟基（—OH）具有电子施主特性，有利于·OH 亲电子性地攻击邻位和对位的—OH，所以对苯二酚（在氧化条件下能迅速氧化成苯醌）和对硝基邻苯二酚主要是在 DHCHD·氧化过程中形成的。1, 2, 4-三羟基苯主要是由·OH 亲电子性攻击对苯二酚和/或·OH 同位攻击对硝基邻苯二酚—NO_2 而形成的。再次，·OH 进一步氧化芳香族中间体化合物，形成短链羧酸，如富马酸、草酸、甲酸等，导致溶液的 pH 迅速下降。在完全降解后，•OH 进一步将短链羧酸氧化为 CO_2 和 H_2O，致使溶液 pH 略有升高（Sun and Lemley，2011）。

Abreu 等（2012）同样认为，改性天然针铁矿催化非均相 Fenton 反应脱色亚甲基蓝的过程也涉及有机物分子在固体表面的吸附和有机物自由基的形成。此外，具有更复杂结构的持久性有机污染物也能够通过含铁固体催化的非均相 Fenton 反应降解。例如，四溴双酚 A（TBBPA）被钛磁铁矿（$Fe_{3-x}Ti_xO_4$）催化的非均相紫外线-Fenton 反应降解。依据 GC-MS 鉴定的降解产物，推测 TBBPA 可能经历了一系列的脱溴过程形成了三溴双酚 A（TriBBPA）、双溴双酚 A（DiBBPA）、单溴双酚 A（MonoBBPA）和双酚 A（BPA），进一步断裂后产生了 7 种含溴化合物（Zhong et al.，2012）。

Wang 等（2013）研究了 Fe_2O_3 纳米粒子诱导细胞内形成•OH 的物理化学来源。结合多种表征结果，他们认为生物系统中 Fe_2O_3 纳米粒子诱导•OH 生成可能涉及以下 5 个路径（图 3.2）：路径①和②是在 pH<4.2 时，Fe_2O_3 纳米粒子表面

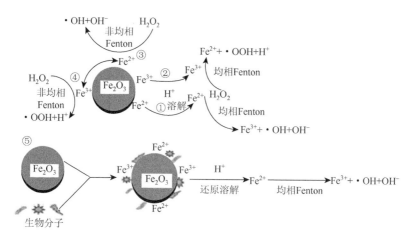

图 3.2　生物微环境下 Fe_2O_3 纳米粒子生物界面•OH 形成示意图
（Wang et al.，2013，美国化学会授权）

浸出的 Fe^{2+} 或 Fe^{3+} 催化均相 Fenton 反应，该过程与决定 Fe_2O_3 纳米粒子溶解能力的氧的化学状态密切相关；路径③和④是在 pH>4.2 时，纳米生物界面通过表面 Fe^{2+} 或 Fe^{3+} 引发非均相 Fenton 反应，其中铁的表面氧化态决定着反应速率；在路径⑤中，生物还原剂会调制表面溶解和原位表面还原，即从纳米表面释放更多的 Fe^{2+}，或者在纳米生物界面更多的 Fe^{3+} 被还原为 Fe^{2+}，这就增强了酸性环境下产生•OH 的能力。该研究工作不仅有助于我们通过各种先进的测试技术在分子和电子水平上了解纳米粒子在生物微环境中的•OH 生成途径，也有助于我

们将 Fenton 系统与生物技术相结合，在工业规模上实现有机污染物的快速完全降解。

此外，铁（羟基）氧化物催化非均相 Fenton 反应还与催化材料的粒径、表面积、形貌、同构取代以及反应体系的 pH 和温度等因素密切相关。因此，有必要严格调控这些因素，以最大限度地提高铁（羟基）氧化物的催化活性。对合成样品来说，这不是一个主要问题，因为可以调控制备工艺获得具有明确特性的铁（羟基）氧化物催化材料。然而，在自然环境中控制这些因素并非易事。

参 考 文 献

Abreu A L，Guimarães I R，Anastácio A D S，et al. 2012. Natural goethite reduced with dithionite：Evaluation of the reduction process by XANES and Mössbauer spectroscopy and application of the catalyst in the oxidation of model organic compounds[J]. Journal of Molecular Catalysis A-Chemical，356（4）：128-136.

Almeida L C，Garcia-Segura S，Arias C，et al. 2012. Electrochemical mineralization of the azo dye Acid Red 29 （Chromotrope 2R）by photoelectro-Fenton process[J]. Chemosphere，89（6）：751-758.

Andreozzi R，D'Apuzzo A，Marotta R. 2002. Oxidation of aromatic substrates in water/goethite slurry by means of hydrogen peroxide[J]. Water Research，36（19）：4691-4698.

Araujo F V F，Yokoyama L，Teixeira L A C，et al. 2011. Heterogeneous Fenton process using the mineral hematite for the discoloration of a reactive dye solution[J]. Brazilian Journal of Chemical Engineering，28（4）：605-616.

Arienzo M. 1999. Oxidizing 2，4，6-trinitrotoluene with pyrite-H_2O_2 suspensions[J]. Chemosphere，39（10）：1629-1638.

Benetoli L O B，Cadorin B M，Baldissarelli V Z，et al. 2012. Pyrite-enhanced Methylene Blue degradation in non-thermal plasma water treatment reactor[J]. Journal of Hazardous Materials，237-238（8）：55-62.

Che H，Bae S，Lee W. 2011. Degradation of trichloroethylene by Fenton reaction in pyrite suspension[J]. Journal of Hazardous Materials，185（2）：1355-1361.

Che H，Lee W. 2011. Selective redox degradation of chlorinated aliphatic compounds by Fenton reaction in pyrite suspension[J]. Chemosphere，82（8）：1103-1108.

Cohn C A，Fisher S C，Brownawell B J，et al. 2010. Adenine oxidation by pyrite-generated hydroxyl radicals[J]. Geochemical Transactions，11（1）：1-8.

Costa R C C，Lelis M F F，Oliveira L C A，et al. 2006. Novel active heterogeneous Fenton system based on $Fe_{3-x}M_xO_4$ （Fe，Co，Mn，Ni）：The role of M^{2+} species on the reactivity towards H_2O_2 reactions[J]. Journal of Hazardous Materials，129（1）：171-178.

Dulova N，Trapido M，Dulov A. 2011. Catalytic degradation of picric acid by heterogeneous Fenton-based processes[J]. Environmental Technology，32（4）：439-446.

Expósito E，Sánchez-Sánchez C M，Montiel V. 2007. Mineral iron oxides as iron source in electro-Fenton and photoelectro-Fenton mineralization processes[J]. Journal of the Electrochemical Society，154（8）：116-122.

Gajović A，Silva A M T，Segundo R A，et al. 2011. Tailoring the phase composition and morphology of Bi-doped goethite-hematite nanostructures and their catalytic activity in the degradation of an actual pesticide using a photo-Fenton-like process[J]. Applied Catalysis B-Environmental，103（3-4）：351-361.

Garrido-Ramírez E G，Theng B K G，Mora M L. 2010. Clays and oxide minerals as catalysts and nanocatalysts in Fenton-like reactions—A review[J]. Applied Clay Science，47（3）：182-192.

Goi A, Veressinina Y, Trapido M. 2008. Degradation of salicylic acid by Fenton and modified Fenton treatment[J]. Chemical Engineering Journal, 143 (1): 1-9.

Gordon T R, Marsh A L. 2009. Temperature dependence of the oxidation of 2-chlorophenol by hydrogen peroxide in the presence of goethite[J]. Catalysis Letters, 132 (3-4): 349-354.

Guimaraes I R, Giroto A, Oliveira L C A, et al. 2009. Synthesis and thermal treatment of Cu-doped goethite: Oxidation of quinoline through heterogeneous fenton process[J]. Applied Catalysis B-Environmental, 91 (3): 581-586.

Guo L Q, Chen F, Fan X Q, et al. 2010. S-doped α-Fe$_2$O$_3$ as a highly active heterogeneous Fenton-like catalyst towards the degradation of Acid Orange 7 and phenol[J]. Applied Catalysis B-Environmental, 96 (1): 162-168.

He J, Ma W H, Song W J, et al. 2005. Photoreaction of aromatic compounds at α-FeOOH/H$_2$O interface in the presence of H$_2$O$_2$: Evidence for organic-goethite surface complex formation[J]. Water Research, 39 (1): 119-128.

He J, Tao X, Ma W H, et al. 2002. Heterogeneous photo-Fenton degradation of an azo dye in aqueous H$_2$O$_2$/iron oxide dispersions at neutral pHs[J]. Chemistry Letters, 31 (1): 86-87.

Huang H H, Lu M C, Chen J N. 2001. Catalytic decomposition of hydrogen peroxide and a-chlorophenol with iron oxides[J]. Water Research, 35 (9): 2291-2299.

Huang R X, Fang Z Q, Yan X M, et al. 2012. Heterogeneous sono-Fenton catalytic degradation of bisphenol A by Fe$_3$O$_4$ magnetic nanoparticles under neutral condition[J]. Chemical Engineering Journal, 197 (14): 242-249.

Huang W Y, Brigante M, Wu F, et al. 2013. Effect of ethylenediamine-N, N'-disuccinic acid on Fenton and photo-Fenton processes using goethite as an iron source: Optimization of parameters for bisphenol A degradation[J]. Environmental Science and Pollution Research, 20 (1): 39-50.

Karthikeyan S, Boopathy R, Gupta V K, et al. 2013. Preparation, characterizations and its application of heterogeneous Fenton catalyst for the treatment of synthetic phenol solution[J]. Journal of Molecular Liquids, 177 (1): 402-408.

Kwan W P, Voelker B M. 2003. Rates of hydroxyl radical generation and organic compound oxidation in mineral-catalyzed Fenton-like systems[J]. Environmental Science & Technology, 37 (6): 1150-1158.

Lee S, Oh J, Park Y. 2006. Degradation of phenol with Fenton-like treatment by using heterogeneous catalyst (modified iron oxide) and hydrogen peroxide[J]. Bulletin of Korean Chemical Society, 27 (4): 489-494.

Liang X L, Zhong Y H, He H P, et al. 2012a. The application of chromium substituted magnetite as heterogeneous Fenton catalyst for the degradation of aqueous cationic and anionic dyes[J]. Chemical Engineering Journal, 191 (5): 177-184.

Liang X L, Zhong Y H, Zhu S Y, et al. 2010a. The decolorization of Acid Orange II in non-homogeneous Fenton reaction catalyzed by natural vanadium-titanium magnetite[J]. Journal of Hazardous Materials, 181 (1): 112-120.

Liang X L, Zhong Y H, Zhu S Y, et al. 2012b. The contribution of vanadium and titanium on improving Methylene Blue decolorization through heterogeneous UV-Fenton reaction catalyzed by their co-doped magnetite[J]. Journal of Hazardous Materials, 199-200 (1): 247-254.

Liang X L, Zhu S Y, Zhong Y H, et al. 2010b. The remarkable effect of vanadium doping on the adsorption and catalytic activity of magnetite in the decolorization of Methylene Blue[J]. Applied Catalysis B-Environmental, 97 (1): 151-159.

Lin Y L, Wei Y, Sun Y H. 2012. Room-temperature synthesis and photocatalytic properties of lepidocrocite by monowavelength visible light irradiation[J]. Journal of Molecular Catalysis A-Chemical, 353-354 (2): 67-73.

Liou M J, Lu M C. 2008. Catalytic degradation of explosives with goethite and hydrogen peroxide[J]. Journal of Hazardous Materials, 151 (2): 540-546.

Lu M C, Chen J N, Huang H H. 2002. Role of goethite dissolution in the oxidation of 2-chlorophenol with hydrogen peroxide[J]. Chemosphere，46（1）：131-136.

Lu M C. 2000. Oxidation of chlorophenols with hydrogen peroxide in the presence of goethite[J]. Chemosphere，40（2）：125-130.

Magalhães F，Pereira M C，Botrel S E C，et al. 2007. Cr-containing magnetites $Fe_{3-x}Cr_xO_4$：The role of Cr^{3+} and Fe^{2+} on the stability and reactivity towards H_2O_2 reactions[J]. Applied Catalysis A-General，332（1）：115-123.

Matta R，Hanna K，Chiron S. 2007. Fenton-like oxidation of 2,4,6-trinitrotoluene using different iron minerals[J]. Science of the Total Environment，385（1）：242-251.

Matta R，Hanna K，Kone T，et al. 2008. Oxidation of 2,4,6-trinitrotoluene in the presence of different iron-bearing minerals at neutral pH[J]. Chemical Engineering Journal，144（3）：453-458.

Munoz M，Pedro Z M，Casas J A，et al. 2012. Triclosan breakdown by Fenton-like oxidation[J]. Chemical Engineering Journal，198-199（8）：275-281.

Muruganandham M，Yang J S，Wu J J. 2007. Effect of ultrasonic irradiation on the catalytic activity and stability of goethite catalyst in the presence of H_2O_2 at acidic medium[J]. Industrial & Engineering Chemistry Research，46（3）：691-698.

Niu H Y，Zhang D，Meng Z F，et al. 2012. Fast defluorination and removal of norfloxacin by alginate/Fe@Fe_3O_4 core/shell structured nanoparticles[J]. Journal of Hazardous Materials，227-228（8）：195-203.

Niu H Y，Zhang D，Zhang S X，et al. 2011. Humic acid coated Fe_3O_4 magnetic nanoparticles as highly efficient Fenton-like catalyst for complete mineralization of sulfathiazole[J]. Journal of Hazardous Materials，190（1-3）：559-565.

Oliveira L C A，Gonçalves M，Guerreiro M C，et al. 2007. A new catalyst material based on niobia/iron oxide composite on the oxidation of organic contaminants in water via heterogeneous Fenton mechanisms[J]. Applied Catalysis A-General，316（1）：117-124.

Oliveira L C A，Ramalho T C，Souza E F，et al. 2008. Catalytic properties of goethite prepared in the presence of Nb on oxidation reactions in water：Computational and experimental studies[J]. Applied Catalysis B-Environmental，83（3）：169-176.

Pereira M C，Oliveira L C A，Murad E. 2012. Iron oxide catalysts：Fenton and Fenton-like reactions—A review[J]. Clay Minerals，47（3）：285-302.

Pinto I S X，Pacheco P H V V，Coelho J V，et al. 2012. Nanostructured δ-FeOOH：An efficient Fenton-like catalyst for the oxidation of organics in water[J]. Applied Catalysis B-Environmental，119-120（5）：175-182.

Plata G B O，Alfano O M，Cassano A E. 2010. Decomposition of 2-chlorophenol employing goethite as Fenton catalyst. I. Proposal of a feasible，combined reaction scheme of heterogeneous and homogeneous reactions[J]. Applied Catalysis B-Environmental，95（1-2）：1-13.

Prucek R，Hermanek M，Zbořil R. 2009. An effect of iron(III) oxides crystallinity on their catalytic efficiency and applicability in phenol degradation—A competition between homogeneous and heterogeneous catalysis[J]. Applied Catalysis A-General，366（2）：325-332.

Rodríguez E M，Fernández G，Ledesma B，et al. 2009. Photocatalytic degradation of organics in water in the presence of iron oxides：Influence of carboxylic acids[J]. Applied Catalysis B-Environmental，92（7）：240-249.

Rusevova K，Kopinke F D，Georgi A. 2012. Nano-sized magnetic iron oxides as catalysts for heterogeneous Fenton-like reactions-Influence of Fe(Ⅱ)/Fe(III) ratio on catalytic performance[J]. Journal of Hazardous Materials，241-242（11）：433-440.

Sabri N，Hanna K，Yargeau V. 2012. Chemical oxidation of ibuprofen in the presence of iron species at near neutral pH[J].

Science of the Total Environment，427-428（5）：382-389.

Sánchez-Sánchez C M，Expósito E U，Casado J，et al. 2007. Goethite as a more effective iron dosage source for mineralization of organic pollutants by electro-Fenton process[J]. Electrochemistry Communications，9（1）：19-24.

Schoonen M A A，Harrington A D，Laffers R，et al. 2010. Role of hydrogen peroxide and hydroxyl radical in pyrite oxidation by molecular oxygen[J]. Geochimica Et Cosmochimica Acta，74（17）：4971-4987.

Souza W F，Guimarães I R，Guerreiro M C，et al. 2009a. Catalytic oxidation of sulfur and nitrogen compounds from diesel fuel[J]. Applied Catalysis A-General，360（2）：205-209.

Souza W F，Guimarães I R，Lima D Q，et al. 2009b. Brazilian limonite for the oxidation of quinoline：High activity after a simple magnetic separation[J]. Energy & Fuels，23（9）：4426-4430.

Souza W F，Guimaraes I R，Oliveira L C A，et al. 2010. Effect of Ni incorporation into goethite in the catalytic activity for the oxidation of nitrogen compounds in petroleum[J]. Applied Catalysis A-General，381（1）：36-41.

Sun S P，Lemley A T. 2011. p-Nitrophenol degradation by a heterogeneous Fenton-like reaction on nano-magnetite：Process optimization，kinetics，and degradation pathways[J]. Journal of Molecular Catalysis A-Chemical，349（9）：71-79.

Teel A L，Warberg C R，Atkinson D A，et al. 2001. Comparison of mineral and soluble iron Fenton's catalysts for the treatment of trichloroethylene[J]. Water Research，35（4）：977-984.

Teixeira A P C，Tristão J C，Araujo M H，et al. 2012. Iron：A versatile element to produce materials for environmental applications[J]. Journal of Brazilian Chemical Society，23（9）：1579-1593.

Wang B，Yin J J，Zhou X Y，et al. 2013. Physicochemical origin for free radical generation of iron oxide nanoparticles in biomicroenvironment：Catalytic activities mediated by surface chemical states[J]. Journal of Physical Chemistry C，117（1）：383-392.

Wang W，Qu Y P，Yang B，et al. 2012a. Lactate oxidation in pyrite suspension：A Fenton-like process in situ generating H_2O_2[J]. Chemosphere，86（4）：376-382.

Wang W，Wang Y，Liu Y，et al. 2012b. Synthesis of novel pH-responsive magnetic nanocomposites as highly efficient heterogeneous Fenton catalysts[J]. Chemistry Letters，41（9）：897-899.

Wang Y，Liang J B，Liao X D，et al. 2010. Photodegradation of sulfadiazine by goethite-oxalate suspension under UV light irradiation[J]. Industrial & Engineering Chemistry Research，49（8）：3527-3532.

Wu D L，Feng Y，Ma L M. 2013. Oxidation of azo dyes by H_2O_2 in presence of natural pyrite[J]. Water，Air & Soil Pollution，224（2）：1407-1417.

Wu H H，Dou X W，Deng D Y，et al. 2012. Decolourization of the azo dye Orange G in aqueous solution via a heterogeneous Fenton-like reaction catalysed by goethite[J]. Environmental Technology，33（14）：1545-1552.

Xu L J，Wang J L. 2012a. Fenton-like degradation of 2，4-dichlorophenol using Fe_3O_4 magnetic nanoparticles[J]. Applied Catalysis B-Environmental，123-124（7）：117-126.

Xu L J，Wang J L. 2012b. Magnetic nanoscaled Fe_3O_4/CeO_2 composite as an efficient Fenton-like heterogeneous catalyst for degradation of 4-chlorophenol[J]. Environmental Science & Technology，46（18）：10145-10153.

Xue X F，Hanna K，Abdelmoula M，et al. 2009a. Adsorption and oxidation of PCP on the surface of magnetite：Kinetic experiments and spectroscopic investigations[J]. Applied Catalysis B-Environmental，89（3）：432-440.

Xue X F，Hanna K，Deng N S. 2009b. Fenton-like oxidation of Rhodamine B in the presence of two types of iron（Ⅱ，Ⅲ）oxide[J]. Journal of Hazardous Materials，166（1）：407-414.

Yang S J，He H P，Wu D Q，et al. 2009. Decolorization of Methylene Blue by heterogeneous Fenton reaction using $Fe_{3-x}Ti_xO_4$（$0 \leqslant x \leqslant 0.78$）at neutral pH values[J]. Applied Catalysis B-Environmental，89（3）：527-535.

Yuan B L, Li X T, Li K L, et al. 2011. Degradation of dimethyl phthalate （DMP） in aqueous solution by UV/Si-FeOOH/H$_2$O$_2$[J]. Colloids and Surfaces A: Physicochemical and Engineering Aspects, 379（1-3）: 157-162.

Zhang H, Fu H, Zhang D B. 2009. Degradation of C.I. Acid Orange 7 by ultrasound enhanced heterogeneous Fenton-like process[J]. Journal of Hazardous Materials, 172（2）: 654-660.

Zhao H Y, Wang Y J, Wang Y B, et al. 2012. Electro-Fenton oxidation of pesticides with a novel Fe$_3$O$_4$@Fe$_2$O$_3$/activated carbon aerogel cathode: High activity, wide pH range and catalytic mechanism[J]. Applied Catalysis B-Environmental, 125（8）: 120-127.

Zhong Y H, Liang X L, Zhong Y, et al. 2012. Heterogeneous UV/Fenton degradation of TBBPA catalyzed by titanomagnetite: Catalyst characterization, performance and degradation products[J]. Water Research, 46（15）: 4633-4644.

第4章　非均相 Fenton 催化材料工程应用

4.1　概　　述

如前所述，非均相 Fenton 体系可有效降解水中的各种有机污染物。然而，几乎没有文献将此方法应用于工业废水处理。大多数实际或模拟工业污染物的转化和矿化的案例研究及评估都是实验室规模，这为非均相 Fenton 体系未来的工程应用奠定基础。本章重点关注先前介绍的非均相 Fenton 体系在工程方面的尝试，包括催化材料稳定性、动力学模型、过程优化、反应器设计和成本核算。

4.2　催化材料稳定性

毫无疑问，非均相 Fenton 体系对水中有机物的降解具有广谱性和高效性。因此，催化材料的长期稳定性是其工业应用的关键。如上所述，固体 Fenton 催化材料可以在几个连续循环中回收和再利用。然而，从工程的角度来看，实际应用的循环次数相当有限。此外，由于可重复使用性取决于有机污染物与催化材料的比率，若干循环的可重复使用性不是催化材料稳定性的最佳标准（Navalon et al.，2010）。催化材料的失活主要源于两种因素：固体表面金属物质的损失和固体表面有机污染物或其分解的中间体的吸附。因此，固体催化材料的失活无处不在且不可避免。铁离子从固体表面浸出到溶液是影响非均相催化材料稳定性的重要因素，这与所采用的操作条件，特别是溶液 pH 密切相关。pH 的增加可以延缓铁离子的浸出，同时降低催化活性。因此，在工程应用中应考虑在接近中性 pH 下的高活性非均相 Fenton 体系。另外，设计出更不易失活的、效率更高的非均相 Fenton 催化材料是一个永恒的议题。有机物分子对活性表面或活性点位的占据也可使催化材料失活。煅烧和提高反应温度似乎是解决因有机物吸附而使催化材料失活问题的好方法（Herney-Ramirez et al.，2010）。但是，这样会使运营成本增加。简单的再生法是延长固体催化材料工作寿命的有效选择。该方法特别适用于在铁溶液中完成离子交换或浸渍的铁负载型固体催化材料。然而，从水溶液中分离黏土基催化材料相当困难。简单过滤无法有效分离悬浮在反应溶液中的微细黏土颗粒（Kiss et al.，2006）。因此，多孔材料更适合作为催化和再生中可重复使用的铁载体材料。

另一个催化材料工程应用需要关注的问题是 H_2O_2 的寿命，它是决定非均相

Fenton 体系能否有效工程应用的重要因素。有研究表明，H_2O_2 在非均相 Fenton 反应中的稳定性比在传统均相 Fenton 反应中更好。H_2O_2 的寿命也易受溶液 pH 影响，酸性条件下其稳定性更佳（Jung et al.，2009）。然而，酸性条件可促使铁离子从催化材料表面浸出，导致固体催化材料失活。因此，在实际应用时，向反应体系中脉冲式加入 H_2O_2，既可避免 H_2O_2 分解为 H_2O 和 O_2，也可防止 H_2O_2 过量而消耗•OH，从而提高非均相 Fenton 反应效能。

4.3　动力学模型

由于涉及大量步骤，Fenton 反应的动力学过程非常复杂。目标物（RH）反应的基本速率定律可写为

$$-\frac{d[RH]}{dt} = k_{OH}[\bullet OH][RH] + \sum_i k_{OX_i}[OX_i][RH] \tag{4-1}$$

式中，OX_i 为可能存在的除•OH 以外的氧化剂，如高价铁离子$[Fe^{4+}=O]^{2+}$。式（4-1）基于以下假设：RH 的光解（对于光-Fenton 反应）及其与有机物自由基如 R•、RO• 和 ROO•的反应忽略不计（Wang and Xu，2012）。根据现有文献资料，大多数非均相 Fenton 反应遵循赝一级或赝二级动力学方程。而有些反应过程的动力学方程分为两个阶段，它们具有相同的动力学反应级数，但两个阶段的反应速率常数不同。针对特定的体系，需要构建不同的动力学模型。

1. Behnajady-Modirshahla-Ghanbary 动力学模型

该模型是由 Behnajady 等（2007）推导出的数学模型（简称 BMG 模型），用来模拟传统均相 Fenton 反应中 C.I.酸性黄 23 染料脱色过程的反应动力学，形式如下：

$$\frac{C_t}{C_0} = 1 - \frac{t}{m + b \cdot t} \tag{4-2}$$

式中，C_t 为 t 时间染料浓度；C_0 为染料初始浓度；m 和 b 为与反应动力学和氧化能力相关的两个特征常数。为确定这两个常数，可将式（4-2）线性化，形式如下：

$$\frac{t}{1-(C_t/C_0)} = m + b \cdot t \tag{4-3}$$

以 $t/(1-C_t/C_0)$ 对 t 作图，得到一条直线，截距为 m、斜率为 b。该动力学模型不仅适用于均相 Fenton 体系（Tunç et al.，2012），而且适用于非均相 Fenton 体系（Wang et al.，2012）。

2. Langmuir-Hinshelwood 动力学模型

该模型广泛用于多相催化，特别是光催化，描述了有机化合物的光催化降解

速率。它还可以用来描述有机物的光-Fenton 反应中降解的动力学过程。Langmuir-Hinshelwood 动力学模型如下（Zhao et al.，2010）：

$$r = -\frac{\mathrm{d}C}{\mathrm{d}t} = \frac{k_r \cdot K_{ads} \cdot C}{1 + K_{ads} \cdot C} \tag{4-4}$$

式中，k_r 和 K_{ads} 为溶液中的反应速率常数和表观吸附系数。对于初始浓度，速率公式可线性化为

$$\frac{1}{r_0} = \frac{1}{k_r \cdot K_{ads}} \cdot \frac{1}{C_0} + \frac{1}{k_r} \tag{4-5}$$

式中，C_0 为有机物初始浓度；r_0 为初始降解速率；k_r 和 K_{ads} 分别由 $1/r_0$ 对 $1/C_0$ 作图的截距和斜率求得。此外研究发现，Langmuir-Hinshelwood 动力学模型同样适用于没有光照的非均相 Fenton 反应动力学过程（Xue et al.，2009）。

3. 费米函数模型

费米函数是逻辑函数的镜像，通常用于描述封闭环境中微生物因暴露于致死因素（如高温、辐射或臭氧）下而发生的衰变，形式如下：

$$R(t) = \frac{1}{1 + \exp[k_1(t - t_{cl})]} \tag{4-6}$$

式中，$R(t)$ 为微生物存活率；k_1 为衰变或致死速率常数；t_{cl} 为达到 50%存活率的时间。k_1 和 t_{cl} 取决于介质或环境的物理化学条件。

对于非均相 Fenton 反应，费米函数可写成如下形式：

$$\frac{C_t}{C_0} = \frac{1}{1 + \exp[k(t - t^*)]} \tag{4-7}$$

式中，k 为等效表观一级速率常数；t^* 为过渡时间（浓度曲线拐点决定的位置）。在式（4-7）描述的模型中，染料浓度比（C_t/C_0）拟合归一化后，利用 Marquardt-Levenberg 算法回归分析确定系数（k 和 t^*），找出可使方程与实验数据具有良好拟合关系的独立变量参数。该算法力图使独立变量的观测值与预测值的平方差的总和最小（Herney-Ramirez et al.，2011）。

此外，基于费米函数建立的半经验动力学模型成功地描述了染料橙黄 II 在非均相 Fenton 体系中的降解动力学过程，该体系以铁离子柱撑皂石为催化材料。通过建立预测 TOC 随时间变化的数学模型，对该函数进行扩展，且与实验数据具有很好的一致性（Silva et al.，2012）。

4. 表面动力学模型

Sun 和 Lemley（2011）研究了不同初始浓度对硝基苯酚（p-NP）在 Fe_3O_4 纳米颗粒催化非均相 Fenton 反应中的降解动力学。由于•OH 在扩散到溶液之前就已在纳

米 Fe$_3$O$_4$ 表面完全消耗，可以认为 p-NP 的降解属于表面反应。根据 p-NP 在 Fe$_3$O$_4$ 纳米颗粒非均相 Fenton 体系中可能涉及的降解反应，其降解速率可由式（4-8）确定：

$$\frac{d[p\text{-}NP]}{dt} = -k_1[p\text{-}NP][Fe_3O_4] + k_{1,R}[p\text{-}NP]_s \tag{4-8}$$

式中，k_1 和 $k_{1,R}$ 分别为 p-NP 在 Fe$_3$O$_4$ 纳米颗粒表面的吸附和解吸速率常数。p-NP 表面浓度的动力学方程如下：

$$\frac{d[p\text{-}NP]_s}{dt} = k_1[p\text{-}NP][Fe_3O_4] - k_{1,R}[p\text{-}NP]_s - k_{\bullet OH,p\text{-}NP}[p\text{-}NP]_s[\bullet OH]_s \tag{4-9}$$

假设 p-NP 稳态表面浓度，即 $d[p\text{-}NP]_s/dt = 0$，可得

$$[p\text{-}NP]_s = \frac{k_1[p\text{-}NP][Fe_3O_4]}{k_{1,R} + k_{\bullet OH,p\text{-}NP}[\bullet OH]_s} \tag{4-10}$$

将式（4-10）代入式（4-8），整理得

$$\frac{d[p\text{-}NP]}{dt} = -\frac{k_1 k_{\bullet OH,p\text{-}NP}[p\text{-}NP][Fe_3O_4]}{k_{1,R}/[\bullet OH]_s + k_{\bullet OH,p\text{-}NP}} \tag{4-11}$$

由式（4-11）可知，水溶液中 p-NP 的降解速率与水溶液中 p-NP 浓度、Fe$_3$O$_4$ 纳米颗粒浓度、表面•OH 浓度、二级反应速率常数 $k_{OH,p\text{-}NP}$ 以及 p-NP 在 Fe$_3$O$_4$ 纳米颗粒表面的吸附速率常数 k_1 成正比，而与 p-NP 在 Fe$_3$O$_4$ 纳米颗粒表面的解吸速率常数 $k_{1,R}$ 成反比。当 Fe$_3$O$_4$ 纳米颗粒和表面•OH 浓度恒定时，水溶液中 p-NP 的降解速率遵循赝一级动力学方程。水溶液中 p-NP 降解速率不变时，随着 p-NP 浓度的降低，表面•OH 浓度增加。

5. 自催化非均相-均相动力学模型

Bayat 等（2012）建立了 Fe/斜方沸石催化非均相 Fenton 反应降解苯酚的动力学模型。该反应有一个诱导期，在此期间苯酚的降解速率较低。随后，苯酚的降解速率呈指数型增长。这一行为属于自催化自由基形成过程，动力学方程如下：

$$x = \frac{1 - \exp[-(A_0 + C_0)kt]}{1 + (A_0/C_0)\exp[-(A_0 + C_0)kt]} \tag{4-12}$$

式中，x 为苯酚的转化率；k 为表观速率系数 [L/(mol·h)]；A_0 和 C_0 分别为苯酚和测定的自由基的初始摩尔浓度（mol/L），k 和 C_0 可以采用最小二乘法获得。实验数据与预测数据之间的相关性很好，表明苯酚降解具有自催化的非均相-均相反应机理。

上面介绍了几种主要的动力学模型。除了这些，还有一种基于实验数据的经验模型，用来描述 CuFeZSM-5 催化非均相 Fenton 反应脱色罗丹明 6G 的动力学过程（Dükkancı et al.，2010）；一种基于光-Fenton 催化/浸渍膜分离集成体系脱色酸性橙黄 II 提出的多步动力学模型（Zhang et al.，2013）。部分学者还研究了非均相 Fenton 反应的传质过程（Karthikeyan et al.，2012a，2012b）和热力学过程（Duarte et al.，2012；Hu et al.，2012；Xue et al.，2009）。由于非均相 Fenton 反

应过程涉及的步骤多，微观机理复杂，不容易确定各步骤的速率常数，这对工业应用反应器的设计和放大提出了挑战。

4.4　过 程 优 化

考虑到实验成本和材料限制，应通过最少的实验来获取丰富的信息，以确定 Fenton 反应最佳操作条件。从操作成本或处理效率等方面研究体系的最佳反应条件，从而改善整体工艺性能。通常，采用两种方法进行过程优化：单次单因子法（one-factor-at-a-time）和两水平因子设计法（two-level-factorial-design）。单次单因子法是每次改变一个因素研究不同变量影响的一种优化技术，已得到广泛应用，但它耗时且实验成本高，特别是对于多变量系统，不能显示因素间的相互影响；两水平因子设计法可以克服这一缺点，这是一种基于统计学的方法，即在两个水平同时调整实验因素。尽管两水平因子设计法无法给出某因素的具体影响程度，但它可以表明某因素的主要影响趋势（Umar et al.，2010；Arslan-Alaton et al.，2009；Herney-Ramirez et al.，2008）。在两水平因子设计法中，响应曲面法（response surface methodology，RSM）是一种得到广泛应用的工程过程优化工具。这种方法最大限度地减少实验次数，以确定最佳工艺条件（Rosales et al.，2012；Arslan-Alaton et al.，2010a；Wu et al.，2010）。RSM 的实验设计和优化包括以下步骤：①统计设计实验方案并实施；②利用回归分析技术确定数学模型的系数；③预测响应值；④验证模型（Xu et al.，2013；Domínguez et al.，2012；Hasan et al.，2012）。基于 RSM 的中心复合设计（central composite design，CCD）通常用于 Fenton 和类 Fenton 体系的实验设计和工艺过程优化（Xu et al.，2016a，2016b；Ayodele et al.，2012）。应用 CCD 统计分析时，根据式（4-13）将变量 X_i 编码为 x_i（Xu et al.，2014a，2014b；Fathinia et al.，2010）：

$$x_i = \frac{X_i - X_0}{\delta X} \tag{4-13}$$

式中，x_i 为编码值；X_i 为未编码的原始实验值；X_0 为 X_i 的中心点值；δX 为变化步长。通常采用初步探索实验确定独立变量的数值范围。然后通过二阶回归模型分析和拟合独立变量的响应值，如式（4-14）所示（Xu et al.，2018；Lak et al.，2012；Arslan-Alaton et al.，2010b）：

$$Y = \beta_0 + \sum_{i=1}^{k} \beta_i X_i + \sum_{i=1}^{k} \beta_{ii} X_i^2 + \sum_i \sum_j \beta_{ij} X_i X_j \tag{4-14}$$

式中，Y 为响应值（如脱色率或去除率）；X_i 和 X_j 为影响 Y 的输入变量；β_0 为常数；β_i 为因素 i 的一阶回归系数；β_{ii} 为表示因素 i 二次效应的二阶回归系数；β_{ij} 为因素 i 和 j 之间的交互作用系数。方差分析（analysis of variance，ANOVA）用来确定模型和回归系数的重要性。多项式方程的质量和预测能力由回归拟合的相关性系数（R^2）判断（Gilpavas et al.，2012；Khataee et al.，2012）。需要注意的是，所有实验都要重复进行，取平均值作为某一条件下的响应值。方差分析的标准偏差（standard deviation，SD）应小于 3%（Rosales et al.，2012）。

典型的例子如下：Sun 和 Lemley（2011）采用基于 RSM 的 CCD 方法对 Fe_3O_4 非均相 Fenton 反应降解 p-NP 进行工艺过程优化。根据初步探索实验和四因素 CCD 要求，选择 Fe_3O_4 用量（X_1）、H_2O_2 用量（X_2）、初始 pH（X_3）和 p-NP 初始浓度（X_4）作为独立输入变量，以 p-NP 去除率为因变量，即响应值（Y）。根据实验设计，共进行了 30 组实验，建立响应曲面模型。利用方差分析得到一个显著的二次方程模型（P 值 < 0.0001，$R^2 = 0.9442$），该模型能够很好地进行过程变量的优化，得到 Fe_3O_4 纳米颗粒非均相 Fenton 反应降解 p-NP 的三维响应曲面。确定最佳工艺条件为：1.5g/L Fe_3O_4、620mmol/L H_2O_2、pH = 7.0、25～45mg/L p-NP。在最优条件下，反应 10h 后 90% 以上的 p-NP 被降解，与模型预测吻合较好。

4.5　反应器设计

常用的非均相 Fenton 反应器包括两种类型，一种是采用悬浮催化材料的泥浆式反应器，另一种是固定床模式反应器（Herney-Ramirez et al.，2010）。对于前者，常采用连续搅拌釜式反应器进行均相 Fenton 过程（Hodaifa et al.，2013）。然而，对于非均相 Fenton 反应，尽管固体催化材料在浆料体系中可以获得较高的活性，但超细的颗粒不利于从处理液中回收。因此，设计一种效率高且固体催化材料易于回收再利用的新型 Fenton 反应器意义重大（Zhang et al.，2011a）。近十年来，研究人员针对不同的非均相 Fenton 体系开发了固定床反应器，主要分为填料床反应器（packed bed reactor，PBR）和流化床反应器（fluid bed reactor，FBR）两大类。

以 AC 浸渍硫酸亚铁作为催化材料，在填料床反应器中氧化脱色芝加哥天蓝染料。填料床反应器在 50℃下运行，pH = 3，$W_{cat}/Q = 4.1$g·min/ml（W_{cat} 为催化材料的质量，Q 为总进料流速），H_2O_2 供料浓度为 2.25mmol/L（染料浓度为 0.012mmol/L），稳态下的染料脱色率达到 88%，TOC 去除率约为 47%。这一效果能够连续循环至少三次（每次持续约 5h），表明此反应器具有极好的应用前景。此外，检测到的浸出铁离子浓度小于 0.4mg/L（远低于欧盟限制排放标准）（Mesquita et al.，2012）。在非均相 Fenton 工艺中应用填料床反应器的另一个实例是，SiO_2（SBA-15 介孔 SiO_2 和无序介孔 SiO_2）负载氧化铁（主要是结晶赤铁矿颗粒）作为催化材料氧化降解苯酚水溶液。在合成过程中直接掺入 Fe^{3+} 或在合成后浸渍 Fe^{3+}，都可实现铁物质在不同 SiO_2 载体上的固定。在该反应器中，使用结构导向剂 [Fe_2O_3/SBA-15(DS)] 和不使用结构导向剂 [Fe_2O_3/SiO_2(DS)] 直接合成的催化材料都具有较高的催化性能（TOC 去除率分别为 65%和 52%），与合成后浸渍制备的相应的 SiO_2 载铁化合物相比，Fe^{3+} 浸出量显著降低（Botas et al.，2010）。

另外，流化床反应器也能有效处理染料废水，这种方法已在中国台湾省台南市某印染厂实施。在流化床反应器中经 Fenton 工艺处理染料废水，在 pH 为 3、[COD]∶[Fe^{2+}]∶[H_2O_2]为 1∶0.95∶7.94 的条件下，COD 的去除率最高能达到 86.7%，脱色率约为 97%。该工艺过程涉及均相化学氧化（H_2O_2/Fe^{2+}）、非均相化学氧化（$H_2O_2/FeOOH$）、流化床结晶和氧化铁的还原性溶解。在 Fenton 反应中产生的 Fe^{3+} 通过结晶或者沉淀转化为 SiO_2 载体表面上的 FeOOH，进而作为非均相催化材料催化降解偶氮染料（Su et al.，2011）。

Chou 等（2004，2001，1999）也曾研究过类似的流化床反应器 Fenton 工艺，并应用于中国台湾省的某皮革厂废水处理。但是，在延长反应后从流化床反应器中取出的氧化铁属于废弃物。这种废弃的氧化铁可用作吸附剂从水溶液中去除 Cu^{2+}（Huang et al.，2011；Chang et al.，2010）、Pb^{2+}（Huang et al.，2007a）和 F^-（Huang et al.，2007b）。

填料床反应器也可用于整合的均相和非均相 Fenton 过程（Karthikeyan et al. 2012b，2011）及非均相的光-Fenton 过程（Kasiri et al.，2010a）。此外，该反应器也可用于三氯乙烯的 Fenton 氧化降解，其中三氯乙烯以天然硅砂（铁的质量分数为 0.004%）或含水层砂（铁的质量分数为 0.201%）中的致密非水相液体形态存在。在用 H_2O_2 溶液处理的含水层砂柱中，流出物中三氯乙烯浓度最终可降至 30mg/L 以下。富含铁的矿物以及更高浓度的 H_2O_2 都可能产生更多的•OH，导致非水相液体形态的三氯乙烯减少（Yeh et al.，2003）。结果表明，在非均相 Fenton 体系中，填料床反应器在治理石油污染土壤方面具有很大潜能。

基于填料床反应器，有学者构建了一种新型的耦合非均相 Fenton 催化氧化和膜分离工艺降解酸性橙黄 II 的反应器。该装置以浸没式陶瓷微滤膜作为分离器，以 $FeVO_4$、铁固定化碳（FeOOH-C）和 Fe-Y 沸石为非均相 Fenton 催化材料（Zhang et al.，2013，2011b；Yeh et al.，2003）。

填料床反应器有连续模式和间歇模式两种操作方式。在连续模式中，H_2O_2 连续加注到流入反应器的污水中；而在间歇模式中，污染物主要通过含铁吸附剂的吸附作用而去除，使用后的吸附剂再用 H_2O_2 溶液间歇冲洗而再生。表 4.1 列出了以 Fe-沸石催化湿式氧化工艺的两种操作模式主要影响因素的比较（Georgi et al.，2010）。

表 4.1　以 Fe-沸石催化湿式氧化工艺的两种操作模式主要影响因素的比较

比较项目	连续模式	间歇模式
H_2O_2 加注形式与消耗量	连续不断地注入反应器，消耗量高	仅在循环再生阶段加注，消耗量适中

续表

比较项目	连续模式	间歇模式
反应条件 （pH、温度等）	须与待处理水流条件相符	可在较宽范围内调节
反应器尺寸 （投资成本）	由 Fe-沸石作为吸附剂和催化材料降解有机污染物及所有未知的氧化中间产物的性能决定	由 Fe-沸石作为吸附剂去除原始有机污染物的性能决定

除了选择和设计反应器之外，将粉末状的固体催化材料塑型为颗粒状或板状，也是循环利用催化材料的一种策略。一个最典型的例子就是，González-Bahamón 等(2011)通过以下两种方法将铁物质固定在商业膨润土板上制备了新型光-Fenton 催化材料：①黏土粉末/FeCl$_3$ 水悬浮液离子交换反应（Fe^{3+} 置换 Na$^+$），然后制成板材；②预制黏土板上强制水解 Fe(NO$_3$)$_3$。实验结果表明，后一种方法制备的 Fe-氧化物/膨润土板具有更好的光-Fenton 催化活性，可循环使用若干次，且催化活性损失较小。尽管比粉末浆料的表面积小得多，黏土板作为非均相光-Fenton 催化材料也有明显的优势，即处理废水后不需要分离反应介质，因此这种方法在批量连续反应体系中具有潜在的应用价值。

综上所述，研究人员对非均相 Fenton 体系在废水处理中的实际应用已经进行了多种尝试。尽管如此，其中大多数是实验室规模，进一步研究则必须把它们放大到工业规模。基于动力学模型和工艺优化条件，若要搭建一个高效的反应器，不仅要考虑有机污染物的去除率和降解速率，还要考虑 H$_2$O$_2$ 利用效率，即降解 1mol 污染物所消耗的 H$_2$O$_2$ 的物质的量、每天或每小时处理废水的能力、催化材料回收和再生、二次污染物、能源消耗和材料成本等。

4.6　成　本　核　算

在以往的研究中，关于非均相 Fenton 体系成本核算的成果极少。截至 2019 年 7 月，在 Web of Science 网站只检索到一篇相关的论文。此外，有两篇论文研究均相 Fenton 体系的成本核算问题，可为非均相 Fenton 体系提供一些参考。

为了证明光-Fenton 工艺是具有成本效益的，Bauer 和 Fallmann（1997）估算了最常见的 AOPs 工艺（即 O$_3$、UV/O$_3$、UV/H$_2$O$_2$）的相对成本，并与光-Fenton 反应进行了比较。由此，进行以下假设：①以一系列降解垃圾渗滤液的实验结果进行计算，采用单位质量 TOC 的成本比较所有工艺过程；②从实验室的角度来看，只能计算化学和能源成本，不计设备和建筑的投资成本，且泵送和过程控制所需的能源成本也忽略不计；③在某些情况下，需要附加额外的操作（中和、过滤等），这些成本也不包括在内，因为这些操作高度依赖于特殊处理的目标污染物和政府法规；④用于计算的每单位废水处理所需的实验室设备的能耗高于优化的工厂大规模处理的能耗，如臭氧发生器的用电效率很低。必须强调的是，因为这种估算是以实验室数据为基础的，所以得到的绝对数值是非常高的。具体的实验参数如下：$[TOC]_0 = 545mg/L$，紫外灯的能量消耗为 150W，臭氧发生器的能量消耗为 300W。估算结果表明，光-Fenton 的成本仅为臭氧工艺的 16%，若使用太阳光，成本甚至仅为 2%。

Durán 等（2012）评价了以草酸铁辅助的均相太阳光-Fenton 工艺降解含有苹果汁的合成工业废水。结果表明，去除单位质量 TOC 的成本（欧分/g TOC）随着 TOC 的去除逐渐降低。然而，从工业角度来看，最常用的衡量指标运行成本（每立方米废水处理费用，欧元/m^3）却随着 TOC 的去除而逐渐增加，这是电能消耗（仅限泵和电气设备，如 pH 计和控制器）的结果。TOC 去除率较高（>85%）时，太阳光-Fenton 工艺的成本约为 1.6 欧分/g TOC（≈10.9 欧元/m^3）。该工艺过程的主要成本消耗是化学试剂，占总成本的 95%以上。工厂大规模运营时，这些成本会降低，因此，太阳光-Fenton 体系在经济上是可行的。在选定的操作条件（$[H_2O_2] = 6000mg/L$、$[Fe^{2+}] = 40mg/L$、pH = 2.7、$[(COOH)_2] = 40mg/L$）下，总成本为 1.6 欧分/g TOC（≈10.9 欧元/m^3）时，试验工厂规模能够实现高达 97%的 TOC 去除率。

Kasiri 等（2010b）估算了非均相 Fenton 过程消耗的电能成本，并与均相光-Fenton 和 UV/H_2O_2 过程进行了比较。为了使不同 AOPs 工艺的电能消耗估算具有可比性，他们采用了一种标准化方法，称为价值图法（figures-of-merit）。同时引入单位电能值［EE/O，单位为 kW·h/（m^3·数量级）］的概念，估算在 $1m^3$（或 1000L）污染废水或空气中使污染物 C 降解一个数量级所需的电能（kW·h），计算如下：

$$EE/O = \frac{P \times t \times 1000}{V \times 60 \times \log(C_i / C_f)} = \frac{38.4 \times P}{V \times k} \qquad (4-15)$$

式中，P 为灯的功率；t 为辐照时间；V 为反应器的体积；C_i 和 C_f 分别为污染物的初始浓度和最终浓度（mg/L）；k 为赝一级反应速率常数（min^{-1}）。在最佳操作条件下，UV/Fe-$ZSM5/H_2O_2$ 非均相 Fenton 体系脱色偶氮染料 C.I.酸性红 14 的 EE/O 为 26.67 kW·h/（m^3·数量级），而对于 UV/H_2O_2 和 $UV/Fe^{3+}/H_2O_2$ 工艺，此值分别为 37.40 kW·h/（m^3·数量级)和 30.64 kW·h/（m^3·数量级）。因此，UV/Fe-$ZSM5/H_2O_2$ 工艺可能是一种很有前景的有机染料矿化降解途径，它不仅提高了该过程的矿化效率，还降低了该过程的电能消耗成本。

参 考 文 献

Arslan-Alaton I，Ayten N，Olmez-Hanci T. 2010a. Photo-Fenton-like treatment of the commercially important H-acid:

　　Process optimization by factorial design and effects of photocatalytic treatment on activated sludge inhibition[J].

Applied Catalysis B-Environmental，96（1）：208-217.

Arslan-Alaton I，Tureli G，Olmez-Hanci T. 2009. Treatment of azo dye production wastewaters using photo-Fenton-like advanced oxidation processes：Optimization by response surface methodology[J]. Journal of Photochemistry and Photobiology A-Chemistry，202（2）：142-153.

Arslan-Alaton I，Yalabik A B，Olmez-Hanci T. 2010b. Development of experimental design models to predict photo-Fenton oxidation of a commercially important naphthalene sulfonate and its organic carbon content[J]. Chemical Engineering Journal，165（2）：597-606.

Ayodele O B，Lim J K，Hameed B H. 2012. Degradation of phenol in photo-Fenton process by phosphoric acid modified kaolin supported ferric-oxalate catalyst：Optimization and kinetic modelling[J]. Chemical Engineering Journal，197（14）：181-192.

Bauer R，Fallmann H. 1997. The photo-Fenton oxidation：A cheap and efficient wastewater treatment method[J]. Research on Chemical Intermediates，23（4）：341-354.

Bayat M，Sohrabi M，Royaee S J. 2012. Degradation of phenol by heterogeneous Fenton reaction using Fe/clinoptilolite[J]. Journal of Industry and Engineering Chemistry，18（3）：957-962.

Behnajady M A，Modirshahla N，Ghanbary F. 2007. A kinetic model for the decolorization of C.I. Acid Yellow 23 by Fenton process[J]. Journal of Hazardous Materials，148（1）：98-102.

Botas J A，Melero J A，Martínez F，et al. 2010. Assessment of Fe_2O_3/SiO_2 catalysts for the continuous treatment of phenol aqueous solutions in a fixed bed reactor[J]. Catalysis Today，149（3）：334-340.

Chang C C，Huang Y H，Chan H T. 2010. Adsorption thermodynamic and kinetic studies of fluoride aqueous solutions treated with waste iron oxide[J]. Separation Science and Technology，45（3）：370-379.

Chou S S，Huang C P，Huang Y H. 1999. Effect of Fe^{2+} on catalytic oxidation in a fluidized bed reactor[J]. Chemosphere，39（12）：1997-2006.

Chou S S，Huang C P，Huang Y H. 2001. Heterogeneous and homogeneous catalytic oxidation by supported γ-FeOOH in a fluidized-bed reactor：Kinetic approach[J]. Environmental Science & Technology，35（6）：1247-1251.

Chou S，Liao C C，Perng S H，et al. 2004. Factors influencing the preparation of supported iron oxide in fluidized-bed crystallization[J]. Chemosphere，54（7）：859-866.

Domínguez J R，González T，Palo P，et al. 2012. Fenton + Fenton-like integrated process for carbamazepine degradation：Optimizing the system[J]. Industrial & Engineering Chemistry Research，51（6）：2531-2538.

Duarte F，Maldonado-Hódar F J，Madeira L M. 2012. Influence of the particle size of activated carbons on their performance as Fe supports for developing Fenton-like catalysts[J]. Industrial & Engineering Chemistry Research，51（27）：9218-9226.

Dükkanci M，Gündüz G，Yılmaz S，et al. 2010. Heterogeneous Fenton-like degradation of Rhodamine 6G in water using CuFeZSM-5 zeolite catalyst prepared by hydrothermal synthesis[J]. Journal of Hazardous Materials，181（1）：343-350.

Durán A，Monteagudo J M，Carnicer A，et al. 2012. Solar photodegradation of synthetic apple juice wastewater：Process optimization and operational cost study[J]. Solar Energy Materials and Solar Cells，107（2）：307-315.

Fathinia M，Khataee A R，Zarei M，et al. 2010. Comparative photocatalytic degradation of two dyes on immobilized TiO_2 nanoparticles：Effect of dye molecular structure and response surface approach[J]. Journal of Molecular Catalysis A-Chemical，333（1-2）：73-84.

Georgi A，Gonzalez-Olmos R，Köhler R，et al. 2010. Fe-zeolites as catalysts for wet peroxide oxidation of organic groundwater contaminants：Mechanistic studies and applicability tests[J]. Separation Science and Technology，45（11）：1579-1586.

Gilpavas E, Dobrosz-Gómez I, Gómez-García M Á. 2012. Decolorization and mineralization of Diarylide Yellow 12 (PY12) by photo-Fenton process: The response surface methodology as the optimization tool[J]. Water Science & Technology, 65 (10): 1795-1800.

González-Bahamón L F, Hoyos D F, Benítez N, et al. 2011. New Fe-immobilized natural bentonite plate used as photo-Fenton catalyst for organic pollutant degradation[J]. Chemosphere, 82 (8): 1185-1189.

Hasan D B, Aziz A R A, Daud W M A W. 2012. Oxidative mineralisation of petroleum refinery effluent using Fenton-like process[J]. Chemical Engineering Research & Design, 90 (2): 298-307.

Herney-Ramirez J, Lampinen M, Vicente M A, et al. 2008. Experimental design to optimize the oxidation of Orange II dye solution using a clay-based Fenton-like catalyst[J]. Industrial & Engineering Chemistry Research, 47 (2): 284-294.

Herney-Ramirez J, Silva A M T, Vicente M A, et al. 2011. Degradation of Acid Orange 7 using a saponite-based catalyst in wet hydrogen peroxide oxidation: Kinetic study with the Fermi's equation[J]. Applied Catalysis B-Environmental, 101 (3-4): 197-205.

Herney-Ramirez J, Vicente M A, Madeira L M. 2010. Heterogeneous photo-Fenton oxidation with pillared clay-based catalysts for wastewater treatment: A review[J]. Applied Catalysis B-Environmental, 98 (1): 10-26.

Hodaifa G, Ochando-Pulido J M, Rodriguez-Vives S, et al. 2013. Optimization of continuous reactor at pilot scale for olive-oil mill wastewater treatment by Fenton-like process[J]. Chemical Engineering Journal, 220 (1): 117-124.

Hu X B, Deng Y H, Gao Z Q, et al. 2012. Transformation and reduction of androgenic activity of 17α-methyltestosterone in Fe_3O_4/MWCNTs-H_2O_2 system[J]. Applied Catalysis B-Environmental, 127 (8): 167-174.

Huang Y H, Hsueh C L, Cheng H P, et al. 2007a. Thermodynamics and kinetics of adsorption of Cu(II) onto waste iron oxide[J]. Journal of Hazardous Materials, 144 (1): 406-411.

Huang Y H, Hsueh C L, Huang C P, et al. 2007b. Adsorption thermodynamic and kinetic studies of Pb(II) removal from water onto a versatile Al_2O_3-supported iron oxide[J]. Separation and Purification Technology, 55 (1): 23-29.

Huang Y H, Shih Y J, Chang C C. 2011. Adsorption of fluoride by waste iron oxide: The effects of solution pH, major coexisting anions, and adsorbent calcination temperature[J]. Journal of Hazardous Materials, 186 (2-3): 1355-1359.

Jung Y S, Lim W T, Park J Y, et al. 2009. Effect of pH on Fenton and Fenton-like oxidation[J]. Environmental Technology, 30 (2): 183-190.

Karthikeyan S, Gupta V K, Boopathy R, et al. 2012a. A new approach for the degradation of high concentration of aromatic amine by heterocatalytic Fenton oxidation: Kinetic and spectroscopic studies[J]. Journal of Molecular Liquids, 173 (9): 153-163.

Karthikeyan S, Priya M E, Boopathy R, et al. 2012b. Heterocatalytic Fenton oxidation process for the treatment of tannery effluent: Kinetic and thermodynamic studies[J]. Environmental Science and Pollution Research, 19 (5): 1828-1840.

Karthikeyan S, Titus A, Gnanamani A, et al. 2011. Treatment of textile wastewater by homogeneous and heterogeneous Fenton oxidation processes[J]. Desalination, 281 (20): 438-445.

Kasiri M B, Aleboyeh A, Aleboyeh H. 2010a. Investigation of the solution initial pH effects on the performance of UV/Fe-ZSM5/H_2O_2 process[J]. Water Science & Technology, 61 (8): 2143-2149.

Kasiri M B, Aleboyeh H, Aleboyeh A. 2010b. Mineralization of C.I. Acid Red 14 azo dye by UV/Fe-ZSM5/H_2O_2 process[J]. Environmental Technology, 31 (2): 165-173.

Khataee A R, Safarpour M, Zarei M, et al. 2012. Combined heterogeneous and homogeneous photodegradation of a dye using immobilized TiO_2 nanophotocatalyst and modified graphite electrode with carbon nanotubes[J]. Journal of Molecular Catalysis A-Chemical, 363-364 (11): 58-68.

Kiss E，Vulić T，Reitzmann A，et al. 2006. Photo-Fenton catalysis for wet peroxide oxidation of phenol on Fe-ZSM-5 catalyst[J]. Revue Roumaine De Chimie，51（9）：931-936.

Lak M G，Sabour M R，Amiri A，et al. 2012. Application of quadratic regression model for Fenton treatment of municipal landfill leachate[J]. Waste Management，32（10）：1895-1902.

Mesquita I，Matos L C，Duarte F，et al. 2012. Treatment of azo dye-containing wastewater by a Fenton-like process in a continuous packed-bed reactor filled with activated carbon[J]. Journal of Hazardous Materials，237-238（10）：30-37.

Navalon S，Alvaro M，Garcia H. 2010. Heterogeneous Fenton catalysts based on clays，silicas and zeolites[J]. Applied Catalysis B-Environmental，99（1）：1-26.

Rosales E，Sanromán M A，Pazos M. 2012. Application of central composite face-centered design and response surface methodology for the optimization of electro-Fenton decolorization of Azure B dye[J]. Environmental Science and Pollution Research，19（5）：1738-1746.

Silva A M T，Herney-Ramirez J，Söylemez U，et al. 2012. A lumped kinetic model based on the Fermi's equation applied to the catalytic wet hydrogen peroxide oxidation of Acid Orange 7[J]. Applied Catalysis B-Environmental，121-122（6）：10-19.

Su C C，Pukdee-Asa M，Ratanatamskul C，et al. 2011. Effect of operating parameters on the decolorization and oxidation of textile wastewater by the fluidized-bed Fenton process[J]. Separation and Purification Technology，83（1）：100-105.

Sun S P，Lemley A T. 2011. p-Nitrophenol degradation by a heterogeneous Fenton-like reaction on nano-magnetite：Process optimization，kinetics，and degradation pathways[J]. Journal of Molecular Catalysis A-Chemical，349（9）：71-79.

Tunç S，Gürkan T，Duman O. 2012. On-line spectrophotometric method for the determination of optimum operation parameters on the decolorization of Acid Red 66 and Direct Blue 71 from aqueous solution by Fenton process[J]. Chemical Engineering Journal，181-182（2）：431-442.

Umar M，Aziz H A，Yusoff M S. 2010. Trends in the use of Fenton，electro-Fenton and photo-Fenton for the treatment of landfill leachate[J]. Waste Management，30（11）：2113-2121.

Wang J L，Xu L J. 2012. Advanced oxidation processes for wastewater treatment：Formation of hydroxyl radical and application[J]. Critical Reviews in Environmental Science and Technology，42（3）：251-325.

Wang W，Qu Y P，Yang B，et al. 2012. Lactate oxidation in pyrite suspension：A Fenton-like process in situ generating H_2O_2[J]. Chemosphere，86（4）：376-382.

Wu Y Y，Zhou S Q，Qin F H，et al. 2010. Modeling physical and oxidative removal properties of Fenton process for treatment of landfill leachate using response surface methodology（RSM）[J]. Journal of Hazardous Materials，180（1）：456-465.

Xu H Y，Liu W C，Qi S Y，et al. 2014a. Kinetics and optimization of the decoloration of dyeing wastewater by a schorl-catalyzed Fenton-like reaction[J]. Journal of the Serbian Chemical Society，79（3）：361-377.

Xu H Y，Liu W C，Shi J，et al. 2014b. Photocatalytic discoloration of Methyl Orange by anatase/schorl composite：Optimization using response surface method[J]. Environmental Science and Pollution Research，21（2）：1582-1591.

Xu H Y，Qi S Y，Li Y，et al. 2013. Heterogeneous Fenton-like discoloration of Rhodamine B using natural schorl as catalyst：Optimization by response surface methodology[J]. Environmental Science and Pollution Research，20（8）：5764-5772.

Xu H Y，Shi T N，Zhao H，et al. 2016a. Heterogeneous Fenton-like discoloration of Methyl Orange using Fe_3O_4/MWCNTs as catalyst：Process optimization by response surface methodology[J]. Frontiers of Materials

Science，10（1）：45-55.

Xu H Y，Wang Y，Shi T N，et al. 2018. Process optimization on Methyl Orange discoloration in Fe_3O_4/RGO-H_2O_2 Fenton-like system[J]. Water Science & Technology，77（12）：2929-2939.

Xu H Y，Zhao H，Cao N P，et al. 2016b. Heterogeneous Fenton-like discoloration of organic dyes catalyzed by porous schorl ceramisite[J]. Water Science & Technology，74（10）：2417-2426.

Xue X F，Hanna K，Abdelmoula M，et al. 2009. Adsorption and oxidation of PCP on the surface of magnetite：Kinetic experiments and spectroscopic investigations[J]. Applied Catalysis B-Environmental，89（3）：432-440.

Yeh C K J，Wu H M，Chen T C. 2003. Chemical oxidation of chlorinated non-aqueous phase liquid by hydrogen peroxide in natural sand systems[J]. Journal of Hazardous Materials，96（1）：29-51.

Zhang Y Y，He C，Sharma V K，et al. 2011b. A coupling process of membrane separation and heterogeneous Fenton-like catalytic oxidation for treatment of Acid Orange Ⅱ-containing wastewater[J]. Separation and Purification Technology，80（1）：45-51.

Zhang Y Y，Xiong Y，Tang Y K，et al. 2013. Degradation of organic pollutants by an integrated photo-Fenton-like catalysis/immersed membrane separation system[J]. Journal of Hazardous Materials，244-245（1）：758-764.

Zhang Y Y，He C，Sharma V K，et al. 2011a. A new reactor coupling heterogeneous Fenton-like catalytic oxidation with membrane separation for degradation of organic pollutants[J]. Journal of Chemical Technology and Biotechnology，86（12）：1488-1494.

Zhao Y P，Huang M S，Ge M，et al. 2010. Influence factor of 17β-estradiol photodegradation by heterogeneous Fenton reaction[J]. Journal of Environmental Monitoring，12（1）：271-279.

第5章 天然铁电气石非均相 Fenton 催化材料

5.1 概　　述

印染废水具有强烈的颜色，高 pH、温度和 COD，以及低生物降解性（Vlyssides et al.，2000）。除了这些问题，染料还具有高的水溶性和特征亮度。其中偶氮染料由于具有稳定性和异型生物质性，传统的污水处理技术不能完全降解偶氮染料，这将涉及光、化学物质或活性污泥（Pearce et al.，2003）。染料释放到环境中，以有色废水的形式存在。染料的毒性、反常的颜色以及随之而产生的光合作用的减弱可能对污染水体中的生物体产生严重的影响（Slokar and Marechal，1998；Strickland and Perkins，1995）。此外，染料的颜色极大地影响了水体景观质量。不自然的颜色引起视觉审美的不愉悦，这也是污染的一种形式。印染废水处理技术可分为物理、化学和生物方法。物理方法包括沉淀（混凝、絮凝、沉积）、吸附（AC、生物污泥、氧化硅胶）、过滤、反渗透等。化学方法使用化学试剂使废水脱色或降解，包括还原、氧化、离子交换和中和。生物方法包括有氧和厌氧过程以及通过特殊真菌形成的降解过程。然而，这些技术通常涉及复杂的工艺流程且在经济上不可行（Sonune and Ghate，2004；Slokar and Marechal，1998）。

近年来，学者对地球化学方法处理废水产生了越来越浓厚的兴趣（Mant et al.，2003；Rubio et al.，2002；Koh and Dixon，2001），系统地研究了低成本的矿物吸附剂对印染废水的脱色或降解效能，如天然黏土/酸性和碱性染料（El-Geundi，1991）、海泡石/罗丹明（Arbeloa et al.，1997）、蒙脱土和海泡石/甲基绿（Rytwo et al.，2000）、天然沸石/碱性染料（Meshko et al.，2001）、海泡石和沸石/活性偶氮染料（Ozdemir et al.，2004）、合成的 LTA 和 SOD 型沸石/酸性品红（Xu et al.，2014b；胥焕岩等，2012）、膨润土/碱性红染料（Hu et al.，2006）。黏土矿物和沸石由于具有大表面积和分子筛结构，能够非常有效地吸附染料分子而使废水脱色。但是，吸附剂不能使废水中的偶氮染料有效地降解，染料分子只是从液相转移到吸附剂的表面。因此，近年来矿物催化类 Fenton 体系的形成和进展可能是脱色或降解染色废水工艺的一个重要进步，天然含铁的矿物材料已经被开发为非均相 Fenton 催化材料，而不仅仅是吸附剂（胥焕岩等，2009）。

矿物表面的多相催化亦称为地质催化作用，在自然界具有重要的意义

（Schoonen et al.，1998）。矿物催化类 Fenton 体系已被用来处理有机污染废水（Kwan and Voelker，2003）。常用的非均相类 Fenton 体系催化材料主要是天然含铁矿物材料，如针铁矿（Andreozzi et al.，2002a；Andreozzi et al.，2002b；He et al.，2002）、赤铁矿（Huang et al.，2001；Teel et al.，2001；Lin and Gurol，1998）、磁铁矿（Kwan and Voelker，2004；Teel et al.，2001）、水铁矿（Kwan and Voelker，2002；Teel et al.，2001）等。这些含铁矿物能够有效地催化 H_2O_2 氧化有机污染物。然而，在有些矿物催化类 Fenton 体系中有机污染物的分解似乎有些缓慢，需要几十或上百分钟有机污染物才能全部分解。为了加速有机污染物的分解，通常引入超声波或紫外线照射增强类 Fenton 反应（Muruganandham et al.，2007；He et al.，2002）。此外，模型预测研究表明，静电效应可以提高有机化合物在矿物催化类 Fenton 体系中的氧化速率（Kwan and Voelker，2004）。铁电气石属于电气石族矿物。它不仅是一种天然含铁矿物，还具有独特的热电和压电特性，这已被很多学者研究并证实（Shigenobu et al.，1999；Hawkins et al.，1995；Yamaguchi，1964）。当电气石发生微小的压力或温度变化时，就能产生静电电荷。

电气石是一种复杂的硼硅酸盐矿物族（Barton，1969）。它的化学通式可以表示为 $XY_3Z_6[Si_6O_{18}][BO_3]_3W_4$，式中，$X = Na^+$、$Ca^{2+}$、□（空位）；$Y = Mg^{2+}$、$Fe^{2+}$、$Mn^{2+}$、$Al^{3+}$、$Fe^{3+}$、$Mn^{3+}$、$Li^+$；$Z = Al^{3+}$、$Fe^{3+}$、$Cr^{3+}$、$Mg^{2+}$；$W = OH^-$、$F^-$、$O^{2-}$（Yavuza et al.，2002）。根据 X 和 Y 位置占据元素的不同，电气石可以分为若干端员矿物，如镁电气石（$Y = Mg^{2+}$）、铁电气石（$Y = Fe^{2+}$ 或 Fe^{3+}）、锰电气石（$Y = Mn^{2+}$）、铝电气石（$Y = Al^{3+}$）、锂电气石（$Y = Li^+$）等（Prasad and Srinivasa，2005）。电气石晶体属三方晶系，对称型为 L^33P，空间群为 C_{3v}^5-R3m。$\alpha = 90°$、$\beta = 90°$、$\gamma = 120°$、$Z = 3$。镁电气石、铁电气石、锂电气石晶胞参数分别为：$a_0 = 1.600nm$、$c_0 = 0.7135nm$；$a_0 = 1.591nm$、$c_0 = 0.7210nm$；$a_0 = 1.581nm$、$c_0 = 0.7085nm$（Krambrock et al.，2002）。电气石是异极性矿物，三重对称轴为 c 轴，垂直于 c 轴无对称轴和对称面，也无对称中心，具有自发极化特性（冀志江等，2002a；冀志江等，2002b）。晶体一端为电荷正极，另一端为电荷负极，电子永不停息地从负极流向正极，形成了电流和静电场，从而使电气石在沿 c 轴方向具有压电性和热电性（Jin et al.，2003；Nakamura et al.，1994；Kubo，1989）。

电气石颗粒的电场效应可以应用于各种领域，如饮用水净化、环保油漆、保健人造纤维、室内空气净化、医学和卫生保健等（Zhao et al.，2008）。然而，电气石在矿物催化类 Fenton 体系中的应用研究却未见报道。为此，著者带领的课题组率先尝试了将天然铁电气石作为非均相类 Fenton 催化材料脱色活性商业染料（Xu et al.，2009a，2009b；胥焕岩等，2007）和其他活性偶氮染料（Li and Xu，2011；Xu et al.，2010a），旨在通过天然铁电气石自身的极化电场增强类 Fenton

反应过程。此外，课题组还深入地研究了天然电气石改性（Xu et al.，2010b）、工艺过程优化（Xu et al.，2014a，2013a）、动力学模型和催化机理（Xu et al.，2013b）。著者在此选择并整理部分相关研究结果进行详细介绍。

5.2　天然铁电气石化学组成与矿物结构分析

研究所用电气石为采自内蒙古东部地区的黑色天然铁电气石，由内蒙古物华天宝矿物资源有限公司提供，粒度＜64μm。

XRD 分析结果表明，天然铁电气石的主要衍射峰与电气石的特征衍射峰吻合，无杂质峰，是纯的黑电气石（JCPDS 22-469）（图 5.1）。其属三方晶系，对称型为 L^3P，空间群为 R3m。用晶胞参数精修程序计算出其晶胞参数分别为：$a = 1.5931$nm、$c = 0.7197$nm、$c/a = 0.4518$。

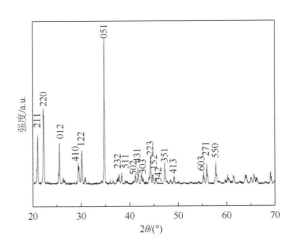

图 5.1　天然铁电气石 XRD 图谱

FTIR 分析结果表明，天然铁电气石的特征峰均属于电气石结构中 O—H、Si—O、B—O 及[Si_6O_{18}]复三方环的振动峰（图 5.2），此结果与 Prasad 和 Srinivasa（2005）的结果吻合。在 1250cm^{-1} 附近存在强的 B—O 伸缩振动峰。3733～3562cm^{-1} 应为结构水与吸附水的 O—H 振动谱带（李雯雯等，2008；任飞，2005）。

扫描电子显微镜（scanning electron microscopy，SEM）分析结果表明，天然铁电气石多呈复三方柱状、粒状，结晶发育完好，结晶面清晰可见，粒径为 1～60μm（图 5.3）。同时，EDS 分析结果表明，天然铁电气石中含有大量的铁元素（图 5.4），所以呈黑色。

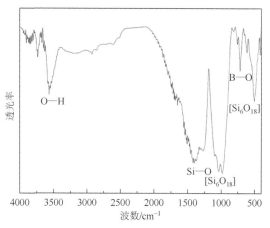

图 5.2　天然铁电气石 FTIR 图

(a) 200倍　　　　　　　　　　　　　　　　(b) 1000倍

图 5.3　天然铁电气石不同放大倍数的 SEM 图

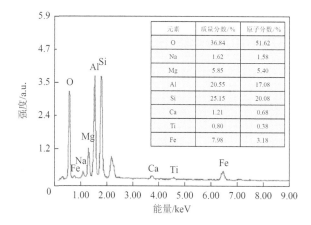

元素	质量分数/%	原子分数/%
O	36.84	51.62
Na	1.62	1.58
Mg	5.85	5.40
Al	20.55	17.08
Si	25.15	20.08
Ca	1.21	0.68
Ti	0.80	0.38
Fe	7.98	3.18

图 5.4　天然铁电气石 EDS 图

图 5.5 是天然铁电气石的热重-差热分析（thermogravimetry-differential thermal analysis，TG-DTA）图。从图 5.5 中可以看到，在 120℃位置有不太明显的吸热谷，这是失去电气石表面、颗粒周围或间隙的吸附水所形成的。在 700~800℃、900~1000℃出现明显峰谷，前者是由于电气石失去结构水而引起的，后者则是因为发生了相变。由于电气石的产地不同，化学成分各异，晶体结构稍有变化，电气石的分解温度就不完全相同（梁金生等，2008）。

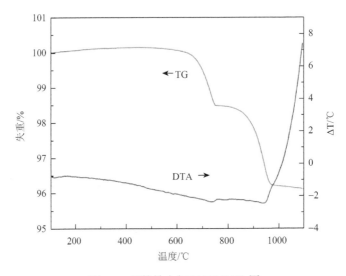

图 5.5　天然铁电气石 TG-DTA 图

电气石的特征热效应是在 950~970℃的吸热谷，相当于从晶体中排出 B_2O_3。电气石的熔化温度与碱金属、碱土金属和铁的质量分数直接相关。富铁电气石的强吸热反应发生在 960~980℃，而贫铁电气石的强吸热反应发生在 1020℃。可见，铁质量分数的增加会使电气石的熔点降低（冀志江，2003）。

我们利用湿化学法分析了天然铁电气石中各组分的质量分数，如表 5.1 所示。

表 5.1　天然铁电气石化学成分

成分	质量分数/%
SiO_2	33.69
B_2O_3	9.33
Al_2O_3	26.09
$FeO + Fe_2O_3$	24.35
TiO_2	0.54

续表

成分	质量分数/%
MnO	0.12
MgO	0.29
CaO	0.71
Na$_2$O	3.38
K$_2$O	0.18
总计	98.68

注：总计不等于100%系实验误差

5.3　天然铁电气石 Fenton 反应效能

本节选择典型的有机染料作为目标污染物，考察天然铁电气石 Fenton 反应效能，并讨论实验条件对有机染料脱色率的影响。

5.3.1　活性商业染料雅格素蓝

雅格素蓝 BFBR（argazol blue BFBR，简称 BFBR）是一种新型中温型活性染料，含有乙烯砜和一氯均三嗪两个活性基团，具有较高的固色率、优良的牢度和染色重现性。本节以 BFBR 染料废水为处理对象，具体实验步骤为：取浓度为 200mg/L 的 BFBR 模拟废水 100ml，置于 250ml 的锥形瓶中，利用 1mol/L 的 NaOH 和 1mol/L 的 H$_2$SO$_4$ 溶液调节 pH，pH-3C 型酸度计用于测定模拟废水 pH。取若干电气石和 H$_2$O$_2$ 置于调好 pH 的模拟废水中，封口，在水浴锅中水浴若干时间后，取上清液，在 752 型紫外-可见分光光度计上，于 607nm（BFBR 在可见光范围内的最大吸收波长）处测定其吸光度，按式（5-1）计算 BFBR 的脱色率（D_{BFBR}）：

$$D_{\text{BFBR}} = \frac{C_0 - C}{C_0} \times 100\% \qquad (5-1)$$

式中，C_0 和 C 分别为 BFBR 的初始浓度和处理后溶液的浓度（mg/L）。BFBR 分析工作曲线的回归方程为

$$Y = 93.058X + 0.0556 \ (R^2 = 0.9999) \qquad (5-2)$$

式中，X 为溶液吸光度；Y 为溶液中 BFBR 的浓度（mg/L）。

每个实验过程都有一个空白的平行实验，以扣除玻璃器皿对 BFBR 的吸附量。同时，不同实验条件下都进行了随机实验，以验证实验结果的可重复性。

不同 H$_2$O$_2$ 浓度对 BFBR 染料废水脱色率的影响如图 5.6 所示。从图 5.6 中可以看出，随着 H$_2$O$_2$ 浓度的增加，BFBR 染料废水的脱色率增加。在没有 H$_2$O$_2$ 存

在时，BFBR 染料废水的脱色率很低，只有不到 8%，这是由电气石自身对 BFBR 染料的吸附作用所致的。而当 H_2O_2 与电气石同时存在时，BFBR 染料废水的脱色率显著增加，这是由矿物催化类 Fenton 反应引起的。因此，天然铁电气石能够有效地催化 H_2O_2 使 BFBR 染料废水脱色。当 H_2O_2 浓度为 9.69mmol/L 时，需要 20min 使 BFBR 染料废水的脱色率趋近于 100%；而当 H_2O_2 浓度为 96.9mmol/L 时，只需要 7min 就可以使 BFBR 染料废水完全脱色。

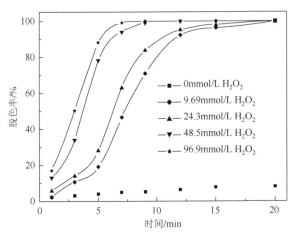

图 5.6　H_2O_2 浓度对 BFBR 染料废水脱色率的影响

实验条件：反应温度为 55℃，溶液 pH = 6，BFBR 染料废水浓度为 200mg/L，电气石用量为 10g/L

电气石 Fenton 反应的催化氧化活性随电气石用量的增加而增加，如图 5.7 所示。从图 5.7 中可知，电气石用量增加，表面活性铁离子的数量也会增多，可加

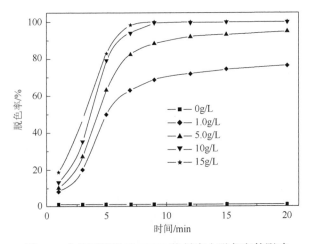

图 5.7　电气石用量对 BFBR 染料废水脱色率的影响

实验条件：反应温度为 55℃，溶液 pH = 6，BFBR 染料废水浓度为 200mg/L，H_2O_2 浓度为 48.5mmol/L

速 H_2O_2 的催化分解（非均相催化），同时溶液中溶出铁离子的浓度也会增加，催化 H_2O_2 产生更多的•OH（均相催化）。此外，电气石用量的增加也会使吸附在电气石表面上的 BFBR 染料增多。不存在 H_2O_2 的空白实验表明，电气石用量分别为 1.0g/L、5.0g/L、10g/L 和 15g/L 时，BFBR 染料废水的脱色率分别为 3%、5%、8% 和 12%。尽管电气石用量的增加会使它的吸附作用增强，但从空白实验的数据可以看出，吸附作用在 BFBR 染料废水的脱色过程中是占次要地位的。同时，在体系中不含有电气石时，BFBR 染料废水的脱色率为零，这说明 H_2O_2 不能单独氧化脱色 BFBR 染料，只有在 H_2O_2 与电气石的协同作用下 BFBR 染料才会被催化分解形成高氧化活性的•OH。

电气石 Fenton 反应的催化氧化活性随反应温度的升高而增加，如图 5.8 所示。这主要是因为在高温条件下电气石能够加速 H_2O_2 的分解，产生更多的•OH。另外一个解释此现象的可能原因是高温可为参与反应的分子提供更多的能量以克服化学反应活化能。

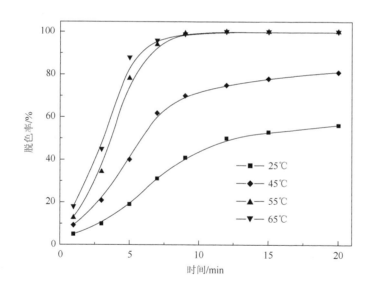

图 5.8　反应温度对 BFBR 染料废水脱色率的影响

实验条件：溶液 pH = 6，BFBR 染料废水浓度为 200mg/L，H_2O_2 浓度为 48.5mmol/L，电气石用量为 10g/L

电气石 Fenton 反应的催化氧化活性随溶液 pH 的降低而增加，如图 5.9 所示。从图 5.9 中可以看出，在酸性、中性以及碱性介质中，BFBR 染料的脱色行为是截然不同的。在酸性介质（pH = 2 和 4）中，BFBR 染料废水快速脱色。在中性以及碱性介质（pH = 6、8 和 10）中，BFBR 染料废水脱色相对较慢。

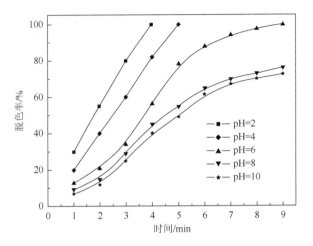

图5.9 溶液 pH 对 BFBR 染料废水脱色率的影响

实验条件：反应温度为 55℃，BFBR 染料废水浓度为 200mg/L，H_2O_2 浓度为 48.5mmol/L，电气石用量为 10g/L

5.3.2 活性染料罗丹明 B

罗丹明 B（Rhodamine B，RhB）是一种具有鲜桃红色的人工合成染料，分子式为 $C_{28}H_{31}ClN_2O_3$，相对分子质量为 479.0175，分子结构式如图 5.10 所示。罗丹明属于邻苯二酚类化合物，对人体及其他生物的毒性较大。邻苯二酚作为一种重要的有机化工原料和中间体，在农业、染料、香料、橡胶、医药、感光材料等领域应用广泛。邻苯二酚一般通过与皮肤、黏膜的接触，吸入和经口而侵入人体。它与细胞原浆中蛋白质接触时发生化学反应，而使细胞失去活力，浓酚液能使蛋白质凝固。酚作用于蛋白质时，并不与之结合，所以能继续向深部组织渗透，引起深部组织损伤坏死，并被吸收而引起全身中毒。吸入高浓度的酚蒸气，可引起中枢神经系统障碍；经常暴露在酚浓度较低的空气中，也会引起皮炎，使皮肤变黄褐色（Ma et al.，2005；Razo-Flores et al.，1997；Zissi and Lyberatos，1996）。

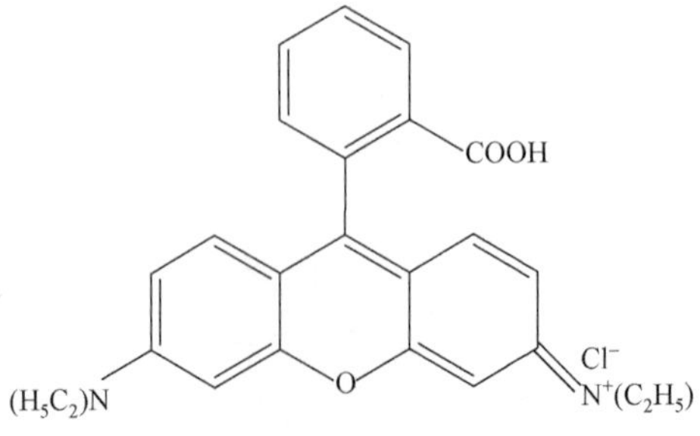

图5.10 罗丹明 B 分子结构式

罗丹明 B 溶液浓度的测定采用分光光度法,用 752 型紫外-可见分光光度计测定溶液在 500～580nm 的吸光度,得到最大吸收波长 562nm,此波长作为罗丹明 B 染料浓度检测的工作波长。取 1000mg/L 的罗丹明 B 溶液若干毫升,用蒸馏水稀释至所需浓度（2mg/L、1mg/L、0.5mg/L、0.25mg/L、0.125mg/L）,用分光光度计测量其吸光度,然后作浓度 C 和吸光度 A 的校准曲线关系。罗丹明 B 浓度分析工作曲线的回归方程为

$$Y = 8.2478X-0.04978（R^2 = 0.9987）\tag{5-3}$$

式中,X 为溶液吸光度;Y 为溶液中罗丹明 B 染料废水的浓度（mg/L）。按式（5-4）计算罗丹明 B 染料废水的脱色率（D_{RhB}）:

$$D_{RhB} = \frac{C_0 - C}{C_0} \times 100\%\tag{5-4}$$

式中,C_0 和 C 分别为罗丹明 B 染料的初始浓度和处理后溶液的浓度（mg/L）。

不同 H_2O_2 浓度时罗丹明 B 染料废水脱色率随时间的变化如图 5.11 所示。从图 5.11 中可以看出,随着 H_2O_2 浓度的增加,罗丹明 B 染料废水脱色率增大。这就意味着 H_2O_2 浓度越高,所产生的•OH 数量也就越多,所以增加 H_2O_2 浓度会使体系的催化氧化活性增强。当 H_2O_2 浓度为 24.23mmol/L 时,反应 90min 后可使罗丹明 B 染料废水的脱色率达到 90%以上;而当 H_2O_2 浓度为 87.21mmol/L 时,只需 30min 即可达到此脱色效果。

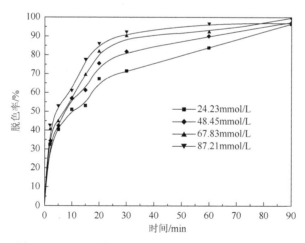

图 5.11　H_2O_2 浓度对罗丹明 B 染料废水脱色率的影响

实验条件:反应温度为 80℃,溶液 pH = 6,罗丹明 B 染料废水浓度为 100mg/L,电气石用量为 1.5g/L

不同电气石用量时罗丹明 B 染料废水脱色率随时间的变化如图 5.12 所示。由图 5.12 可知,随着电气石用量的增加,罗丹明 B 染料废水脱色率增大。这说明反应体系中电气石的用量越大,矿物相表面活性铁离子的数量越多,可加速 H_2O_2

的分解（非均相催化）；同时从电气石中溶出的铁离子浓度也越高，可催化 H_2O_2 产生更多的•OH（均相催化）。

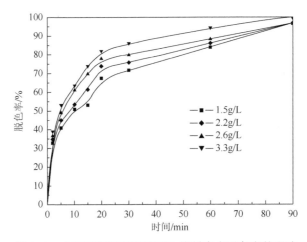

图 5.12　电气石用量对罗丹明 B 染料废水脱色率的影响

实验条件：反应温度为 80℃，溶液 pH = 6，罗丹明 B 染料废水浓度为 100mg/L，H_2O_2 浓度为 24.23mmol/L

不同反应温度时罗丹明 B 染料废水脱色率随时间的变化如图 5.13 所示。从图 5.13 中可知，罗丹明 B 染料废水脱色率与反应温度呈正相关性，随着反应温度的升高，脱色率增加。这可能是因为在较高温度时 H_2O_2 能够被较快地催化分解产生更多的•OH。另一个可能的原因就是高温能为反应物分子提供更高的能量以克服反应的能量势垒。

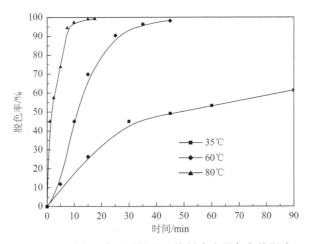

图 5.13　反应温度对罗丹明 B 染料废水脱色率的影响

实验条件：溶液 pH = 6，罗丹明 B 染料废水浓度为 100mg/L，H_2O_2 浓度为 24.23mmol/L，电气石用量为 1.5g/L

不同溶液 pH 时罗丹明 B 染料废水脱色率随时间的变化如图 5.14 所示。实验结果表明，反应体系的催化氧化活性在很大程度上依赖于溶液介质的 pH，在不同 pH 时，罗丹明 B 染料废水的脱色行为存在明显差异，酸性（pH 为 2 和 4）条件下罗丹明 B 染料废水的脱色速率显著地高于中性或碱性（pH 为 6、8 和 10）条件下罗丹明 B 染料废水的脱色速率。

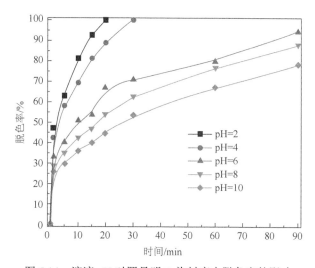

图 5.14　溶液 pH 对罗丹明 B 染料废水脱色率的影响

实验条件：反应温度为 80℃，罗丹明 B 染料废水浓度为 100mg/L，H_2O_2 浓度为 24.23mmol/L，电气石用量为 1.5g/L

5.3.3　偶氮染料甲基橙

本节以偶氮染料甲基橙（methyl orange，MO）作为目标污染物，研究天然铁电气石 Fenton 反应对染料的脱色效果。甲基橙的化学结构式如图 5.15 所示。

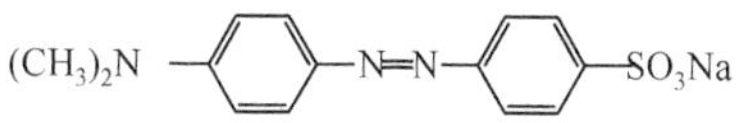

H_2O_2 浓度对甲基橙脱色率的影响如图 5.16 所示。甲基橙的脱色率随 H_2O_2 浓度的增加而增加，这说明 H_2O_2 浓度越大，•OH 的产出量越多。因此，增加 H_2O_2 浓度会提高电气石 Fenton 反应的催化氧化活性。当 H_2O_2 浓度为 9.8mmol/L 时，

图 5.15　甲基橙化学结构式

需要反应 60min 才能使甲基橙的脱色率达到 90% 以上；而当 H_2O_2 浓度大于 49mmol/L 时，只需反应 10min 就能使甲基橙的脱色率达到 90% 以上，这说明在此条件下甲基橙的脱色速率是非常快的。此外，在不存在 H_2O_2 时，甲基橙的脱色率只有 10%，这是由电气石对甲基橙的吸附所导致的。只有在电气石和 H_2O_2 同时存在时，甲基橙才会具有显著的脱色效果，这是电气石 Fenton 反应作用的结果。

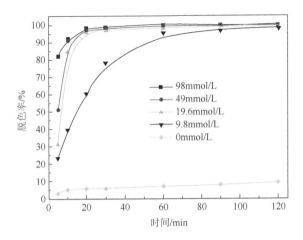

图 5.16　H$_2$O$_2$ 浓度对甲基橙脱色率的影响

实验条件：甲基橙初始浓度为 100mg/L，溶液 pH = 2，电气石用量为 10g/L，反应温度为 60℃

　　电气石用量对甲基橙脱色率的影响如图 5.17 所示。甲基橙的脱色率随电气石用量的增加而增加。电气石用量越多，矿物相表面活性铁离子就越多，可加快 H$_2$O$_2$ 的催化分解（非均相催化作用）；同时从矿物相中溶出的铁离子浓度也越高，催化 H$_2$O$_2$ 产生更多的•OH（均相催化作用）。当电气石用量为 10g/L 时，反应 10min 就可使甲基橙的脱色率达到 90%。当体系中没有电气石存在时，甲基橙的脱色率几乎为零，原因是没有电气石时 H$_2$O$_2$ 不能被催化分解形成•OH，这也进一步说明了甲基橙染料的脱色是电气石 Fenton 反应作用的结果。

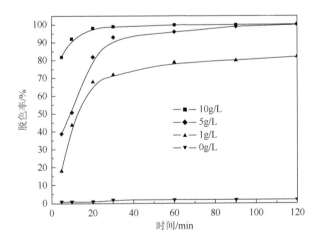

图 5.17　电气石用量对甲基橙脱色率的影响

实验条件：甲基橙初始浓度为 100mg/L，溶液 pH = 2，H$_2$O$_2$ 浓度为 98mmol/L，反应温度为 60℃

　　反应温度对甲基橙脱色率的影响如图 5.18 所示。甲基橙的脱色率随反应温度的升高而增加，这是由于在高温下可加快 H_2O_2 的催化分解形成更多的·OH；另一个可能的原因是高温条件为参与反应的分子提供更多的能量以克服反应的能量势垒。

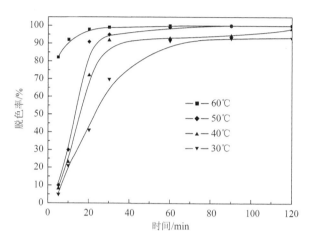

图 5.18　反应温度对甲基橙脱色率的影响

实验条件：甲基橙初始浓度为 100mg/L，溶液 pH = 2，H_2O_2 浓度为 98mmol/L，电气石用量为 10g/L

　　溶液 pH 对甲基橙脱色率的影响如图 5.19 所示。甲基橙的脱色率随 pH 的降低而升高。产生这一现象的主要原因是：在酸性条件下，从电气石矿物相中溶出的铁离子浓度相对较高，可以催化 H_2O_2 产生较多的·OH，致使甲基橙快速脱色，

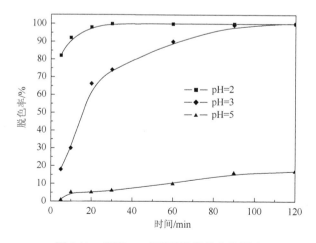

图 5.19　溶液 pH 对甲基橙脱色率的影响

实验条件：甲基橙初始浓度为 100mg/L，H_2O_2 浓度为 98mmol/L，电气石用量为 10g/L，反应温度为 60℃

此时均相催化具有主要的作用；在弱酸性条件下，从电气石矿物相中溶出的铁离子浓度相对较低，可以认为 H_2O_2 主要被电气石矿物相表面的活性铁离子催化，此时非均相催化具有主要的作用。

5.4 天然铁电气石 Fenton 反应过程 RSM 优化

以 BFBR 染料为研究对象，根据经验和染料废水工业处理的实际要求，本节选取 4 个参数作为变量，即 H_2O_2 浓度（mmol/L）、电气石用量（g/L）、溶液 pH、反应时间（min），分别标记为 X_1、X_2、X_3 和 X_4。同时，以染料废水的脱色率作为输出响应。因为典型印染废水的实际温度为 50℃左右，实验过程的反应温度定为 50℃（Gulkaya et al.，2006；Kuo，1992）。实验设计、数学建模、响应优化均由 Design Expert 8.0.7.1 软件（Stat-Ease 公司产品）完成。多项式的质量和预测能力由相关性系数（R^2）确定（Gilpavas et al.，2012；Khataee et al.，2012）。BFBR 染料脱色的设定实验因素的水平及编码如表 5.2 所示。

表 5.2 CCD 中实验因素水平与编码

变量	编码水平				
	−2	−1	0	1	2
H_2O_2 浓度（X_1）/(mmol/L)	0	9.69	19.38	29.07	38.76
电气石用量（X_2）/(g/L)	0	2.5	5	7.5	10
溶液 pH（X_3）	2	4	6	8	10
反应时间（X_4）/min	0	5	10	15	20

我们根据 CCD 制定了 4 因素、5 水平的实验方案，共计 30 组实验（表 5.3）。表中，有 6 组实验是中心点的重复实验，以确保实验的相对误差较小，这 6 组实验的预测值越接近，说明实验的准确性越高（Azami et al.，2012）。

表 5.3 CCD 矩阵及 BFBR 脱色率的实验值与预测值

序号	X_1	X_2	X_3	X_4	BFBR 脱色率/%	
					实验值	预测值
1	0	0	0	0	74.93	74.42
2	−1	−1	1	1	29.75	36.33
3	0	0	0	0	73.86	74.42
4	2	0	0	0	84.72	77.94
5	−1	1	−1	−1	24.84	32.83

续表

序号	X_1	X_2	X_3	X_4	BFBR 脱色率/%	
					实验值	预测值
6	0	2	0	0	79.75	71.91
7	−1	1	−1	1	91.34	83.73
8	−2	0	0	0	15.24	22.88
9	−1	1	1	1	43.56	48.68
10	1	1	−1	1	99.99	109.76
11	1	−1	1	1	49.67	41.51
12	0	0	0	−2	0.007	5.66
13	0	0	0	2	74.68	69.86
14	1	−1	−1	1	97.90	102.56
15	−1	−1	−1	1	85.33	78.13
16	0	−2	0	0	45.42	54.11
17	0	0	0	0	75.29	74.42
18	0	0	−2	0	99.83	104.76
19	0	0	2	0	24.77	20.66
20	0	0	0	0	73.84	74.42
21	0	0	0	0	74.13	74.42
22	1	1	−1	−1	90.26	82.71
23	−1	1	1	−1	15.38	9.78
24	0	0	0	0	74.76	74.42
25	−1	−1	1	−1	9.106	−0.82
26	−1	−1	−1	−1	34.94	28.98
27	1	−1	1	−1	21.53	28.21
28	1	−1	−1	−1	82.52	77.26
29	1	1	1	1	50.45	55.46
30	1	1	1	−1	33.37	40.41

为了得出预测值，将实验值用二阶多项式进行回归拟合，结果如下：

$$Y = 74.42 + 13.77X_1 + 4.45X_2 - 21.03X_3 + 16.05X_4$$
$$+ 0.40X_1X_2 - 4.81X_1X_3 - 5.96X_1X_4 + 1.69X_2X_3 + 0.44X_2X_4 - 3.00X_3X_4$$
$$- 6.00X_1^2 - 2.85X_2^2 - 2.93X_3^2 - 9.16X_4^2 \tag{5-5}$$

方差分析（表 5.4）表明，F 值为 24.46，比标准值 $F_{0.05} = 2.42$ 高得多，这就意味着所采用的二阶多项式具有很高的显著性（Sun and Lemley，2011）。实验值与预测值较为接近，相关性系数 $R^2 = 0.9580$，这是实验值与预测值相关性的主要判据（Fathinia et al.，2010）。另外，从图 5.20 中也可以看出，预测值与实验值吻合。此外，P 值小于 0.0500，意味着变量的影响显著；P 值大于 0.1000，就表明变量的影响不显著（Rosales et al.，2012）。从表 5.4 中可以看出，X_1、X_2、X_3、X_4、X_1X_3、X_1X_4、X_1^2、X_4^2 是显著的影响变量。因此，实验数据的统计分析表明，在天然铁电气石 Fenton 反应脱色 BFBR 的过程中，H_2O_2 浓度、电气石用量、反应时间、溶液 pH 对 BFBR 的脱色率具有显著的影响。

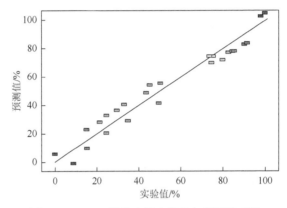

图 5.20　BFBR 脱色率的实验值与预测值对比

表 5.4　二阶多项式数学模型的方差分析

来源	平方和	自由度	均方	F 值	P 值	显著性
模型	25921.02	14	1851.50	24.46	<0.0001	显著
X_1	4548.51	1	4548.51	60.09	<0.0001	显著
X_2	475.26	1	475.26	6.28	0.0242	显著
X_3	10609.22	1	10609.22	140.15	<0.0001	显著
X_4	6182.46	1	6182.46	81.67	<0.0001	显著
X_1X_2	2.56	1	2.56	0.034	0.8566	
X_1X_3	370.56	1	370.56	4.90	0.0429	显著
X_1X_4	568.82	1	568.82	7.51	0.0152	显著
X_2X_3	45.56	1	45.56	0.60	0.4499	
X_2X_4	3.06	1	3.06	0.040	0.8433	
X_3X_4	144.00	1	144.00	1.90	0.1880	
X_1^2	988.11	1	988.11	13.05	0.0026	显著
X_2^2	223.11	1	223.11	2.95	0.1066	
X_3^2	235.00	1	235.00	3.10	0.0984	

续表

来源	平方和	自由度	均方	F 值	P 值	显著性
X_4^2	2303.71	1	2303.71	30.43	<0.0001	显著
残差	1135.45	15	75.70			
R^2	0.9580					
校正 R^2	0.9189					
预测 R^2	0.7586					

　　两因素交互作用的三维响应曲面图如图 5.21～图 5.26 所示，依次为 H_2O_2 浓度与电气石用量、H_2O_2 浓度与溶液 pH、H_2O_2 浓度与反应时间、电气石用量与溶液 pH、电气石用量与反应时间、反应时间与溶液 pH。从图 5.21～图 5.26 中可以看出，BFBR 的脱色率随 H_2O_2 浓度与电气石用量增加而升高（图 5.21），随 H_2O_2 浓度增加、溶液 pH 降低而升高（图 5.22），随 H_2O_2 浓度与反应时间增加而升高（图 5.23），随电气石用量增加、溶液 pH 降低而升高（图 5.24），随电气石用量与反应时间增加而升高（图 5.25），随反应时间增加、溶液 pH 降低而升高（图 5.26）。根据预测模型，优化电气石 Fenton 反应脱色 BFBR 染料的工艺参数：H_2O_2 浓度为 31.67mmol/L，电气石用量为 6.97g/L，溶液 pH = 3.73，反应时间为 17.82min，此条件下 BFBR 脱色率的预测值可以达到 99.94%。而此条件下 BFBR 脱色率的实验值是 99.5%，与预测值非常吻合。

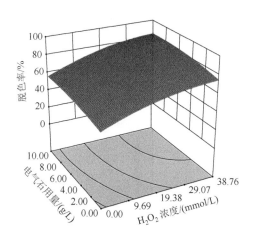

图 5.21　H_2O_2 浓度与电气石用量交互作用对 BFBR 染料脱色率影响的三维响应曲面图

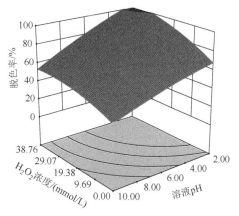

图 5.22　H_2O_2 浓度与溶液 pH 交互作用对 BFBR 染料脱色率影响的三维响应曲面图

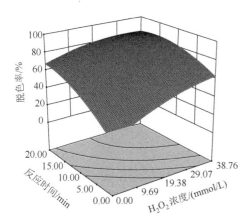

图 5.23 H_2O_2 浓度与反应时间交互作用对
BFBR 染料脱色率影响的三维响应曲面图

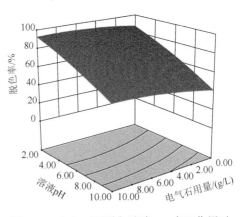

图 5.24 电气石用量与溶液 pH 交互作用对
BFBR 染料脱色率影响的三维响应曲面图

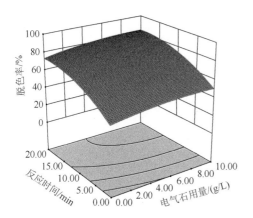

图 5.25 电气石用量与反应时间交互作用对
BFBR 染料脱色率影响的三维响应曲面图

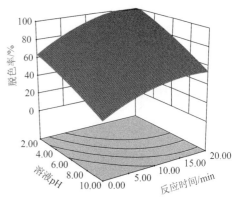

图 5.26 反应时间与溶液 pH 交互作用对
BFBR 染料脱色率影响的三维响应曲面图

5.5 天然铁电气石 Fenton 反应动力学

非均相 Fenton 反应的动力学过程较为复杂。目前用于描述该过程的动力学模型主要有三个，即一级动力学（first-order kinetics）模型、二级动力学（second-order kinetics）模型、BMG 模型。这三个动力学模型的线性公式如下：

$$\ln \frac{C_0}{C_t} = k_1 \cdot t$$

$$(5\text{-}6)$$

$$\frac{1}{C_t} - \frac{1}{C_0} = k_2 \cdot t \tag{5-7}$$

$$\frac{t}{1 - (C_t / C_0)} = m + b \cdot t \tag{5-8}$$

式中，C_0 和 C_t 分别为有机物的初始浓度与时间 t 的浓度；k_1 为一级动力学速率常数；k_2 为二级动力学速率常数；m 和 b 分别为 BMG 模型的氧化能力和反应速率。本节对三个动力学模型进行线性回归，由线性回归的相关性系数（R^2）确定模型，R^2 越接近 1，模型越好（Karthikeyan et al.，2012）。

以甲基橙染料废水为研究对象，根据实验数据，对三个动力学模型进行线性回归分析，结果如表 5.5 所示。从表 5.5 中可以看出，电气石 Fenton 反应脱色甲基橙的动力学过程对一级动力学模型和二级动力学模型线性回归的相关性系数都较小，不符合这两个动力学模型；而对 BMG 模型的相关性系数相对较高，所以可以判断，该过程属于 BMG 动力学过程。

表 5.5　不同动力学模型参数及其校正相关性系数

甲基橙浓度/(mg/L)	H_2O_2浓度/(mmol/L)	电气石用量/(g/L)	反应温度/K	pH	一级动力学		二级动力学		BMG		
					k_1	校正R^2	k_2	校正R^2	m	b	校正R^2
100	98	10	333	2	0.0911	0.9638	0.0920	0.8254	0.7910	0.9917	0.9999
100	49	10	333	2	0.0651	0.9357	0.0537	0.7570	2.3764	0.9751	0.9990
100	19.6	10	333	2	0.0464	0.9013	0.0330	0.5432	5.0670	0.95	0.9934
100	9.8	10	333	2	0.0334	0.9322	0.0022	0.9756	14.9902	0.8716	0.9944
100	98	10	333	2	0.0911	0.9638	0.0920	0.8254	0.7910	0.9917	0.9999
100	98	5	333	2	0.0512	0.9609	0.0331	0.5353	7.2091	0.9318	0.9973
100	98	1	333	2	0.0113	0.7763	0.0002	0.9292	15.0704	1.0923	0.9923
100	98	10	333	2	0.0911	0.9638	0.0920	0.8254	0.7910	0.9917	0.9999
100	98	10	323	2	0.0690	0.9933	0.0518	0.6638	3.3823	0.9666	0.9997
100	98	10	313	2	0.0267	0.9633	0.0018	0.7734	7.9911	0.9630	0.9995
100	98	10	303	2	0.0232	0.9147	0.0007	0.9854	17.7244	0.8953	0.9916
100	98	10	333	2	0.0911	0.9638	0.0920	0.8254	0.7910	0.9917	0.9999
100	98	10	333	3	0.0561	0.9692	0.0332	0.5299	19.8538	0.8080	0.9833
100	98	10	333	5	0.0014	0.9682	0.00001	0.9755	182.7753	4.2849	0.9593

在 BMG 模型中，$1/b$ 的物理意义是染料初始脱色速率，$1/m$ 越大，则染料的脱色速率越大；$1/m$ 的物理意义是理论上染料的最大脱色率，也就是 Fenton 反应最终的最大氧化能力（Tunç et al.，2012）。本节分析 H_2O_2 浓度、电气石用量、

溶液 pH、反应温度对 $1/m$ 和 $1/b$ 的影响，如图 5.27～图 5.30 所示。从图 5.27～图 5.30 中可以看出，$1/m$ 随 H_2O_2 浓度、电气石用量、反应温度的增加而增加，而随溶液 pH 的增加而降低。这就意味着甲基橙的初始脱色速率随 H_2O_2 浓度、电气石用量、反应温度的增加而增加，而随溶液 pH 的增加而降低。对于 $1/b$，除了 pH = 5 的 $1/b$ 外，都接近于 1，说明在酸性条件下天然电气石 Fenton 反应对甲基橙具有很高的脱色能力，理论上的最大脱色率可以达到 100%。对于这些现象产生的可能原因，我们将从铁离子溶出及•OH 产生的角度予以解释。

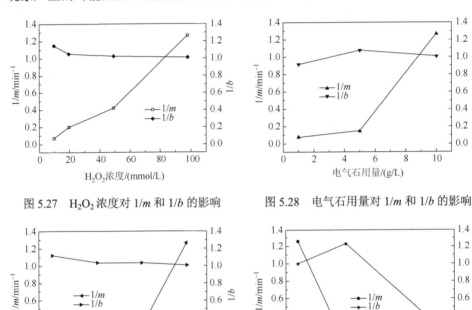

图 5.27　H_2O_2 浓度对 $1/m$ 和 $1/b$ 的影响　　　图 5.28　电气石用量对 $1/m$ 和 $1/b$ 的影响

图 5.29　反应温度对 $1/m$ 和 $1/b$ 的影响 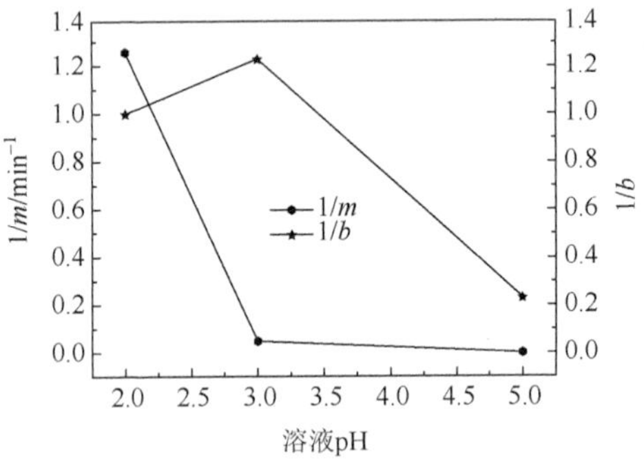　　　图 5.30　溶液 pH 对 $1/m$ 和 $1/b$ 的影响

5.6　天然铁电气石 Fenton 反应微观机理

5.6.1　铁电气石 Fenton 反应过程中铁离子溶出浓度

针对不同染料脱色过程，本节分析天然铁电气石 Fenton 反应中铁离子的溶出情况，采用邻菲罗啉分光光度法分析溶液中的铁离子浓度。BFBR 和罗丹明 B 脱色过程中，不同实验条件下铁电气石溶出总铁离子浓度如表 5.6 和表 5.7 所示。

表 5.6　BFBR 脱色过程中不同实验条件下铁电气石溶出的总铁离子浓度

pH	温度/℃	电气石用量/(g/L)	H$_2$O$_2$ 浓度/(mmol/L)	溶液中溶出总铁离子浓度/(mmol/L)		
				3min	5min	12min
6	55	0	0	0	0	0
6	55	10	9.69	1.79×10^{-2}	1.86×10^{-2}	1.93×10^{-2}
6	55	10	24.3	1.80×10^{-2}	1.84×10^{-2}	1.90×10^{-2}
6	55	10	48.5	1.78×10^{-2}	1.85×10^{-2}	1.91×10^{-2}
6	55	10	96.9	1.79×10^{-2}	1.85×10^{-2}	1.93×10^{-2}
6	55	1	48.5	1.79×10^{-3}	1.88×10^{-3}	1.95×10^{-3}
6	55	5	48.5	9.01×10^{-3}	9.47×10^{-3}	9.81×10^{-3}
6	55	15	48.5	2.69×10^{-2}	2.78×10^{-2}	2.9×10^{-2}
2	55	10	48.5	0.153	0.176	0.239
8	55	10	48.5	1.37×10^{-3}	1.37×10^{-3}	1.43×10^{-3}
10	55	10	48.5	1.02×10^{-3}	1.03×10^{-3}	1.07×10^{-3}
6	25	10	48.5	1.63×10^{-2}	1.64×10^{-2}	1.71×10^{-2}
6	45	10	48.5	1.74×10^{-2}	1.76×10^{-2}	1.81×10^{-2}
6	65	10	48.5	1.78×10^{-2}	1.80×10^{-2}	1.87×10^{-2}

表 5.7　罗丹明 B 脱色过程中不同实验条件下铁电气石溶出的总铁离子浓度

pH	温度/℃	电气石用量/(g/L)	H$_2$O$_2$ 浓度/(mmol/L)	溶液中溶出总铁离子浓度/(mmol/L)		
				10min	30min	60min
6	80	0	0	0	0	0
6	80	1.5	24.23	1.68×10^{-3}	1.75×10^{-3}	1.91×10^{-3}
6	80	1.5	48.45	1.69×10^{-3}	1.77×10^{-3}	1.92×10^{-3}
6	80	1.5	67.83	1.68×10^{-3}	1.76×10^{-3}	1.91×10^{-3}
6	80	1.5	87.21	1.68×10^{-3}	1.78×10^{-3}	1.93×10^{-3}
6	80	2.2	24.23	2.49×10^{-3}	2.56×10^{-3}	2.81×10^{-3}
6	80	2.6	24.23	2.91×10^{-3}	3.05×10^{-3}	3.37×10^{-3}
6	80	3.3	24.23	3.70×10^{-3}	3.85×10^{-3}	4.22×10^{-3}
2	80	1.5	24.23	2.30×10^{-2}	2.62×10^{-2}	3.60×10^{-2}
8	80	1.5	24.23	2.06×10^{-4}	2.19×10^{-4}	2.31×10^{-4}
10	80	1.5	24.23	2.04×10^{-4}	2.16×10^{-4}	2.27×10^{-4}
6	35	1.5	24.23	1.57×10^{-3}	1.59×10^{-3}	1.63×10^{-3}
6	60	1.5	24.23	1.58×10^{-3}	1.59×10^{-3}	1.64×10^{-3}

从表5.6和表5.7中可以看出，对于不同的染料，铁离子在相同实验条件下的溶出浓度变化规律是相似的。不存在电气石时，溶出铁离子的浓度如预期的那样为零。相同实验条件下，H_2O_2对溶出铁离子浓度的影响不大，近似于相等。电气石用量越多，矿物相表面活性铁离子就越多，可加速 H_2O_2 的分解，此即非均相催化；同时电气石溶出到溶液中的铁离子浓度也会越高，可催化 H_2O_2 产生更多的•OH，此即均相催化。在酸性介质（pH = 2 和 4）条件下，有更多的铁离子从电气石溶解到溶液中，可产生更多的•OH，使染料溶液快速脱色，此时均相催化作用在染料脱色过程中是主导地位。在中性及碱性介质（pH = 6，8 和 10）条件下，溶解到溶液中的铁离子浓度相对较低，对 H_2O_2 产生催化作用的是电气石矿物相表面的活性铁离子，此时非均相催化作用在染料脱色过程中是主导地位。总体而言，在电气石Fenton反应体系中，溶出铁离子的浓度远低于传统Fenton试剂达到最佳催化氧化效果所需的铁离子浓度。这就说明在电气石Fenton反应体系中，除了均相催化作用外，由矿物相表面活性铁离子所引起的非均相催化在整个反应体系中具有重要的作用。

结合 BFBR 和罗丹明 B 脱色实验分析，从上述结果可以推测，染料废水的快速脱色由三个过程控制：一是电气石晶体表面对染料分子的吸附作用（贡献相对较小）；二是电气石表面活性铁离子所引起的非均相 Fenton 反应；三是溶液中电气石溶出的铁离子所引起的均相 Fenton 反应。

5.6.2　染料脱色、•OH 产出及铁离子溶出的内在关联

本节以甲基橙染料废水为目标污染物，揭示甲基橙脱色、•OH 产出及总铁离子溶出之间的内在关联，结合前述的动力学研究，为进一步阐明天然铁电气石Fenton 反应的微观机理奠定基础。由于•OH 寿命很短，本节采用水杨酸分光光度法间接确定•OH 数量，以水杨酸与•OH 反应产物在 530nm 处的吸光度 A_{530} 为标识。A_{530} 越大，形成的•OH 数量越多。

在 pH = 2、甲基橙初始浓度为100mg/L、反应温度为60℃、电气石用量为10g/L、反应时间为50min 的实验条件下，考察总铁离子的溶出，如图 5.31 所示。当 H_2O_2浓度由 39.2mmol/L 增加到 98.0mmol/L 时，总铁离子浓度由 1.03mg/L 变化为1.14mg/L，这说明 H_2O_2 浓度的增加对铁离子的溶出基本没有影响。但是在相同实验条件下，随着 H_2O_2 浓度的增加，•OH 产出量却增加，如图 5.31 所示。这意味着 H_2O_2 浓度越大，•OH 产出量越大，相应体系的反应活性就高，致使反应速率增加（$1/m$，图 5.27）。但这并不意味着 H_2O_2 浓度增加，体系的最大氧化能力就增加，因为所产生的•OH 会被多余的 H_2O_2 消耗（•OH + $H_2O_2 \longrightarrow HO_2$• + H_2O）。这就是图 5.27 中 $1/b$ 随 H_2O_2 浓度的增加略有下降的主要原因。

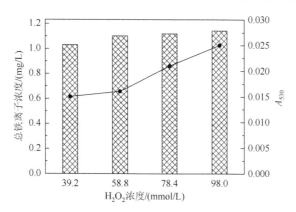

图 5.31　H_2O_2 浓度对铁离子溶出及·OH 产出的影响

柱状图：总铁离子浓度；曲线图：·OH 产出

如图 5.32 所示，在 pH = 2、甲基橙初始浓度为 100mg/L、反应温度为 60℃、H_2O_2 浓度为 98.0mmol/L、反应时间为 50min 的实验条件下，总铁离子浓度随着电气石用量的增加而增加。铁电气石用量越多，电气石表面活性铁位就越多（非均相催化），溶出的总铁离子浓度就越高（均相催化），所以体系的反应活性增加，致使反应速率和 $1/m$ 增大（图 5.28）。另外，从图 5.28 中可以看出，在电气石用量为 5mg/L 时，$1/b$ 最大，也就是说，在电气石用量为 5mg/L 时，体系理论上的氧化能力最大。产生这一现象的主要原因是，电气石用量小于 5mg/L 时，随着电气石用量增加，总铁离子浓度增加，·OH 增多，所以氧化能力增大；电气石用量大于 5mg/L 时，随着电气石用量增加，虽然总铁离子浓度也增加，但此时过多的溶出性铁离子会消耗·OH（·OH + Fe^{2+} ⟶ Fe^{3+} + OH^-），所以使理论上的氧化能力降低。

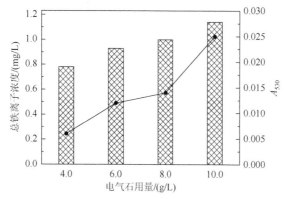

图 5.32　电气石用量对铁离子溶出及·OH 产出的影响

柱状图：总铁离子浓度；曲线图：·OH 产出

在 pH = 2、甲基橙初始浓度为 100mg/L、电气石用量为 10g/L、H_2O_2 浓度为

98.0mmol/L、反应时间为 50min 的实验条件下，随着反应温度的升高，总铁离子浓度略有增加（图 5.33），这说明反应温度对铁离子溶出的影响比较小。然而，•OH 的产出量却随着反应温度的升高而显著增加。这是因为温度升高可以为体系的反应提高活化能，所以体系的反应活性增加，相应的反应速率也增加（$1/m$，图 5.29）。而反应温度对 $1/b$ 几乎没有影响，这说明反应温度的升高可以加速反应过程，却不能提高体系的氧化能力。

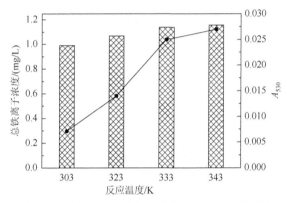

图 5.33　反应温度对铁离子溶出及•OH 产出的影响

柱状图：总铁离子浓度；曲线图：•OH 产出

　　总铁离子的溶出和•OH 的产出随着溶液 pH 的降低而增加，如图 5.34 所示，实验条件如下：甲基橙初始浓度为 100mg/L、电气石用量为 10g/L、H_2O_2 浓度为 98.0mmol/L、反应时间为 50min、反应温度为 60℃。在酸性（pH = 2 和 3）条件下，总铁离子浓度多，•OH 产出量也多，此时均相催化反应为主导。在碱性（pH = 5）条件下，总铁离子浓度和•OH 产出量都减少，此时非均相催化反应为主导。

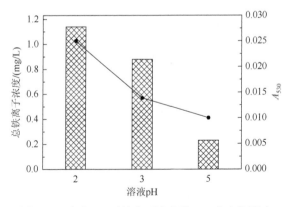

图 5.34　溶液 pH 对铁离子溶出及•OH 产出的影响

柱状图：总铁离子浓度；曲线图：•OH 产出

此外，值得注意的是，在所有的实验条件下，总铁离子浓度为 0.23～1.14mg/L，比欧盟容许排放的铁离子浓度（2mg/L）要低得多。这就预示着天然铁电气石作为 Fenton 反应的非均相催化材料，不仅具有很高的反应活性和氧化能力，更重要的是不会产生铁离子的二次污染问题，是一类具有宽广应用前景的天然催化材料。

5.6.3　使用前后电气石表征测试的对比分析

为了进一步研究电气石 Fenton 反应脱色染料废水的微观机理，本节采用 XRD、FTIR 和 SEM 对处理染料废水后的电气石进行表征测试，并与电气石原矿粉进行对比分析，结果表明：

（1）处理染料废水后，XRD 未检测出电气石中形成新的物相（图 5.35）；

（2）处理染料废水后，FTIR 图中也没有出现新的吸收峰，所有的吸收峰都归属于电气石（图 5.36）；

（3）处理染料废水后，SEM 的二次电子像没有观察到电气石样品表面形貌的变化（图 5.37）。

这就证实了电气石 Fenton 反应脱色染料废水过程中不存在溶解-沉淀及共沉淀作用。虽然没有检测出吸附物，但通过前面的实验研究可知吸附作用是存在的，由于吸附的量较少，所以 FTIR 和 SEM 没有检测出来。

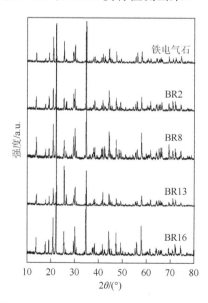

图 5.35　使用前后电气石的 XRD 对比分析

BR2、BR8、BR13、BR16 是使用后电气石样品标号，样品的选择是随机的

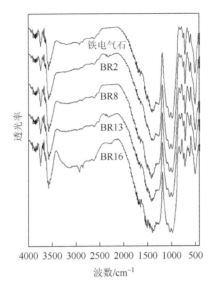

图 5.36　使用前后电气石的 FTIR 对比分析

BR2、BR8、BR13、BR16 是使用后电气石样品标号，样品的选择是随机的

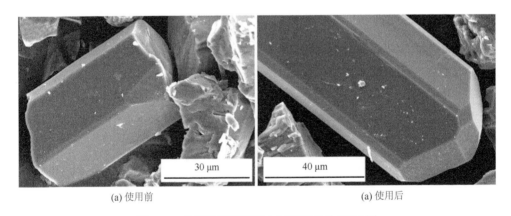

(a) 使用前　　　　　　　　　　　　　　(a) 使用后

图 5.37　使用前和使用后电气石样品的 SEM 图

5.6.4　微观机理讨论

综上讨论，天然铁电气石 Fenton 反应的微观机理主要为均相催化反应和非均相催化反应，如图 5.38 所示。

吸附作用贡献较小，电气石的吸附作用主要是由于其表面存在碱性基团和静电场。均相催化反应可以用下列反应式描述，其中 $\equiv Fe^{2+}$ 和 $\equiv Fe^{3+}$ 分别代表电气石矿物相中的 Fe^{2+} 和 Fe^{3+}：

$$\equiv Fe^{2+} \longrightarrow Fe^{2+}_{(aq)} \tag{5-9}$$

$$\equiv Fe^{3+} \longrightarrow Fe^{3+}_{(aq)} \tag{5-10}$$

$$Fe^{2+}_{(aq)} + H_2O_2 \longrightarrow Fe^{3+}_{(aq)} + \cdot OH + OH^- \tag{5-11}$$

$$Fe^{3+}_{(aq)} + H_2O_2 \longrightarrow Fe^{2+}_{(aq)} + H^+ + HO_2 \cdot \tag{5-12}$$

$$MO + \cdot OH \longrightarrow 中间产物 \rightarrow CO_2 + H_2O \tag{5-13}$$

而非均相催化反应可以用下列反应式描述：

$$\equiv Fe^{2+} \cdot H_2O + H_2O_2 \longrightarrow \equiv Fe^{2+} \cdot H_2O_2 + H_2O \tag{5-14}$$

$$\equiv Fe^{3+} \cdot H_2O + H_2O_2 \longrightarrow \equiv Fe^{3+} \cdot H_2O_2 + H_2O \tag{5-15}$$

$$\equiv Fe^{2+} \cdot H_2O_2 \longrightarrow \equiv Fe^{3+} + \cdot OH + OH^- \tag{5-16}$$

$$\equiv Fe^{3+} \cdot H_2O_2 \longrightarrow \equiv Fe^{2+} + H^+ + HO_2 \cdot \tag{5-17}$$

$$MO + \cdot OH \longrightarrow 中间产物 \longrightarrow CO_2 + H_2O \tag{5-18}$$

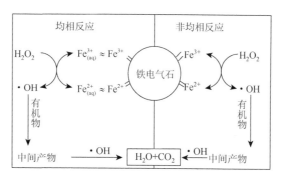

图 5.38　天然铁电气石 Fenton 反应微观机理示意图

5.7　电气石自发极化电场对其 Fenton 反应的增强机制

电气石的自发极化效应表现为电气石周围存在静电场,就像磁铁的磁极一样,存在自发的磁性。利用电子束轰击电气石样品表面,并用 SEM 观察发现:电子束轰击电气石样品表面能够产生辉点,这些辉点能反映出存在自发极化性,并且这些辉点的形状和亮度与晶体晶面的方向有密切关系。电气石在 1223K 的高温下加热 2h 后,再用电子束轰击,没有产生辉点,即不存在自发极化性,原因是此时电气石的晶体结构已经被破坏了(李芳芳,2007)。电荷的来源主要有两个:①自发的极化效应 P_s 导致的电荷,P_s 为温度的函数,它相对于温度的变化率 p_s 称为(原生)热释电系数,$p_s = dP_s/dt$;②晶体的热振动或应力导致的电荷,属于在一定方向的电极化现象(李璐和传秀云,2008)。电气石的自发电极性主要是由热膨胀和压电效应导致的二次热电效应,与观察到的现象相吻合(张晓辉等,2004)。当电气石晶体所处环境温度与压力变化时,晶体中带电粒子之间发生相对位移,正、负电荷中心发生分离，晶体的总电矩发生变化，从而产生极化电荷。电气石的自发极化效应表现为，在电气石晶体周围存在着以 c 轴轴面为两极的静电场，电场强度 $E_0 = P_s/(2\varepsilon_0)$，计算可得 $E_0 = 6.2 \times 10^6$ V/m。当电气石晶粒很小时，电气石微粒的作用相当于一个电偶极子，由于正、负电荷作用相互抵消，在平行于 c 轴方向电场强度最大，静电场随着远离中心迅速减弱，$E_r = (2/3)E_0(a/r)^3$，a 为电气石微粒半径，r 为测点与中心的距离。由此可知，在电气石表面十几微米内存在 $10^4 \sim 10^7$V/m 的高电场强度（张志湘等，2003）。同时利用 SEM 和电子探针电子束的轰击成像直接观测到了电气石颗粒的静电吸引与排斥，并进一步证明其颗粒是类似于自发极化的电偶极子（冀志江等，2002b）。此外，通过实验发现电气石的自发电极与温度无关，不是铁电体，原因为既没有分子基团可产生有序-无序转移，也没有离子可产生位移性结构变化（Nakamura and Kubo，1992）。

　　由于晶体结构受到破坏，在 1000℃ 以上热处理后，电气石的自发极化电场会消失（Nakamura and Kubo，1992）。因此，为了进一步探究电气石自发极化电场在其 Fenton 反应中的作用，本节将天然铁电气石分别在 750℃、850℃、950℃ 和 1050℃煅烧 2h（样品编号分别为 SS750、SS850、SS950 和 SS1050），然后在相同实验条件下进行甲基橙脱色效果的对比研究（图 5.39）。从图 5.39 中可以看出，当以电气石原矿为催化材料时，甲基橙的脱色率可达到 80% 以上；以 750℃、850℃、950℃热处理的电气石为催化材料时，甲基橙的脱色率只有 30%；以 1050℃热处理的电气石为催化材料时，甲基橙的脱色率不到 10%。根据 Nakamura 和 Kubo（1992）的研究报道，电气石表面存在自发极化电场的温度范围为室温到 950℃，并证实 900℃和 950℃热处理后的电气石在室温下仍存在自发极化电场，但 1000℃和 1050℃热处理后的电气石在室温下自发极化电场就已消失。因此，结合本实验结果，可以推断电气石的自发极化电场对其 Fenton 反应脱色甲基橙具有增强作用。

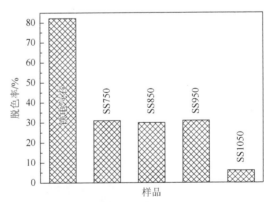

图 5.39　不同温度热处理的电气石对甲基橙脱色率的影响

实验条件：甲基橙初始浓度为 100mg/L，溶液 pH = 2，H_2O_2 浓度为 98mmol/L，
反应温度为 60℃，电气石用量为 10g/L

为了研究电气石自发极化电场消失的机理，对电气石原矿及热处理后的电气石进行 XRD 表征。电气石原矿呈黑色，其主要矿物成分为铁电气石（JCPDS 85-1811）和石英（JCPDS 85-794）（图 5.40）。750℃、850℃、950℃热处理的电气石颜色出现了显著的变化，呈褐色，但它们的物相组成并没有变化，仍然是铁电气石和石英（图 5.41～图 5.43）。与电气石原矿 XRD 分析结果不同的是，750℃、850℃、950℃热处理的电气石样品中铁电气石的 XRD 特征衍射峰的强度变弱了，这就说明热处理后电气石样品中铁电气石的数量减少，部分电气石晶体可能转变为非晶态物质。这也是 750℃、850℃、950℃热处理的电气石 Fenton 反应脱色效果差于电气石原矿而优于 1050℃热处理的电气石的原因。而 1050℃热处理的电气石不仅颜色变为褐色，更重要的是物相组成也发生了显著的变化，铁电气石晶相

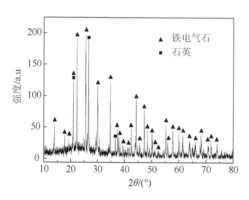

图 5.40　电气石原矿的 XRD 分析

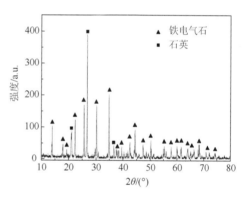

图 5.41　750℃热处理电气石的 XRD 分析

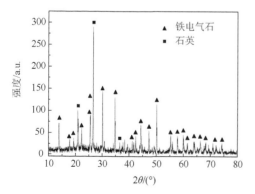

图 5.42　850℃热处理电气石的 XRD 分析

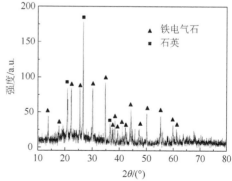

图 5.43　950℃热处理电气石的 XRD 分析

已完全消失，取而代之的是赤铁矿（JCPDS 85-987）和尖晶石（JCPDS 89-5090）两个新的物相（图 5.44）。铁电气石晶相的消失以及两个新物相的形成是电气石

自发极化电场消失的主要原因，这与 Nakamura 和 Kubo(1992)报道的结果一致。因此，电气石自发极化电场的消失导致 1050℃热处理电气石的 Fenton 反应对甲基橙的脱色率只有不到 10%。因此，电气石的自发极化电场可以增强其 Fenton 反应，提高甲基橙脱色效果。

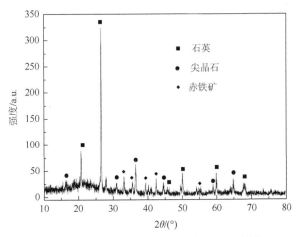

图 5.44　1050℃热处理电气石的 XRD 分析

5.8　提高天然铁电气石 Fenton 反应活性的活化方法

酚类化合物难以降解，是美国国家环境保护局列出的 129 种优先控制的污染物之一，含酚废水在我国水污染控制中也被列为重点解决的有害废水之一。本节以苯酚为目标污染物，分析天然铁电气石 Fenton 反应去除苯酚的效能。研究结果表明，该体系对苯酚的去除效果并不明显，100mg/L 苯酚的去除率只有 4%，如图 5.45 所示。结合

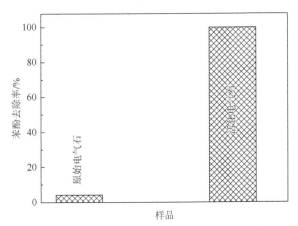

图 5.45　活化前后电气石 Fenton 反应活性对比分析

天然铁电气石 Fenton 反应机理与特性，本节提出增强天然铁电气石 Fenton 反应活性的活化方法，选取活化剂对天然铁电气石进行活化处理。活化后电气石 Fenton 反应活性显著提高，100mg/L 苯酚的去除率在 15min 内即可达到 100%，如图 5.45 所示。

　　H_2O_2 浓度对苯酚去除率的影响如图 5.46 所示。从图 5.46 中可以看出，苯酚去除率随 H_2O_2 浓度的增加而升高，这是因为更多的 H_2O_2 会产生更多的·OH，从而增加体系的催化氧化活性。在最初的 9min 内，苯酚的去除率即可达到 90% 以上，去除速率非常快。此外，在没有 H_2O_2 存在时，只有 10% 左右的苯酚被去除，这主要是活化电气石对苯酚的吸附作用。只有 H_2O_2 和活化电气石同时存在时，苯酚才会有显著的去除效果，去除率达到 100%，这主要是活化电气石 Fenton 反应作用的结果。从此实验结果可推测，苯酚去除过程中，活化电气石 Fenton 反应的作用是主要的，而电气石的吸附作用是次要的。

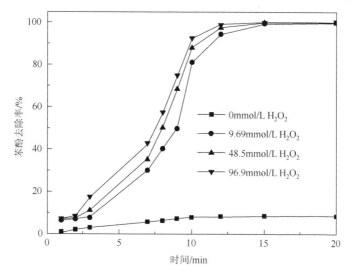

图 5.46　H_2O_2 浓度对苯酚去除率的影响

实验条件：反应温度为 80℃，溶液 pH = 6，苯酚初始浓度为 100mg/L，活化电气石用量为 10g/L

　　活化电气石用量对苯酚去除率的影响如图 5.47 所示。从图 5.47 中可以看出，随着活化电气石用量的增加，体系的催化氧化活性增加，苯酚的去除率升高。产生这一现象的主要原因是，随着活化电气石用量的增加，表面活性铁离子的数量也增加，可加快 H_2O_2 的催化分解（非均相催化），同时形成的溶出性铁离子浓度也会增加，可提高·OH 的产出量（均相催化）。此外，在没有添加活化电气石时，由于 H_2O_2 不能被催化分解成高氧化活性的·OH，苯酚的去除率近乎零。

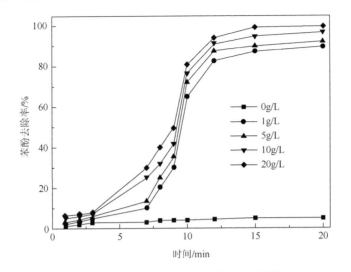

图 5.47　活化电气石用量对苯酚去除率的影响

实验条件：反应温度为 80℃，溶液 pH = 6，苯酚初始浓度为 100mg/L，H_2O_2 浓度为 96.9mmol/L

反应温度对苯酚去除率的影响如图 5.48 所示，体系的催化氧化活性随温度的升高而增加，反应温度越高，苯酚的去除率越高。一方面，反应温度的升高会加速 H_2O_2 的分解以形成更多的·OH；另一方面，反应温度的升高可为分子间的反应提供更多的能量以克服反应的能量势垒。

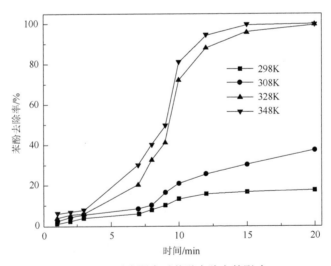

图 5.48　反应温度对苯酚去除率的影响

实验条件：溶液 pH = 6，活化电气石用量为 10g/L，苯酚初始浓度为 100mg/L，H_2O_2 浓度为 96.9mmol/L

为了进一步分析除酚的作用机理，采用 XRD、FTIR 和 SEM 对电气石原矿、活化电气石以及除酚后的电气石进行测试分析。

（1）XRD 分析表明，活化电气石及除酚后的电气石中均没有新的物相形成。对于电气石原矿，除了铁电气石矿物成分外，没有其他的矿物相存在（JCPDS 22-469），对于活化电气石和除酚后的电气石，XRD 特征衍射峰也都属于铁电气石，没出现杂质峰（图 5.49）。

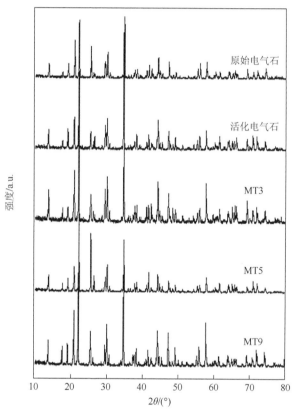

图 5.49　电气石原矿、活化电气石及除酚后电气石的 XRD 图

MT3、MT5、MT9 为除酚后电气石样品标号，样品的选择是随机的

（2）FTIR 分析表明，活化电气石及除酚后的电气石中没有新的吸收峰形成，所有的红外吸收峰都归属于铁电气石。在—OH 伸缩振动区域（≥3300cm⁻¹），可以很容易地区分内—OH 基团和外—OH 基团：内—OH 基团吸收峰强度较小，位于高波数区（3735cm⁻¹）；外—OH 基团吸收峰较宽、强度高，位于低波数区（3565cm⁻¹）。在 1396cm⁻¹ 和 1265cm⁻¹ 处的吸收峰是[BO₃]的伸缩振动峰；而位于 1093cm⁻¹、1035cm⁻¹ 和 981cm⁻¹ 处的吸收峰则是属于 Si₆O₁₈ 六元环的伸缩振动峰；在 350～800cm⁻¹ 的复杂吸收峰是由多种振动模式引起的。在所有样品的

FTIR 分析中，除了电气石的特征吸收谱峰外，没有新的峰形成，同时各样品间也没有明显的不同（图 5.50）。

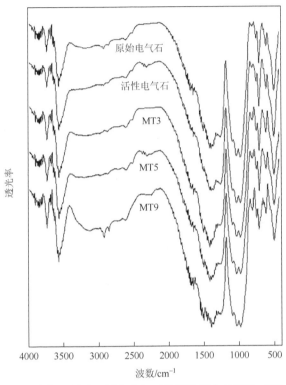

图 5.50　电气石原矿、活化电气石及除酚后电气石的 FTIR 图

MT3、MT5、MT9 为除酚后电气石样品标号，样品的选择是随机的

（3）SEM 分析表明，活化及除酚后电气石的微形貌都没有发生变化（图 5.51）。电气石原矿呈六方柱状和不规则颗粒状，颗粒尺寸为 1~60μm。对于活化电气石[图 5.51（b）]，在其表面上有少许沉积物，这可能是在活化过程中活化剂结晶物沉积所致。

（a）电气石原矿　　　　　　　（b）活化电气石　　　　　　　（c）除酚后电气石

图 5.51　电气石原矿、活化电气石及除酚后电气石的 SEM 图

这些结果说明，活化后及除酚后，电气石仍然保留着原有的六方晶体结构和形貌，没有新的物相形成。然而，与电气石原矿的 Fenton 反应相比较，活化电气石的 Fenton 反应却能更好地去除苯酚，ICP-AES 分析结果表明，其主要原因是活化电气石 Fenton 反应体系会产生更多的溶解性铁离子。在溶液 pH = 6、活化电气石用量为 5g/L、反应温度为 80℃、苯酚初始浓度为 100mg/L、H_2O_2 浓度为 24.23mmol/L 的条件下，反应进行 1min 后，活化电气石 Fenton 体系中溶出总铁离子浓度为 0.149mmol/L，在整个反应过程中溶出总铁离子浓度维持在 0.143~0.161mmol/L。而在电气石原矿的 Fenton 体系中，相同实验条件下溶出总铁离子浓度仅有 $1.7×10^{-3}$mmol/L。同样，活化电气石 Fenton 反应去除苯酚的主要机理是：①电气石对有机污染物的吸附作用；②矿物相表面铁离子非均相催化 H_2O_2 产生•OH 从而氧化分解有机污染物；③从矿物相中溶出的铁离子均相催化 H_2O_2 产生•OH 从而氧化分解有机污染物。

5.9　电气石陶粒制备及其非均相 Fenton 反应效能评价

超细电气石粉末反应后很难从溶液中分离出来，增加电气石的粒度可以实现简单的分离，但是由于比表面积减小，电气石的催化活性会显著降低。为此，本节制备具有较高 Fenton 催化活性的多孔电气石陶粒。

5.9.1　电气石陶粒制备与表征

采用固相烧结法制备多孔电气石陶粒。将电气石、硼酸盐玻璃、石墨按一定比例混料，在 80℃下干燥后研磨成粉。按照一定尺寸造粒后，在马弗炉中 580℃低温烧结并保温 30min，冷却、水洗、干燥后，得到多孔电气石陶粒，装袋备用。多孔电气石陶粒样品编号为 PSC，超细电气石粉末样品编号为 SSP。

图 5.52 是 SSP 与 PSC 的照片。SSP 呈灰绿色，且具有明显的团聚现象。PSC 呈深灰色，颗粒尺寸为毫米量级，大的颗粒尺寸使得陶粒使用后很容易从溶液中分离出来。

图 5.53 是 SSP 与 PSC 的 XRD 图谱。SSP 具有典型的铁电气石结构（JCPDS 85-1811），主要杂质是石英。PSC 在 13.8°、17.8°、21.0°、25.5°、30.3°、34.7°、36.5°、37.8°、41.2°、44.3°、47.1°、55.3°、57.7°、61.5°、63.9°有较强的衍射峰，也与铁电气石的 JCPDS 85-1811 标准卡片吻合，这说明在固相烧结过程中电气石的晶体结构没有被破坏。另外，在 PSC 中没有发现石英的特征衍射峰，这可能是因为石英与其他助熔剂共熔而消失。

(a)SSP   (b) PSC

图 5.52   SSP 与 PSC 的照片

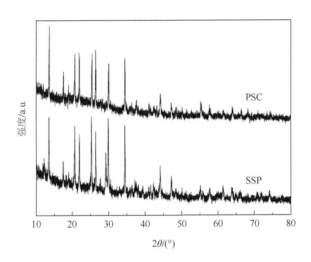

图 5.53   SSP 与 PSC 的 XRD 图谱

图 5.54 是 SSP 与 PSC 的 FTIR 图。PSC 的特征吸收谱带与 SSP 的一致。3400cm^{-1} 和 1630cm^{-1} 附近的谱峰属于吸附水的 O—H 伸缩振动峰，900～1200cm^{-1} 处的吸收谱带是[SiO$_4$]中的 Si—O 伸缩振动峰，而 1270cm^{-1} 和 1382cm^{-1} 处的谱峰则是[BO$_3$]中的 B—O 伸缩振动峰。

图 5.55 是 SSP 与 PSC 的 SEM 照片。从图 5.55（a）中可以看出，SSP 是呈棱柱状或不规则状的颗粒，并有机械损伤的痕迹，这与粉体破碎研磨有关。而 PSC 的颗粒尺寸比 SSP 大得多，呈无规则形状［图 5.55（b）］，在高放大倍数下可以清晰地看到 PSC 表面具有大量的微孔［图 5.55（c）］，这有利于增加 PSC 的表面积，提高其 Fenton 反应的催化活性。

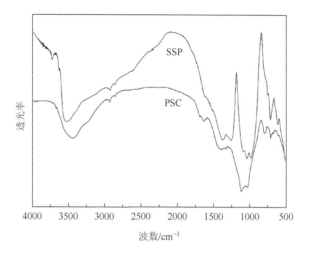

图 5.54　SSP 与 PSC 的 FTIR 图

(a) SSP　　　　　　　　(b) 低分辨率的PSC　　　　　　　(c) 高分辨率的PSC

图 5.55　SSP 与 PSC 的 SEM 照片

5.9.2　电气石陶粒非均相 Fenton 反应效能

图 5.56 对比分析了 PSC 吸附以及非均相 Fenton 反应脱色甲基橙（methyl orange，MO）和亚甲基蓝（methylene blue，MB）。在 180min 的反应时间内，PSC 吸附对 MB 的脱色率达到 70%以上，远远高于脱色率只有 8%的 MO，这种差异产生的可能原因是 MB 和 MO 分别具有正电性和负电性；而 PSC 因为在制备过程中添加了黏土，其颗粒表面具有负电性，通过静电吸引，可促进带正电的 MB 分子在其表面的吸附。同时，在相同的条件下，MB 在 PSC 催化非均相 Fenton 反应体系中的脱色率也明显地高于 MO。在非均相催化体系中，反应过程通常包括两个连续的步骤，即反应物到催化材料表面的扩散及随后的反应物分解为中间产物或最终产物（Hu et al.，2012）。因此，被吸附的 MB 分子越多，越有助于它

在非均相 Fenton 反应中的降解。此外需要注意的是，无论是 MB 还是 MO，它们在非均相 Fenton 反应中的脱色率比只有吸附作用时的脱色率高得多。这意味着 PSC 可以作为高效的非均相 Fenton 催化材料，染料的脱色过程是由非均相 Fenton 反应控制的。

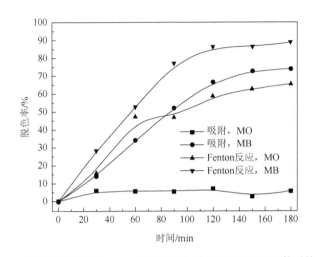

图 5.56　吸附和非均相 Fenton 反应脱色染料（MB 和 MO）的对比研究

非均相 Fenton 反应的实验条件：染料初始浓度为 20mg/L，H_2O_2 浓度为 19.59mmol/L，催化材料用量为 5.0mg/L，pH = 2 以及反应温度为 25℃。对于吸附，除了没有 H_2O_2，其他条件与非均相 Fenton 反应的相同

另一组对比实验是 SSP 和 PSC 分别催化非均相 Fenton 反应脱色 MB，如图 5.57（a）所示。图 5.57（a）中清楚地表明，PSC 催化 Fenton 的活性远高于 SSP，这一现象可能归因于 PSC 具有微孔结构，它可以增加催化材料的表面积和活性铁点位，从而增强其 Fenton 催化活性（Jamalluddin and Abdullah，2016）。随后，研究了 MB 在 PSC-H_2O_2 和 SSP-H_2O_2 体系中脱色的动力学过程。赝一级动力学模型通常用于分析多孔材料催化的非均相 Fenton 反应（Du et al.，2016）。$\ln(C_0/C)$ 与 t 的关系曲线如图 5.57（b）所示，由此可知 MB 在 PSC-H_2O_2 和 SSP-H_2O_2 体系中的脱色过程均遵循赝一级动力学方程，分别为 $\ln(C_0/C) = 0.02546t + 0.6609$ （校正 $R^2 = 0.91782$）和 $\ln(C_0/C) = 0.00788t + 0.1678$（校正 $R^2 = 0.91462$）。

值得注意的是，PSC-H_2O_2 体系的反应速率常数 k_1 是 SSP-H_2O_2 体系的 3.23 倍，这表明 PSC 催化 Fenton 反应 MB 的脱色速率比 SSP 要快得多。

图 5.58 是 PSC 非均相 Fenton 反应降解 MB 染料溶液的紫外-可见吸收光谱图。从图 5.58 中可以看出，MB 在 664nm 附近具有最强吸收峰。随着 Fenton 反应进行，吸收峰强度逐渐变弱，反应进行 90min 后，MB 的吸收峰基本消失。

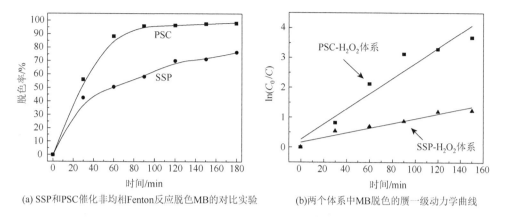

(a) SSP和PSC催化非均相Fenton反应脱色MB的对比实验　　(b)两个体系中MB脱色的赝一级动力学曲线

图 5.57　SSP 和 PSC 催化非均相 Fenton 反应脱色 MB 对比实验与赝一级动力学曲线

实验条件：MB 初始浓度为 20mg/L，H_2O_2 浓度为 9.79mmol/L，催化材料用量为 5.0mg/L，pH = 2，
反应温度为 25℃

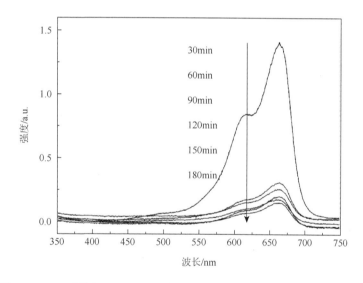

图 5.58　PSC 非均相 Fenton 反应降解 MB 染料溶液的紫外-可见吸收光谱

　　PSC 非均相 Fenton 反应降解 MB 染料溶液过程的 COD 去除率如图 5.59 所示，实验条件如下：PSC 用量为 5g/L、MB 染料浓度为 20mg/L、H_2O_2 浓度为 9.69mmol/L、溶液 pH = 2。我们采用快速消解法测量溶液的 COD。由图 5.59 可知，随着反应的进行，MB 染料溶液中的 COD 浓度逐渐减小，180min 后溶液中 COD 去除率可达 97.5%，证明大部分 MB 染料分子已被矿化为 CO_2 和 H_2O。

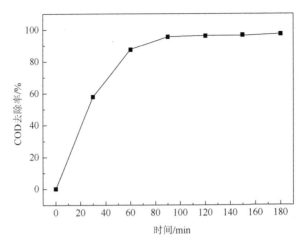

图 5.59 PSC 非均相 Fenton 反应降解 MB 染料溶液的 COD 去除率

参 考 文 献

冀志江, 金宗哲, 梁金生, 等. 2002a. 电气石对水体 pH 值的影响[J].中国环境科学, 22（6）：515-519.

冀志江, 金宗哲, 梁金生, 等. 2002b. 极性晶体电气石颗粒的电极性观察[J].人工晶体学报, 31（5）：503-508.

冀志江. 2003. 电气石自发极化及应用基础研究[D].北京：中国建筑材料科学研究院.

李芳芳. 2007. 电气石的性质及应用展望[J]. 矿业快报, 455（3）：10-13.

李璐, 传秀云. 2008. 电气石的结构、性能和应用开发[J].中国非金属矿工业导刊, 71（S1）：33-37.

李雯雯, 吴瑞华, 董颖. 2008. 电气石红外光谱和红外辐射特性的研究[J].高校地质学报, 14（3）：426-432.

梁金生, 孟军平, 朱东彬, 等. 2008. 热处理对电气石矿物粉体表面自由能的影响[J]. 硅酸盐学报, 36（2）：257-260.

任飞. 2005. 内蒙电气石特性、加工及利用研究[D]. 沈阳：东北大学.

胥焕岩, 李平, 李国栋, 等. 2012. 粉煤灰合成 SOD 型沸石及其吸附酸性品红的性能[J]. 北京工业大学学报, 38（3）：438-442.

胥焕岩, 彭明生, 刘羽, 等. 2009. 矿物类 Fenton 反应降解有机污染物的研究进展[J].矿物岩石地球化学通报, 28（4）：394-400.

胥焕岩, 王鹏, 毛桂洁, 等. 2007. 电气石在环境领域的最新应用研究：处理雅格素蓝 BF-BR 染料废水[J]. 环境工程学报, 1（4）：65-69.

张晓辉, 吴瑞华, 汤云晖. 2004. 电气石的自发电极性在水质净化和改善领域的应用研究[J].中国非金属矿工业导刊, 40（3）：39-42.

张志湘, 冯安生, 郭珍旭. 2003. 电气石的自发极化效应在环境与健康领域的应用[J].中国非金属矿工业导刊, 31（1）：47-49.

Andreozzi R, Caprio V, Marotta R. 2002a. Oxidation of 3,4-dihydroxybenzoic acid by means of hydrogen peroxide in aqueous goethite slurry[J]. Water Research, 36（11）：2761-2768.

Andreozzi R, D'Apuzzo A, Marotta R. 2002b. Oxidation of aromatic substrates in water/goethite slurry by means of hydrogen peroxide[J]. Water Research, 36（19）：4691-4698.

Arbeloa F L, Arbeloa T L, Arbeloa I L. 1997. Spectroscopy of Rhodamine 6G adsorbed on sepiolite aqueous suspensions[J]. Journal of Colloid and Interface Science，187（1）：105-112.

Azami M，Bahram M，Nouri S，et al. 2012. A central composite design for the optimization of the removal of the azo dye，Methyl Orange，from waste water using the Fenton reaction[J]. Journal of the Serbian Chemical Society，77（2）：235-246.

Barton R J. 1969. Refinement of the crystal structure of buergerite and the absolute orientation of tourmalines[J]. Acta Crystallographica B-Structural Science，25（8）：1524-1533.

Du J K，Bao J G，Fu X Y，et al. 2016. Mesoporous sulfur-modified iron oxide as an effective Fenton-like catalyst for degradation of bisphenol A[J]. Applied Catalysis B-Environmental，184（5），132-141.

El-Geundi M S. 1991. Homogeneous surface diffusion model for the adsorption of basic dyestuffs onto natural clay in batch adsorbers[J]. Adsorption Science and Technology，8（4）：217-225.

Fathinia M，Khataee A R，Zarei M，et al. 2010. Comparative photocatalytic degradation of two dyes on immobilized TiO_2 nanoparticles：Effect of dye molecular structure and response surface approach[J]. Journal of Molecular Catalysis A-Chemical，333（1-2）：73-84.

Gilpavas E，Dobrosz-Gómez I，Gómez-García M Á. 2012. Decolorization and mineralization of Diarylide Yellow 12 （PY12）by photo-Fenton process：The response surface methodology as the optimization tool[J]. Water Science & Technology，65（10）：1795-1800.

Gulkaya I，Surucu G A，Dilek F B. 2006. Importance of H_2O_2/Fe^{2+} ratio in Fenton's treatment of a carpet dyeing wastewater[J]. Journal of Hazardous Materials，136（3）：763-769.

Hawkins K D，MacKinnon D R，Schneeberger H. 1995. Influence of chemistry on the pyroelectric effect in tourmaline[J]. American Mineralogist，80（2）：491-501.

He J，Ma W H，Zhao J C，et al. 2002. Photooxidation of azo dye in aqueous dispersions of H_2O_2/α-FeOOH[J]. Applied Catalysis B-Environmental，39（3）：211-220.

Hu Q H，Qiao S Z，Haghseresht F，et al. 2006. Adsorption study for removal of Basic Red dye using bentonite[J]. Industrial & Engineering Chemistry Research，45（2）：733-738.

Hu X B，Deng Y H，Gao Z Q，et al. 2012. Transformation and reduction of androgenic activity of 17 alpha-methyltestosterone in Fe_3O_4/MWCNTs-H_2O_2 system[J]. Applied Catalysis B-Environmental，127(8)：167-174.

Huang H H，Lu M C，Chen J N. 2001. Catalytic decomposition of hydrogen peroxide and a-chlorophenol with iron oxides[J]. Water Research，35（9）：2291-2299.

Jamalluddin N A，Abdullah A Z. 2016. Fe incorporated mesocellular foam as an effective and stable catalyst：Effect of Fe concentration on the characteristics and activity in Fenton-like oxidation of Acid Red B[J]. Journal of Molecular Catalysis A-Chemical，414（4）：94-107.

Jin Z Z，Ji Z Z，Liang J S，et al. 2003. Observation of spontaneous polarization of tourmaline[J]. Chinese Physics B，12（2）：222-225.

Karthikeyan S，Gupta V K，Boopathy R，et al. 2012. A new approach for the degradation of high concentration of aromatic amine by heterocatalytic Fenton oxidation：Kinetic and spectroscopic studies[J]. Journal of Molecular Liquids，173（9）：153-163.

Khataee A R，Safarpour M，Zarei M，et al. 2012. Combined heterogeneous and homogeneous photodegradation of a dye using immobilized TiO_2 nanophotocatalyst and modified graphite electrode with carbon nanotubes[J]. Journal of Molecular Catalysis A-Chemical，363-364（11）：58-68.

Koh S M，Dixon J B. 2001. Preparation and application of organo-minerals as sorbents of phenol，benzene and toluene[J]. Applied Clay Science，18（3）：111-122.

Krambrock K, Pinheiro M V B, Medeiros S M, et al. 2002. Investigation of radiation-induced yellow color in tourmaline by magnetic resonance[J]. Nuclear Instruments and Methods in Physics Research, 191 (1) : 241-245.

Kubo T. 1989. Interface activity of water given rise by tourmaline[J]. Solid State Physics, 24 (12) : 279-285.

Kuo W G. 1992. Decolorizing dye wastewater with Fenton's reagent[J]. Water Research, 26 (7) : 881-886.

Kwan W P, Voelker B M. 2002. Decomposition of hydrogen peroxide and organic compounds in the presence of dissolved iron and ferrihydrite[J]. Environmental Science & Technology, 36 (7) : 1467-1476.

Kwan W P, Voelker B M. 2003. Rates of hydroxyl radical generation and organic compound oxidation in mineral-catalyzed Fenton-like systems[J]. Environmental Science & Technology, 37 (6) : 1150-1158.

Kwan W P, Voelker B M. 2004. Influence of electrostatics on the oxidation rates of organic compounds in heterogeneous Fenton systems[J]. Environmental Science & Technology, 38 (12) : 3425-3431.

Lak M G, Sabour M R, Amiri A, et al. 2012. Application of quadratic regression model for Fenton treatment of municipal landfill leachate[J]. Waste Management, 32 (10) : 1895-1902.

Li Y, Xu H Y. 2011. Decoloration of Methyl Orange by mineral-catalyzed Fenton-like system of natural schorl and H_2O_2[J]. Advanced Materials Research, 150-151 (10) : 1152-1157.

Liang X, Zhong Y, Zhu S, et al. 2010. The decolorization of Acid Orange Ⅱ in non-homogeneous Fenton reaction catalyzed by natural vanadium-titanium magnetite[J]. Journal of Hazardous Materials, 181 (1) : 112-120.

Lin S S, Gurol M D. 1998. Catalytic decomposition of hydrogen peroxide on iron oxide kinetics, mechanism and implications[J]. Environmental Science & Technology, 32 (10) : 1417-1423.

Ma J H, Song W J, Chen C C, et al. 2005. Fenton degradation of organic compounds promoted by dyes under visible irradiation[J]. Environmental Science & Technology, 39 (15) : 5810-5815.

Mant C, Peterkin J, May E, et al. 2003. A feasibility study of a Salix viminalis gravel hydroponic system to renovate primary settled wastewater[J]. Bioresource Technology, 90 (1) : 19-25.

Meshko V, Markovska L, Mincheva M, et al. 2001. Adsorption of basic dyes on granular acivated carbon and natural zeolite[J]. Water Research, 35 (14) : 3357-3366.

Mohajeri S, Aziz H A, Isa M H, et al. 2010. Statistical optimization of process parameters for landfill leachate treatment using electro-Fenton technique[J]. Journal of Hazardous Materials, 176 (1) : 749-758.

Muruganandham M, Yang J S, Wu J J. 2007. Effect of ultrasonic irradiation on the catalytic activity and stability of goethite catalyst in the presence of H_2O_2 at acidic medium[J]. Industrial & Engineering Chemistry Research, 46(3): 691-698.

Nakamura T, Fujishiro K, Kubo T, et al. 1994. Tourmaline and lithium niobate reaction with water[J]. Ferroelectrics, 155 (1) : 207-212.

Nakamura T, Kubo T. 1992. Tourmaline group crystals reaction with water[J]. Ferroelectrics, 137 (1) : 13-31.

Ozdemir O, Armagan B, Turan M, et al. 2004. Comparison of the adsorption characteristics of azo-reactive dyes on mezoporous minerals[J]. Dyes and Pigments, 62 (1) : 49-60.

Pearce C I, Lloyd J R, Guthrie J T. 2003. The removal of colour from textile wastewater using whole bacterial cells: A review[J]. Dyes and Pigments, 58 (3) : 179-196.

Prasad P S R, Srinivasa S D. 2005. Study of structural disorder in natural tourmalines by infrared spectroscopy[J]. Gondwana Research, 8 (2) : 265-270.

Razo-Flores E, Luijten M, Donlon B, et al. 1997. Biodegradation of selected azo dyes under methanogenic conditions[J]. Water Science & Technology, 36 (6-7) : 65-72.

Rosales E, Sanromán M A, Pazos M. 2012. Application of central composite face-centered design and response surface methodology for the optimization of electro-Fenton decolorization of Azure B dye[J]. Environmental Science and Pollution Research, 19 (5): 1738-1746.

Rubio J, Souza M L, Smith R W. 2002. Overview of flotation as a wastewater treatment technique[J]. Minerals Engineering, 15 (3): 139-155.

Rytwo G, Nir S, Crepsin M, et al. 2000. Adsorption and interactions of Methyl Green with montmorillonite and sepiolite[J]. Journal of Colloid and Interface Science, 222 (1): 12-19.

Schoonen M A A, Xu Y, Strongin D R. 1998. An introduction to geocatalysis[J]. Journal of Geochemical Exploration, 62 (1-3): 201-215.

Shigenobu K, Matsumura T, Nakamura T, et al. 1999. Ecological uses of tourmaline[C]//Proceedings of first international symposium on environmentally conscious design and inverse manufacturing, Tokyo: 912-915.

Slokar Y M, Marechal A M. 1998. Methods of decoloration of textile wastewater[J]. Dyes and Pigments, 37(4): 335-356.

Sonune A, Ghate R. 2004. Developments in wastewater treatment methods[J]. Desalination, 167 (1): 55-63.

Strickland A F, Perkins W S. 1995. Decolorization of continuous dyeing wastewater by ozonation[J]. Textile Chemist and Colorist, 27 (5): 11-15.

Sun S P, Lemley A T. 2011. P-nitrophenol degradation by a heterogeneous Fenton-like reaction on nano-magnetite: Process optimization, kinetics, and degradation pathways[J]. Journal of Molecular Catalysis A-Chemical, 349 (9): 71-79.

Teel A L, Warberg C R, Atkinson D A, et al. 2001. Comparison of mineral and soluble iron Fenton's catalysts for the treatment of trichloroethylene[J]. Water Research, 35 (4): 977-984.

Tunç S, Gürkan T, Duman O. 2012. On-line spectrophotometric method for the determination of optimum operation parameters on the decolorization of Acid Red 66 and Direct Blue 71 from aqueous solution by Fenton process[J]. Chemical Engineering Journal, 181-182 (2): 431-442.

Vlyssides A G, Papaioannou D, Loizidoy M, et al. 2000. Testing an electrochemical method for treatment of textile dye wastewater[J]. Waste Management, 20 (7): 569-574.

Wu H, Dou X, Deng D, et al. 2012. Decolourization of the azo dye Orange G in aqueous solution via a heterogeneous Fenton-like reaction catalysed by goethite[J]. Environmental Technology, 33 (14): 1545-1552.

Xu H Y, Liu W C, Qi S Y, et al. 2014a. Kinetics and optimization of the decoloration of dyeing wastewater by a schorl-catalyzed Fenton-like reaction[J]. Journal of the Serbian Chemical Society, 79 (3): 361-377.

Xu H Y, Prasad M, He X L, et al. 2009a. Discoloration of Rhodamine B dyeing wastewater by schorl-catalyzed Fenton-like reaction[J]. Science China-Technological Science, 52 (10): 3054-3060.

Xu H Y, Prasad M, Liu Y. 2009b. Schorl: A novel catalyst in mineral-catalyzed Fenton-like system for dyeing wastewater discoloration[J]. Journal of Hazardous Materials, 165 (1-3): 1186-1192.

Xu H Y, Prasad M, Qi S Y, et al. 2010a. Role of schorl's electrostatic field in discoloration of Methyl Orange wastewater using schorl as catalyst in the presence of H₂O₂[J]. Science China-Technological Science, 53 (11): 3014-3019.

Xu H Y, Prasad M, Wang P. 2010b. Enhanced removal of phenol from aquatic solution in a schorl-catalyzed Fenton-like system by acid-modified schorl[J]. Bulletin of Korean Chemical Society, 31 (4): 803-807.

Xu H Y, Qi S Y, Li Y, et al. 2013a. Heterogeneous Fenton-like discoloration of Rhodamine B using natural schorl as catalyst: Optimization by response surface methodology[J]. Environmental Science and Pollution Research, 20(8): 5764-5772.

Xu H Y, Shi T N, Wu L C, et al. 2013b. Discoloration of Methyl Orange in the presence of schorl and H₂O₂: Kinetics and mechanism[J]. Water, Air, and Soil Pollution, 224 (10): 1-11.

Xu H Y，Wu L C，Shi T N，et al. 2014b. Adsorption of Acid Fuchsin onto LTA-type zeolite derived from fly ash[J]. Science China-Technological Science，57（6）：1127-1134.

Yamaguchi S. 1964. Electron diffraction study of a pyroelectric tourmaline crystal[J]. Journal of Applied Physics，35（5）：1654-1655.

Yavuza F，Gültekin A H，Karakaya M C. 2002. CLASTOUR: A computer program for classification of the minerals of the tourmaline group[J]. Computers and Geosciences，28（9）：1017-1036.

Zhao S S，Wang P，Xu H Y，et al. 2008. Decoloration of Rhodamine B dyeing wastewater by mineral-catalytic Fenton-like system of modified tourmaline [C]//Proceedings of International Conference on Advances in Chemical Technologies for Water and Wastewater Treatment，Xi'an：371-378.

Zissi U，Lyberatos G. 1996. Azo-dye biodegradation under anoxic conditions[J]. Water Science & Technology，34（5-6）：495-500.

第6章 黏土基非均相 Fenton 催化材料

6.1 概　述

黏土具有低成本、环境稳定性、高吸附性和离子交换性而最合适作为 Fenton 催化材料的载体。黏土负载的铁或其他过渡金属经常作为具有高活性和稳定性的高效非均相类 Fenton 催化材料。对于黏土基非均相 Fenton 催化材料，负载过渡金属元素种类、负载条件、颗粒尺寸等都会影响其有机污染物降解或矿化作用（Herney-Ramirez et al.，2010）。另外，黏土基类 Fenton 催化材料在较大的 pH 范围内具有较高的催化活性（Tabet et al.，2006），还能保持长期的催化稳定性（Navalon et al.，2010；Cheng et al.，2008）。因此，黏土基类 Fenton 催化材料得到了广泛的研究，蒙脱土（Son et al.，2012）、膨润土（Silva et al.，2012；Molina et al.，2006）、绿脱石（Cheng et al.，2008）、累托石（Zhang et al.，2010）、蛭石（Chen et al.，2010）、皂石（Carriazo et al.，2005）是比较常用的黏土类载体。但是，高岭石和麦饭石作为非均相 Fenton 催化材料载体的研究却鲜见报道。本章采用浸渍法制备高岭土负载 Fe^{2+}（Xu et al.，2009b）和原位沉积法制备麦饭石负载 Fe_3O_4 纳米颗粒（Zhao et al.，2016），它们都具有很好的 Fenton 催化效果。

6.2 Fe^{2+}/高岭土非均相 Fenton 催化材料

6.2.1 Fe^{2+}/高岭土制备与表征

本节采用浸渍法制备 Fe^{2+}/高岭土非均相 Fenton 催化材料。我们将产于吉林省舒兰市高岭土原料与硫酸亚铁按 10∶1 的质量比混合，加水充分搅拌制成泥浆，浸渍 24h 后抽滤，80℃下置于干燥箱中干燥 8h，干燥后的黏土研磨成粉并过 100 目筛，备用。

图 6.1 给出了天然高岭土原料的 XRD 图谱，它的主要衍射峰都属于典型的高岭土的特征衍射峰（JCPDS 78-1996），在 $2\theta = 35°\sim40°$ 内有六个衍射峰，这是高岭土特有的（Deluca and Slaughter，1985）。从 $2\theta = 19°\sim22°$ 处的衍射峰强度及分裂情况可以看出，高岭土的有序性较差（Aparicio et al.，2006）。另外，在 $2\theta = 26.9°$ 处有杂质峰，属于石英的特征衍射峰（JCPDS 01-0649），说明高岭土中含有少量的石英。Fe^{2+}/高岭土的 XRD 图谱表明，负载 Fe^{2+} 后高岭土仍然保留着原有的晶体

结构。所不同的是，与高岭土原矿相比，负载 Fe^{2+} 后高岭土的有序性变得更差。

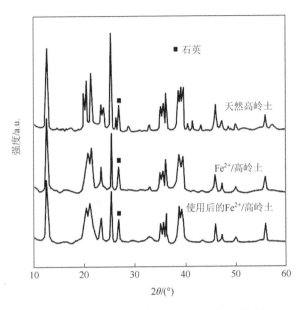

图 6.1　天然高岭土、Fe^{2+}/高岭土和使用后的 Fe^{2+}/高岭土的 XRD 图谱

图 6.2（a）和（b）分别是天然高岭土和 Fe^{2+}/高岭土的 SEM 照片。高岭土原矿具有六方片状形貌，片层堆叠。负载 Fe^{2+} 后，高岭土的形貌没有明显变化。

(a)天然高岭土　　　　　　(b)Fe^{2+}/高岭土　　　　　　(c)使用后的 Fe^{2+}/高岭土

图 6.2　天然高岭土、Fe^{2+}/高岭土和使用后的 Fe^{2+}/高岭土的 SEM 图

6.2.2　Fe^{2+}/高岭土 Fenton 反应效能

以商业活性染料酸性品红（acid fuchsin，AF）为目标污染物考察 Fe^{2+}/高岭土催化 Fenton 反应效能，AF 的分子式为 $C_{20}H_{17}O_9N_3S_3Na_2$，相对分子质量是 585.54，分子结构式如图 6.3 所示。

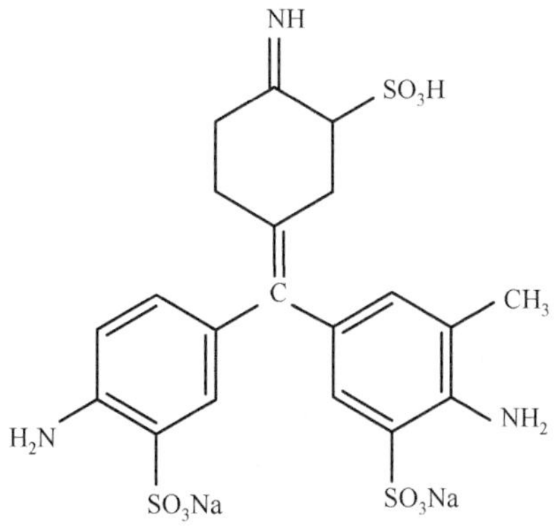

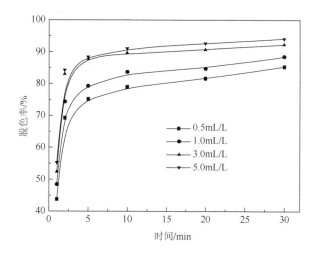

图 6.3　AF 的分子结构式

图 6.4 是 H_2O_2 浓度对 AF 脱色率的影响。从图 6.4 中可以看出，随着 H_2O_2 浓度的增加，AF 的脱色率呈增加趋势，这可能是由于 H_2O_2 浓度越大，形成的•OH越多（Xu et al.，2009b），增加 H_2O_2 浓度可以提高体系的反应活性。H_2O_2 浓度为 5.0ml/L 时，10min 后 AF 的脱色率就可达到 90%以上。

图 6.4　H_2O_2 浓度对 AF 脱色率的影响

实验条件：反应温度为室温、pH = 5、AF 初始浓度为 100mg/L、Fe^{2+}/高岭土用量为 10g/L

Fe^{2+}/高岭土用量对 AF 脱色率的影响如图 6.5 所示。从图 6.5 中可以看出，随着 Fe^{2+}/高岭土用量的增加，AF 脱色率增加。Fe^{2+}/高岭土用量增加，就有更多的表面活性铁点位催化 H_2O_2 分解（非均相 Fenton 催化），也有更多的溶出铁离子催化 H_2O_2 分解（均相 Fenton 催化），从而形成更多的•OH（Feng et al.，2004a）。

当 Fe^{2+}/高岭土用量为 10g/L 时，反应 10min 后 AF 的脱色率即可达到 90%以上。

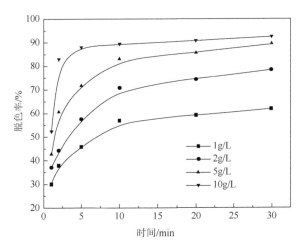

图 6.5　Fe^{2+}/高岭土用量对 AF 脱色率的影响

实验条件：反应温度为室温、pH = 5、AF 初始浓度为 100mg/L、H$_2$O$_2$ 浓度为 3.0ml/L

AF 初始浓度对 AF 脱色率的影响如图 6.6 所示。AF 初始浓度越低，完全脱色所需要的时间越短，这是有机污染物降解过程中常遇到的现象（Feng et al.，2004b）。

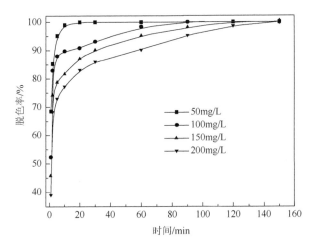

图 6.6　AF 初始浓度对 AF 脱色率的影响

实验条件：反应温度为室温、pH = 5、Fe^{2+}/高岭土用量为 10g/L、H$_2$O$_2$ 浓度为 3.0ml/L

溶液 pH 对 AF 脱色率的影响如图 6.7 所示。从图 6.7 中可知，随着溶液 pH 的降低，AF 脱色率明显增加。产生这一现象的可能原因是，在酸性条件下，更多

的铁离子从 Fe^{2+}/高岭土表面溶解到溶液中，从而催化 H_2O_2 形成更多的·OH，致使 AF 快速脱色，此时均相催化占据主导地位；而在碱性条件下，由于溶解出的铁离子较少，此时主要是 Fe^{2+}/高岭土表面的活性铁点位催化 H_2O_2，以非均相催化为主（Feng et al.，2004b）。

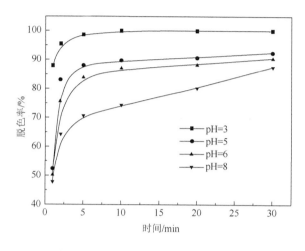

图 6.7　溶液 pH 对 AF 脱色率的影响

实验条件：反应温度为室温、AF 初始浓度为 100mg/L、Fe^{2+}/高岭土用量为 10g/L、H_2O_2 浓度为 3.0ml/L

为了深入了解 Fe^{2+}/高岭土催化 Fenton 反应过程，我们在不同条件下进行了系列对比实验研究，①只加入 H_2O_2，其浓度为 3.0ml/L；②只加入天然高岭土原矿，其用量为 10g/L；③只加入 Fe^{2+}/高岭土，其用量为 10g/L；④同时加入天然高岭土原矿和 H_2O_2，它们的用量和浓度分别为 10g/L 和 3.0ml/L；⑤同时加入 Fe^{2+}/高岭土和 H_2O_2，它们的用量和浓度分别为 10g/L 和 3.0ml/L，实验结果如图 6.8 所示。在条件①时，AF 的脱色率最低，脱色率几乎为零，这说明 H_2O_2 对 AF 没有氧化作用；在条件②和③时，AF 的脱色率近似相等，最高只有 40%左右，此时的脱色主要是天然高岭土原矿和 Fe^{2+}/高岭土的吸附作用。可以看出，吸附 5min 后即可达到平衡，且负载 Fe^{2+} 前后高岭土的吸附容量没有明显改变；条件④时 AF 脱色率比条件②和③时略高些，产生这一现象的原因可能是，除了吸附作用外，天然高岭土原矿中可能含有少量的铁离子杂质，可引发 Fenton 反应，使 AF 脱色率稍有提升；而在条件⑤时，AF 脱色率显著增加，最高可达 95%，这主要是由于 Fe^{2+}/高岭土催化 Fenton 反应。另外，还对使用后的 Fe^{2+}/高岭土进行 XRD（图 6.1）和 SEM［图 6.2（c）］分析，使用后没有新的物相形成，晶体形貌也没有发生变化。

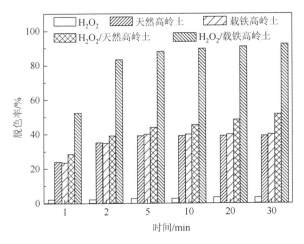

图 6.8　室温及 pH = 5 时不同条件下浓度为 100mg/L 的 AF 脱色率对比分析

6.3　Fe₃O₄/麦饭石非均相 Fenton 催化材料

6.3.1　Fe₃O₄/麦饭石制备与表征

实验所用麦饭石产自黑龙江省齐齐哈尔市碾子山区，球磨后过 300 目筛，备用。采用原位沉积法制备 Fe_3O_4/麦饭石复合材料，主要步骤如下：将一定量麦饭石放入盛有去离子水的锥形瓶中超声分散，再加入 $FeSO_4 \cdot 7H_2O$，待超声溶解后置于恒温水浴锅中，缓慢向锥形瓶中滴加 NaOH 和 $NaNO_3$ 混合碱液并快速机械搅拌，滴加完毕后继续保温搅拌一定时间。将产物磁分离后，用去离子水、乙醇超声清洗 3 次，干燥后备用。通过控制 $FeSO_4 \cdot 7H_2O$ 量、反应温度、保温时间制备不同的 Fe_3O_4/麦饭石复合材料样品。将 Fe_3O_4 质量分数为 30%、50%、70%、85%、90%、95% 制得的样品编号为 FM-30W、FM-50W、FM-70W、FM-85W、FM-90W 和 FM-95W；将水浴温度为 55℃、65℃、75℃、85℃、95℃ 制得的样品编号为 FM-55C、FM-65C、FM-75C、FM-85C 和 FM-95C；将水浴时间为 1h、1.5h、2h、2.5h、3h 制得的样品编号为 FM-1H、FM-1.5H、FM-2H、FM-2.5H 和 FM-3H。

图 6.9 是不同 Fe_3O_4 质量分数制备的 Fe_3O_4/麦饭石复合材料的 XRD 图谱。从图 6.9 中可以看出，纯 Fe_3O_4 纳米颗粒样品有六个衍射峰，在 2θ 为 30.5°、35.5°、43.1°、53.4°、57.1°和 62.5°处，分别对应 Fe_3O_4 晶体的（220）、（311）、（400）、（422）、（511）和（440）晶面的衍射峰，具有典型的反尖晶石（JCPDS 65-3107）结构。天然麦饭石的主要矿物组成包括石英（JCPDS 86-1560）、钠长石（JCPDS 70-3752）和钾微斜长石（JCPDS 19-0926）。Fe_3O_4 纳米颗粒原位沉积到麦饭石表面后，样品 FM-30W、FM-50W、FM-70W、FM-85W、FM-90W 同时出现了 Fe_3O_4

和麦饭石的特征衍射峰，而样品 FM-95W 则没有检测到麦饭石的特征衍射峰，主要是因为麦饭石的质量分数太低。

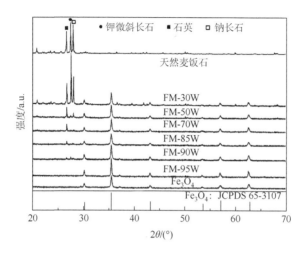

图 6.9　不同 Fe_3O_4 质量分数制备的 Fe_3O_4/麦饭石复合材料的 XRD 图谱

图 6.10 是不同水浴时间制备的 Fe_3O_4 质量分数为 85%的 Fe_3O_4/麦饭石复合材料的 XRD 图谱，不同样品的物相组成与结构都没有明显的变化。

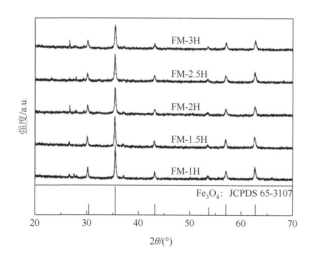

图 6.10　不同水浴时间制备的 Fe_3O_4/麦饭石复合材料的 XRD 图谱

图 6.11 是不同水浴温度制备的 Fe_3O_4 质量分数为 85%的 Fe_3O_4/麦饭石复合材料的 XRD 图谱。由图 6.11 可知，在水浴温度低于 75℃时，样品在 2θ 为 21.3°、

33.3°、36.8°和 59.0°处出现杂质峰，对应于 Fe(OH)₃ 的特征衍射峰（JCPDS 46-1436），这说明低温水浴不利于 Fe₃O₄ 纳米颗粒的形成。

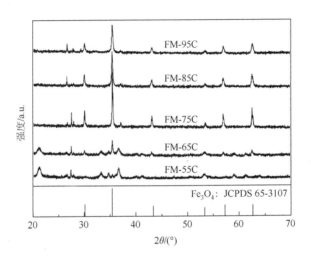

图 6.11　不同水浴温度制备的 Fe₃O₄/麦饭石复合材料的 XRD 图谱

　　图 6.12 是天然麦饭石、Fe₃O₄ 和 FM-85W 的 FTIR 图。对于天然麦饭石，3438cm⁻¹ 的吸收峰是麦饭石表面的(Si)O—H 伸缩振动峰，1017cm⁻¹ 和 438cm⁻¹ 处的吸收峰对应 Si—O 键的伸缩振动峰和弯曲振动峰(Gao et al., 2011)，而 530~780cm⁻¹ 的吸收峰属于麦饭石中金属氧化物的特征振动（唐利平和何登良，2010）。在 1705cm⁻¹、2846cm⁻¹ 和 2934cm⁻¹ 处的吸收带是由天然麦饭石中腐殖质有机基团产生的（Cervantes et al., 2013）。在纯 Fe₃O₄ 纳米颗粒的 FTIR 图中，581cm⁻¹ 处的吸收峰与 Fe₃O₄ 的 Fe—O 伸缩振动相关，这也证实了 Fe₃O₄ 的形成。另外，在 1609cm⁻¹ 处的吸收谱带归属于 C═O 键的伸缩振动（Mo et al., 2011），在 1391cm⁻¹ 处的吸收峰则属于 O—H 键的弯曲振动（Wu et al., 2016）。在样品 FM-85W 的 FTIR 中同时出现了麦饭石和 Fe₃O₄ 的特征吸收峰，但它们的强度都比相应物质的小。

　　图 6.13 给出了天然麦饭石、Fe₃O₄、FM-85W 和 FM-55C 的 SEM 照片。天然麦饭石具有片层结构，杂乱地堆叠在一起，形成了微孔结构［图 6.13（a）］。麦饭石的这种形貌结构是漫长的地质过程中物理化学风化作用的结果（Zhou et al., 2015）。Fe₃O₄ 的 SEM 照片表明，Fe₃O₄ 纳米颗粒具有明显的聚集现象［图 6.13（b）］。与麦饭石复合后，Fe₃O₄ 纳米颗粒均匀地分散在麦饭石表面［图 6.13（c）］。然而，对于水浴温度为 55℃制备的样品 FM-55C，可以看到大量的针状 Fe(OH)₃ 晶须分布在麦饭石表面图［图 6.13（d）］，说明在此温度下没有形成 Fe₃O₄ 纳米颗粒。

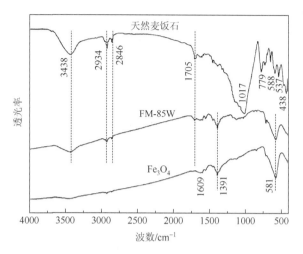

图 6.12　天然麦饭石、Fe$_3$O$_4$ 和 FM-85W 的 FTIR 图

图 6.13　天然麦饭石、Fe$_3$O$_4$、FM-85W 和 FM-55C 的 SEM 照片

图 6.14 为天然麦饭石、Fe$_3$O$_4$、FM-85W 的 TEM 照片。天然麦饭石片层杂乱堆叠，呈现多孔的海绵状结构［图 6.14（a）］。得益于此结构，麦饭石具有较大的表面积和较好的吸附特性，有利于金属离子的吸附（Zhou et al.，2015）。纯 Fe$_3$O$_4$ 纳米颗粒的尺寸为 10～50nm，呈立方形或棱柱形［图 6.14（b）］。对于样品

FM-85W，经过 TEM 的超声制样，Fe_3O_4 依然牢固地负载在麦饭石表面［图 6.14（c）］。选区电子衍射（selceted area electron diffraction，SAED）图［图 6.14（d）］表明，Fe_3O_4 颗粒具有清晰的衍射环，分别对应 Fe_3O_4 的（311）、（400）、（422）和（440）晶面，这证实 Fe_3O_4 颗粒的多晶性（Wu et al.，2016）。

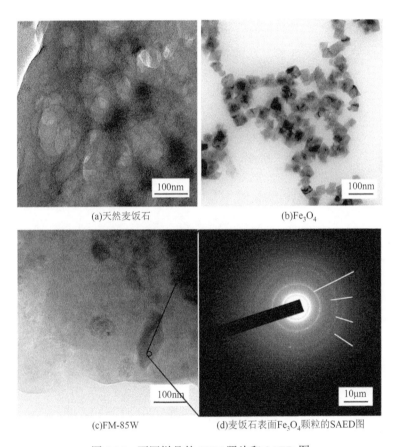

(a)天然麦饭石　　　　　　　　　　(b)Fe_3O_4

(c)FM-85W　　　　　(d)麦饭石表面Fe_3O_4颗粒的SAED图

图 6.14　不同样品的 TEM 照片和 SAED 图

为了更好地研究 Fe_3O_4 纳米颗粒与麦饭石的负载机理，通过电泳实验测试不同 pH 条件下麦饭石表面 Zeta 电势，结果如图 6.15 所示。从图 6.15 中可以看出，在广泛的 pH 范围内，麦饭石表面都具有负电性。在原位沉积制备过程中，溶液始终呈碱性，这就意味着在整个制备过程中麦饭石表面带有很强的负电性，通过静电吸引，能够与带正电性的 Fe^{2+} 牢固地结合。逐滴加入 NaOH 和 $NaNO_3$ 混合溶液后，溶液 pH 增加，同时部分 Fe^{2+} 被氧化为 Fe^{3+}，在一定温度下，Fe_3O_4 纳米颗粒在麦饭石表面原位生长。关于 Fe_3O_4 的形成机理，学者针对不同的制备体系提出了不同的假说（Fan et al.，2011）。有研究表明，Fe^{2+}/Fe^{3+} 比例能够影响 Fe_3O_4

的形成机理，随着这个比例增加，会形成大颗粒的氢氧化物中间体，作为 Fe_3O_4 的前驱体，因此，Fe_3O_4 颗粒的尺寸增加（Iida et al.，2007）。结合前面的 XRD 和 SEM 分析可知，在低温水浴时形成了针状的 $Fe(OH)_3$ 晶须，所以是 Fe_3O_4 的前驱体。根据这些分析，我们提出 Fe_3O_4 颗粒与麦饭石原位复合的微观机理，如图 6.16 所示。

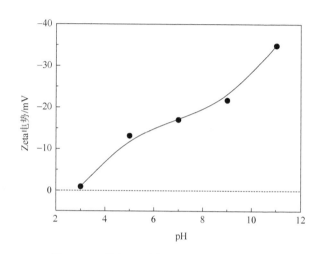

图 6.15　不同 pH 时麦饭石表面的 Zeta 电势

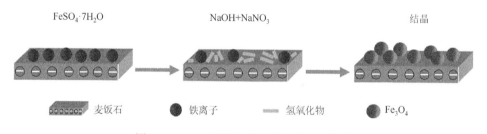

图 6.16　Fe_3O_4 颗粒与麦饭石原位复合机理

6.3.2　Fe_3O_4/麦饭石非均相 Fenton 反应效能

本节以 MO 为目标污染物，考察 Fe_3O_4/麦饭石 Fenton 反应效能。首先，对比分析 MO 在麦饭石、FM-85W、Fe_3O_4、H_2O_2、Fe_3O_4/H_2O_2、FM-85W/H_2O_2 六个体系中的脱色率，如图 6.17 所示。在麦饭石、FM-85W 和 Fe_3O_4 体系中，由于没有 H_2O_2，这三个样品仅作为吸附剂。麦饭石、FM-85W 和 Fe_3O_4 体系在反应 30min 后即达到吸附-脱附平衡，此时三个体系中 MO 的脱色率分别为

15.2%、7.4%和 11.9%。其中，麦饭石对 MO 的吸附性能最好，这是因为它具有大的表面积。而 FM-85W 对 MO 的吸附性能最差，究其原因，Fe_3O_4 与麦饭石复合后，麦饭石表面的微孔被 Fe_3O_4 纳米颗粒占据，从而降低了样品的比表面积。在 Fe_3O_4/H_2O_2 体系中，Fe_3O_4 作为非均相 Fenton 反应的催化材料，使 MO 脱色率有所提高，反应 180min 后 MO 脱色率为 64.6%。这说明 Fe_3O_4 对 H_2O_2 的催化效果不是很好，与 Deng 等（2012）的研究结果一致。当以 FM-85W 作为 H_2O_2 的催化材料（FM-85W/H_2O_2 体系）时，MO 的脱色率在反应 180min 后可达到 84.2%，这意味着 Fe_3O_4/麦饭石复合材料比纯 Fe_3O_4 具有更高的 Fenton 催化活性。此外，值得注意的是，MO 在 FM-85W/H_2O_2 体系中的脱色率是 FM-85W 体系的 11.4 倍，所以 MO 在 FM-85W/H_2O_2 体系中的脱色是非均相 Fenton 反应的作用。

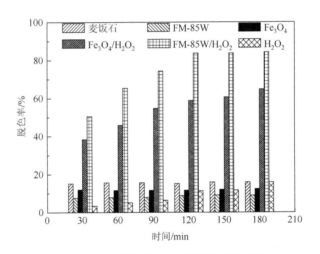

图 6.17　不同体系中 MO 脱色率对比研究

实验条件：pH = 2、MO 溶液体积为 100ml、MO 初始浓度为 10mg/L、催化材料用量为 1.0g/L、H_2O_2 浓度为 9.69mmol/L

　　然后，我们对比研究 MO 在 Fe_3O_4/H_2O_2 和 FM-85W/H_2O_2 体系中的脱色动力学。零级、一级和二级动力学模型常用来研究非均相 Fenton 反应过程的动力学（Chen et al.，2017）。三个动力学模型的线性方程分别为

$$C_0 - C = k_0 t \qquad （零级） \tag{6-1}$$

$$\ln(C_0/C) = k_1 t \qquad （一级） \tag{6-2}$$

$$1/C - 1/C_0 = k_2 t \qquad （二级） \tag{6-3}$$

式中，t 为反应时间；k_n（$n = 0$、1 和 2）为相应的反应速率常数；C_0 和 C 分别为

初始的和 t 时间的 MO 浓度。相应动力学模型的 (C_0-C)-t、$\ln(C_0/C)$-t 和 $(1/C-1/C_0)$-t 线性拟合如图 6.18 所示，相关的线性拟合参数见表 6.1。这些结果表明，MO 在 Fe_3O_4/H_2O_2 和 FM-85W/H_2O_2 体系中的脱色过程遵循二级动力学方程。MO 在 FM-85W/H_2O_2 体系中的反应速率常数 k_2 是 Fe_3O_4/H_2O_2 体系的 4 倍，这表明 Fe_3O_4/麦饭石复合材料催化 Fenton 反应速率比纯 Fe_3O_4 快。产生这一现象的原因是麦饭石的吸附作用以及 Fe_3O_4 纳米颗粒在麦饭石表面的均匀分散。

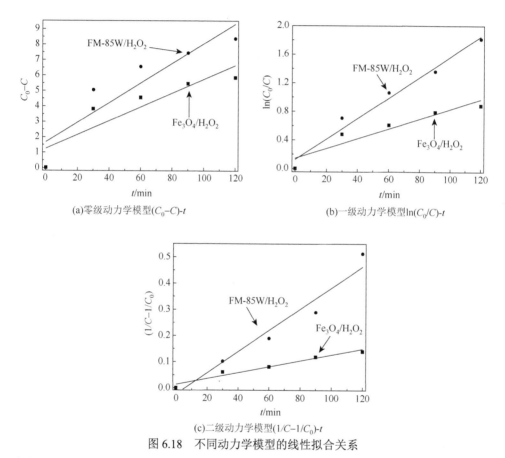

(a)零级动力学模型(C_0-C)-t　　　　(b)一级动力学模型$\ln(C_0/C)$-t

(c)二级动力学模型$(1/C-1/C_0)$-t

图 6.18　不同动力学模型的线性拟合关系

实验条件:pH = 2、MO 溶液体积为 100ml、MO 初始浓度为 10mg/L、催化材料用量为 1.0g/L、H_2O_2 浓度为 9.69mmol/L

表 6.1　Fe_3O_4/H_2O_2 和 FM-85W/H_2O_2 体系中的 MO 脱色动力学模型线性回归参数

催化体系		Fe_3O_4/H_2O_2 体系	FM-85W/H_2O_2 体系
零级	回归方程	$C_0-C = 0.0446t + 1.2710$	$C_0-C = 0.0637t + 1.6574$
	校正 R^2	0.7521	0.7866

续表

催化体系		Fe₃O₄/H₂O₂ 体系	FM-85W/H₂O₂ 体系
一级	回归方程	$\ln(C_0/C) = 0.0069t + 0.1382$	$\ln(C_0/C) = 0.0143t + 0.1315$
	校正 R^2	0.8640	0.9661
二级	回归方程	$(1/C - 1/C_0) = 0.0011t + 0.0132$	$(1/C - 1/C_0) = 0.0041t - 0.0239$
	校正 R^2	0.9480	0.9422

图 6.19 是 FM-85W/H₂O₂ 体系脱色 MO 不同阶段溶液的紫外-可见吸收光谱分析。从图 6.19 中可以看出，随着反应的进行，504nm 处的 MO 吸收峰强度逐渐减弱，这一结果说明非均相 Fenton 反应过程中形成的 •OH 已将大部分的 MO 分解为 H_2O 和 CO_2。此外，反应 180min 后，MO 溶液已变为无色。

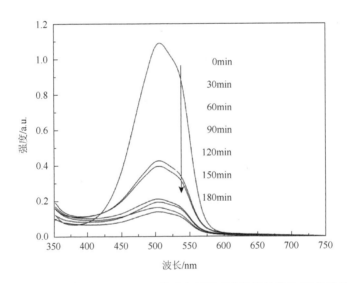

图 6.19　MO 溶液在 FM-85W/H₂O₂ 体系中不同反应阶段的紫外-可见吸收光谱

实验条件：室温、pH = 2、MO 溶液体积为 100ml、MO 初始浓度为 10mg/L、催化材料用量为 1.0g/L、H₂O₂ 浓度为 9.69mmol/L

FM-85W/H₂O₂ 体系中 MO 脱色过程的 COD 去除率如图 6.20 所示。我们采用快速消解分光光度计法检测溶液中 COD 浓度。实验结果表明，初始浓度为 10mg/L 的 MO 染料溶液的 COD 为 16.7mg/L，反应 180min 后 COD 达到 3.03mg/L，COD 去除率超过 80%，说明大部分的 MO 染料分子已被矿化为 H_2O 和 CO_2（Sayyed et al.，2013）。

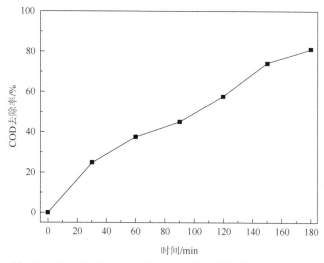

图 6.20　FM-85W/H$_2$O$_2$ 体系中 MO 脱色过程的 COD 去除率

　　室温下纯 Fe$_3$O$_4$ 和 Fe$_3$O$_4$/麦饭石复合材料的磁滞回线如图 6.21 所示。随着 Fe$_3$O$_4$ 质量分数的增加，磁化强度逐渐增大，剩余磁化强度也逐渐增加。闭合的磁滞回线中剩余磁化强度和矫顽力都不为零，说明样品具有亚铁磁性。另外，随着 Fe$_3$O$_4$ 质量分数的增加，磁滞回线的曲率逐渐增加，说明样品的磁导率增加，样品更易被磁化。值得注意的是，使用后的 Fe$_3$O$_4$/麦饭石复合材料可以通过外加磁场迅速地实现固液分离，达到快速回收和再利用的目的（图 6.21 的插图）。

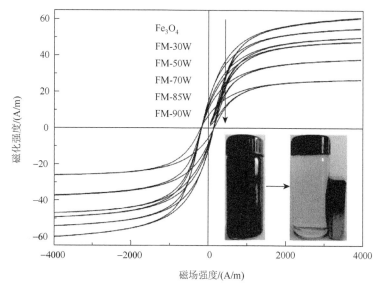

图 6.21　Fe$_3$O$_4$ 和 Fe$_3$O$_4$/麦饭石复合材料的磁滞回线

插图：使用后的 Fe$_3$O$_4$/麦饭石复合材料从溶液中磁分离

6.3.3　Fe₃O₄/麦饭石非均相 Fenton 过程优化

本节采用基于 CCD 的 RSM 优化 Fe₃O₄/麦饭石 Fenton 反应工艺过程，选取四个自变量，分别为溶液 pH（X_1）、H₂O₂ 浓度（X_2，mmol/L）、Fe₃O₄/麦饭石用量（X_3，g/L）和反应时间（X_4，min）。2、1、0、−1、−2 代表自变量 5 个水平的编码，MO 溶液脱色率为响应值（Y）。实验因素水平与编码设置如表 6.2 所示。

表 6.2　实验因素水平与编码

变量	编码水平				
	−2	−1	0	1	2
溶液 pH（X_1）	1	2	3	4	5
H₂O₂ 浓度（X_2）/(mmol/L)	9.69	19.38	29.07	38.76	48.45
Fe₃O₄/麦饭石用量（X_3）/(g/L)	1	2	3	4	5
反应时间（X_4）/min	10	20	30	40	50

表 6.3 列出了实验设计方案，共计 30 组独立实验，包括验证实验 6 组，评价实验方案的可靠性和可重复性。

表 6.3　RSM 实验设计方案与结果

序号	X_1	X_2	X_3	X_4	MO 脱色率/%	
					实验值	预测值
1	−1	−1	−1	−1	33.91	34.95
2	1	−1	−1	−1	29.54	32.51
3	−1	1	−1	−1	25.37	26.14
4	1	1	−1	−1	30.82	29.78
5	−1	−1	1	−1	28.64	29.93
6	1	−1	1	−1	25.84	25.66
7	−1	1	1	−1	35.85	35.25
8	1	1	1	−1	36.79	37.06
9	−1	−1	−1	1	38.60	40.43
10	1	−1	−1	1	39.35	43.76
11	−1	1	−1	1	28.96	32.95
12	1	1	−1	1	41.52	42.36
13	−1	−1	1	1	40.24	45.13

续表

序号	X_1	X_2	X_3	X_4	MO 脱色率/%	
					实验值	预测值
14	1	−1	1	1	45.35	46.64
15	−1	1	1	1	52.62	51.78
16	1	1	1	1	56.57	59.36
17	−2	0	0	0	29.58	26.23
18	2	0	0	0	34.27	31.38
19	0	−2	0	0	27.24	21.35
20	0	2	0	0	25.55	25.26
21	0	0	−2	0	31.67	27.11
22	0	0	2	0	40.73	39.10
23	0	0	0	-2	53.70	54.31
24	0	0	0	2	88.81	82.10
25	0	0	0	0	74.72	75.73
26	0	0	0	0	75.87	75.73
27	0	0	0	0	76.84	75.73
28	0	0	0	0	75.13	75.73
29	0	0	0	0	75.96	75.73
30	0	0	0	0	76.19	75.73

回归拟合得到如下二阶多项式：

$$Y = 75.79 + 1.29X_1 + 0.98X_2 + 3.00X_3 + 6.94X_4 - 11.73X_1^2$$
$$- 13.11X_2^2 - 10.66X_3^2 - 1.89X_4^2 + 1.51X_1X_2 - 0.45X_1X_3$$
$$+ 1.45X_1X_4 + 3.53X_2X_3 + 0.33X_2X_4 + 2.43X_3X_4 \tag{6-4}$$

方差分析结果如表 6.4 所示，其中 F 值为 55.17，P 值小于 0.0001，表明所得模型具有显著性。Fe_3O_4/麦饭石 Fenton 反应降解 MO 有机染料过程中，一次变量 X_3、X_4，交互变量 X_2X_3、X_3X_4，以及二次变量 X_1^2、X_2^2、X_3^2、X_4^2 具有显著影响。模型的相关性系数 R^2 为 0.981，表明模型拟合效果很好。

表 6.4 二阶多项式方差分析

项目	平方和	自由度	均方	F 值	P 值	显著性
模型	10981.78	14	784.41	55.17	<0.0001	显著
X_1	39.96	1	39.96	2.81	0.1144	
X_2	23.31	1	23.31	1.64	0.2199	

续表

项目	平方和	自由度	均方	F 值	P 值	显著性
X_3	215.70	1	215.70	15.17	0.0014	显著
X_4	1157.45	1	1157.45	81.40	<0.0001	显著
X_1X_2	36.63	1	36.63	2.58	0.1293	
X_1X_3	3.23	1	3.23	0.23	0.6405	
X_1X_4	33.50	1	33.50	2.36	0.1457	
X_2X_3	199.45	1	199.45	14.03	0.0020	显著
X_2X_4	1.71	1	1.71	0.12	0.7336	
X_3X_4	94.43	1	94.43	6.64	0.0210	显著
X_1^2	3771.90	1	3771.90	265.27	<0.0001	显著
X_2^2	4713.68	1	4713.68	331.50	<0.0001	显著
X_3^2	3115.70	1	3115.70	219.12	<0.0001	显著
X_4^2	98.42	1	98.42	6.92	0.0189	显著
残差	213.29	15	14.22			
R^2	0.981					
校正 R^2	0.9632					
预测 R^2	0.8914					

实验值与预测值的关系如图 6.22 所示。预测值与实验值相差较小，均匀地分布在直线两侧，与方差分析结果一致，说明本模型可靠有效。MO 脱色率的残差正态分布如图 6.23 所示。MO 脱色率的正态分布概率与内部学生化残差均匀地分布在直线两侧，进一步证实本模型的有效性和可靠性。

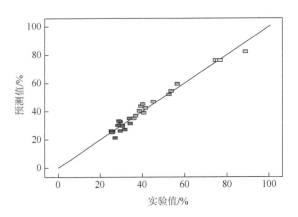

图 6.22　MO 脱色率的实验值与预测值对比分析

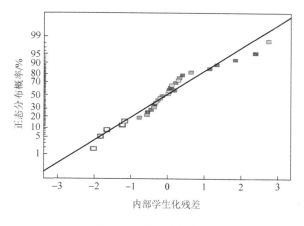

图 6.23　残差正态分布

模型的帕累托分析如图 6.24 所示。从图 6.24 中可以得出，二次变量对 MO 脱色率影响较大，交互变量 X_2X_3 和 X_3X_4 对 MO 脱色率的影响也比较大，与方差分析结果一致。

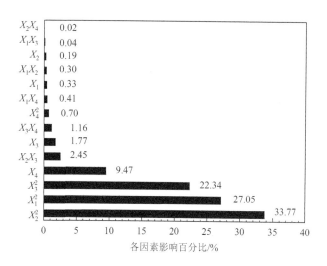

图 6.24　帕累托分析

图 6.25 为溶液 pH 与 H_2O_2 浓度交互影响的 MO 脱色率三维响应曲面图。从图 6.25 中可以看出，随着 H_2O_2 浓度的增加、pH 的升高，MO 脱色率呈先增大后减小的趋势，当溶液 pH 为 3、H_2O_2 浓度为 14.54mmol/L 时，MO 脱色率达到最大值。

图 6.26 为溶液 pH 与 Fe_3O_4/麦饭石用量交互影响的 MO 脱色率三维响应曲面图。随着 Fe_3O_4/麦饭石用量增加，MO 脱色率逐渐增大，然后趋于平缓。随着溶

液 pH 增加，MO 脱色率先增大后减小。当溶液 pH 为 3、Fe₃O₄/麦饭石用量为 2g/L 时，MO 脱色率达到最大值。

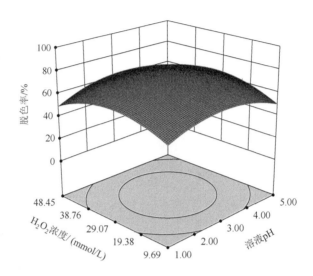

图 6.25　溶液 pH 与 H₂O₂ 浓度交互影响的 MO 脱色率三维响应曲面图

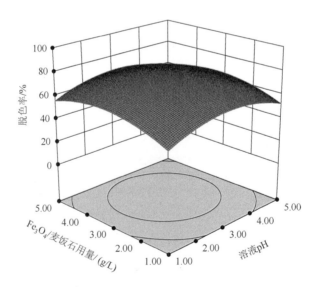

图 6.26　溶液 pH 与 Fe₃O₄/麦饭石用量交互影响的 MO 脱色率三维响应曲面图

图 6.27 为溶液 pH 与反应时间交互影响的 MO 脱色率三维响应曲面图。随着反应时间的延长，MO 脱色率逐渐增大；随着 pH 升高，MO 脱色率先增大后减小。反应时间为 50min、pH 为 3 时，MO 脱色率达到最大值。

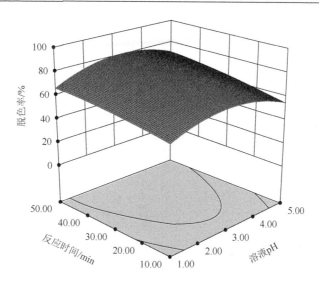

图 6.27　溶液 pH 与反应时间交互影响的 MO 脱色率三维响应曲面图

图 6.28 为 H_2O_2 浓度与 Fe_3O_4/麦饭石用量交互影响的 MO 脱色率三维响应曲面图。从图 6.28 中可以看出，MO 脱色率随着 Fe_3O_4/麦饭石用量的增加逐渐增大，随着 H_2O_2 浓度的增加呈先增大后减小的趋势。当 Fe_3O_4/麦饭石用量为 2g/L、H_2O_2 浓度为 14.53mmol/L 时，MO 脱色率达到最大值。

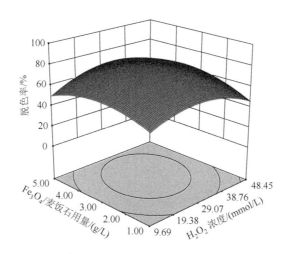

图 6.28　H_2O_2 浓度与 Fe_3O_4/麦饭石用量交互影响的 MO 脱色率三维响应曲面图

图 6.29 为 H_2O_2 浓度与反应时间交互影响的 MO 脱色率三维响应曲面图。从图 6.29 中可以看出，随着反应时间的延长，MO 脱色率逐渐增大；随着 H_2O_2 浓

度的增加，MO 脱色率先增大后减小。当反应时间为 50min、H_2O_2 浓度为 14.54mmol/L 时，MO 脱色率达到最大值。

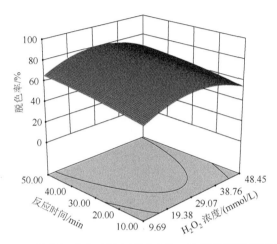

图 6.29　H_2O_2 浓度与反应时间交互影响的 MO 脱色率三维响应曲面图

图 6.30 为 Fe_3O_4/麦饭石用量与反应时间交互影响的 MO 脱色率三维响应曲面图。随着反应时间的延长，MO 脱色率逐渐增大；随着 Fe_3O_4/麦饭石用量的增加，MO 脱色率呈现先增大后减小的趋势。当反应时间为 50min、Fe_3O_4/麦饭石用量为 2.1g/L 时，MO 脱色率最大。

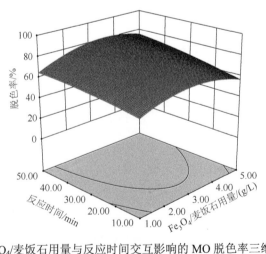

图 6.30　Fe_3O_4/麦饭石用量与反应时间交互影响的 MO 脱色率三维响应曲面图

根据预测模型，得到 Fe_3O_4/麦饭石复合材料 Fenton 反应脱色 MO 的优化工艺参数：溶液 pH = 3.1、H_2O_2 浓度为 14.98mmol/L、催化材料用量为 2.13g/L、反应时间为 120min，此条件下 MO 脱色率的预测值为 96.49%，而实验值是 95.37%，与预测值非常吻合。

参 考 文 献

唐利平，何登良. 2010. 银铜麦饭石基无机抗菌剂的制备[J].无机盐工业，42（9）：29-32.

Aparicio P，Galan E，Ferrell R E. 2006. A new kaolinite order index based on XRD profile fitting[J]. Clay Minerals，41（4）：811-817.

Carriazo J，Guélou E，Barrault J，et al. 2005. Catalytic wet peroxide oxidation of phenol by pillared clays containing Al-Ce-Fe[J]. Water Research，39（16）：3891-3899.

Cervantes F J，Martinez C M，Gonzalez J，et al. 2013. Kinetics during the redox biotransformation of pollutants mediated by immobilized and soluble humic acids[J]. Applied Microbiology & Biotechnology，97（6）：2671-2679.

Chen F X，Xie S L，Huang X L，et al. 2017. Ionothermal synthesis of Fe_3O_4 magnetic nanoparticles as efficient heterogeneous Fenton-like catalysts for degradation of organicpollutants with H_2O_2[J]. Journal of Hazardous Materials，322（1）：152-162.

Chen Q Q，Wu P X，Dang Z，et al. 2010. Iron pillared vermiculite as a heterogeneous photo-Fenton catalyst for photocatalytic degradation of azo dye reactive Brilliant Orange X-GN[J]. Separation and Purification Technology，71（3）：315-323.

Cheng M M，Song W J，Ma W H，et al. 2008. Catalytic activity of iron species in layered clays for photodegradation of organic dyes under visible irradiation[J]. Applied Catalysis B-Environmental，77（3）：355-363.

Deluca S，Slaughter M. 1985. Existence of multiple kaolinite phases and their relationship to disorder in kaolin minerals[J]. American Mineralogist，70（1）：149-158.

Deng J H，Wen X H，Wang Q N. 2012. Solvothermal in situ synthesis of Fe_3O_4-multiwalled carbon nanotubes with enhanced heterogeneous Fenton-like activity[J]. Materials Research Bulletin，47（11）：3369-3376.

Fan T，Pan D K，Zhang H. 2011. Study on formation mechanism by monitoring the morphology and structure evolution of nearly monodispersed Fe_3O_4 submicroparticles with controlled particle sizes[J]. Industrial & Engineering Chemistry Research，50（15）：9009-9018.

Feng J Y，Hu X J，Yue P L. 2004a. Novel bentonite clay-based Fe-nanocomposite as a heterogeneous catalyst for photo-Fenton discoloration and mineralization of Orange Ⅱ[J]. Environmental Science & Technology，38（1）：269-275.

Feng J Y，Hu X J，Yue P L. 2004b. Discoloration and mineralization of Orange Ⅱ using different heterogeneous catalysts containing Fe：A comparative study[J]. Environmental Science & Technology，38（21）：5773-5778.

Gao T P，Wang W B，Wang A Q. 2011. A pH-sensitive composite hydrogel based on sodium alginate and medical stone：Synthesis，swelling and heavy metal ions adsorption properties[J]. Macromolecular Research，19（7）：739-748.

Herney-Ramirez J，Vicente M A，Madeira L M. 2010. Heterogeneous photo-Fenton oxidation with pillared clay-based catalysts for wastewater treatment：A review[J]. Applied Catalysis B-Environmental，98（1）：10-26.

Iida H，Takayanagi K，Nakanishi T，et al. 2007. Synthesis of Fe_3O_4 nanoparticles with various sizes and magnetic properties by controlled hydrolysis[J]. Journal of Colloid and Interface Science，314（1）：274-280.

Mo Z L，Zhang C，Guo R B，et al. 2011. Synthesis of Fe_3O_4 nanoparticles using controlled ammonia vapor diffusion under ultrasonic irradiation[J]. Industrial & Engineering Chemistry Research，50（6）：3534-3539.

Molina C B，Casas J A，Zazo J A，et al. 2006. A comparison of Al-Fe and Zr-Fe pillared clays for catalytic wet peroxide oxidation[J]. Chemical Engineering Journal, 118 (1): 29-35.

Navalon S, Alvaro M, Garcia H. 2010. Heterogeneous Fenton catalysts based on clays, silicas and zeolites[J]. Applied Catalysis B-Environmental, 99 (1): 1-26.

Sayyed H, Shahid S, Mazahar F. 2013. COD reduction of wastewater streams of active pharmaceutical ingredient-atenolol manufacturing unit by advanced oxidation-Fenton process[J]. Journal of Saudi Chemical Society, 17 (2): 199-202.

Silva A M T, Herney-Ramirez J, Söylemez U, et al. 2012. A lumped kinetic model based on the Fermi's equation applied to the catalytic wet hydrogen peroxide oxidation of Acid Orange 7[J]. Applied Catalysis B-Environmental, 121-122(6): 10-19.

Son Y H, Lee J K, Soong Y, et al. 2012. Heterostructured zero valent iron-montmorillonite nanohybrid and their catalytic efficacy[J]. Applied Clay Science, 62-63 (7): 21-26.

Tabet D, Saidi M, Houari M, et al. 2006. Fe-pillared clay as a Fenton-type heterogeneous catalyst for cinnamic acid degradation[J]. Journal of Environmental Management, 80 (4): 342-346.

Wu T, Liu Y, Xiang Z, et al. 2016. Facile hydrothermal synthesis of Fe_3O_4/C core-shell nanorings for efficient low-frequency microwave absorption[J]. ACS Applied Materials & Interfaces, 8 (11): 7370-7380.

Xu H Y, He X L, Wu Z, et al. 2009a. Iron-loaded natural clay as heterogeneous catalyst for Fenton-like discoloration of dyeing wastewater[J]. Bulletin of Korean Chemical Society, 30 (10): 2249-2252.

Xu H Y, Prasad M, Liu Y. 2009b. Schorl: A novel catalyst in mineral-catalyzed Fenton-like system for dyeing wastewater discoloration[J]. Journal of Hazardous Materials, 165 (1-3): 1186-1192.

Zhang G K, Gao Y Y, Zhang Y L, et al. 2010. Fe_2O_3-pillared rectorite as an efficient and stable Fenton-like heterogeneous catalyst for photodegradation of organic contaminants[J]. Environmental Science & Technology, 44(16): 6384-6389.

Zhao H, Weng L, Cui W W, et al. 2016. In situ anchor of magnetic Fe_3O_4 nanoparticles onto natural maifanite as efficient heterogeneous Fenton-like catalyst[J]. Frontiers of Materials Science, 10 (3): 300-309.

Zhou W X, Guan D G, Sun Y, et al. 2015. Removal of nickel (II) ion from wastewater by modified maifanite[J]. Materials Science Forum, 814 (3): 371-375.

第7章　Fe₃O₄/MWCNTs 非均相 Fenton 催化材料

7.1　概　　述

CNTs 是一种具有独特结构的一维纳米材料,因具有热稳定性好、机械强度高、比表面积大、电导率高、界面效应强等特点而吸引了人们越来越广泛的关注（Liu et al.，2013）。高比表面积、良好的导电性和低成本造就了 CNTs 独特的吸引力,CNTs 在工程材料、催化、吸附与分离、储能器件、电极材料、生物传感器、纳米生物技术等诸多领域都具有重要的应用前景（Buang et al.，2012；Aboutalebi et al.，2011）。CNTs 是碳的同素异形体,可以看作卷曲的石墨烯通过范德瓦耳斯力结合在一起, 常用的制备工艺包括化学气相沉积法、电弧法和激光蒸发法等。CNTs 分为 SWCNTs 和 MWCNTs 两种, SWCNTs 具有圆柱形纳米结构, 长径比大, 由单层的石墨层卷曲形成一个管。MWCNTs 含有数层石墨烯圆柱管, 像树干的年轮一样同心地排列, 层间距为 0.34nm（Wang，2005）。酸洗液/声波降解法通常用来纯化 CNTs, 把 CNTs 从无定形碳和金属催化材料杂质中分离出来, 形成一个开放端口的结构, 通过键合在端口或侧壁缺陷位置上的—COOH 和—OH 基团稳定结构。浓硫酸或浓硝酸纯化 CNTs 时,—COOH 以共价键合形式与CNTs 中的碳原子牢固地结合在一起（Okpalugo et al.，2005）。CNTs 具有独特的电子、孔腔结构和吸附性能等, 是催化材料的优良载体。与传统催化材料载体相比, CNTs 具有独特的特性, 包括纳米中空结构、高热稳定性、高强度和硬度、耐化学腐蚀性、适宜的孔径分布、较大的比表面积以及表面可依据实际需求采用不同方法修饰等, 作为新型催化材料载体具有广阔的应用前景。MWCNTs 虽然应用潜力巨大,但也面临着一定的局限,那就是它在水溶液中的分散性。MWCNTs 中纳米管的聚集大大地限制了其应用,而酸处理可以改善它的聚集问题（Buang et al.，2012）。最重要的是, 酸处理会改善 MWCNTs 与溶剂之间的相互作用和分散性,甚至可以增强纳米管的吸附性能,从而能够更好地接枝纳米颗粒（Chen et al.，2010）。目前,CNTs 负载金属氧化物的方法有很多, 包括液相化学沉积法（Wang et al.，2008）、浸渍法（Kuang et al.，2006）、溶胶-凝胶法（Lupo et al.，2004）、水热合成法及气相化学沉积法等（Planeix et al.，1994）。本章采用原位化学沉积法制备 Fe₃O₄/MWCNTs 复合材料并将其用作非均相 Fenton 催化材料, 详细研究 Fe₃O₄ 与 MWCNTs 的结合机理、Fenton 反应影响因素、动力学、过程优化与微观机理等（Xu et al.，2018a，2018b，2016）。

7.2　Fe₃O₄/MWCNTs 制备与表征

称取一定量的 MWCNTs 置于圆底烧瓶中，加入浓硫酸与浓硝酸的混合液（体积比为 3∶1），在 60℃时超声冷凝回流 3h。将混合物用去离子水稀释，室温冷却，洗涤至滤液为中性，过滤，烘干，得改性 MWCNTs。

采用原位化学沉积法制备 Fe₃O₄/MWCNTs 复合材料，具体实验步骤如下：取一定量已分散好的改性 MWCNTs 置于 500ml 锥形瓶中，加入适量去离子水，超声处理 10min。加入一定量的 FeSO₄·7H₂O 于锥形瓶中，继续超声使其溶解，在一定温度下水浴。同时，将一定比例的 NaOH 和 NaNO₃ 溶解于去离子水中，所得混合碱缓慢滴加到上述混合液中，同时剧烈搅拌，滴加完毕后在一定温度下水浴若干时间。冷却、洗涤、烘干，得到黑色的 Fe₃O₄/MWCNTs 复合材料。MWCNTs质量分数为 10%、20%、30%、40%、50%时制得的 Fe₃O₄/MWCNTs 复合材料编号为 FC-10CW、FC-20CW、FC-30CW、FC-40CW 和 FC-50CW；水浴温度为 55℃、65℃、75℃、85℃、95℃时制得的 MWCNTs 质量分数为 20%的 Fe₃O₄/MWCNTs复合材料编号为 FC-55T、FC-65T、FC-75T、FC-85T 和 FC-95T；水浴时间为 1h、2h、3h、4h、5h 制得的 MWCNTs 质量分数为 20%的 Fe₃O₄/MWCNTs 复合材料编号为 FC-1H、FC-2H、FC-3H、FC-4H 和 FC-5H。

图 7.1 为改性 MWCNTs、Fe₃O₄ 和不同 MWCNTs 质量分数的 Fe₃O₄/MWCNTs复合材料的 XRD 图谱。从图 7.1 中可以看出，改性后 MWCNTs 的石墨结构没有受到破坏，在 2θ 为 26°和 43°左右处有明显的衍射峰，归属于 MWCNTs 的（002）和（100）晶面特征衍射峰，是典型的石墨结构特征衍射峰（Hu et al.，2011）。Fe₃O₄的所有衍射峰均与具有反尖晶石结构的 Fe₃O₄ 晶体特征衍射峰一致，2θ 为 18.5°、30.3°、35.5°、43.2°、53.7°、57.2°和 62.7°处的衍射峰分别对应于 Fe₃O₄ 晶体（111）、（220）、（311）、（400）、（422）、（511）和（440）晶面的特征衍射峰（JCPDS 65-3107），Fe₃O₄ 峰型尖锐，结晶良好。对于不同 MWCNTs 质量分数的 Fe₃O₄/MWCNTs 复合材料，在 MWCNTs 质量分数较低的图谱中未发现明显的MWCNTs 特征衍射峰，这是由于 MWCNTs 较少；当 MWCNTs 质量分数达到 40%和 50%时，出现明显的 MWCNTs 特征衍射峰。根据 XRD 结果，利用谢乐公式 $[D = K\lambda/(\beta\cos\theta)$，其中，$D$ 为晶粒尺寸（nm），λ 为 X 射线波长（0.15418nm），β为（311）晶面衍射峰的半高宽，θ 为衍射角，$K = 0.9]$ 可以计算出纳米晶体颗粒的尺寸（Xu et al.，2010）。对于 Fe₃O₄、FC-10CW、FC-20CW、FC-30CW、FC-40CW和 FC-50CW，Fe₃O₄ 的晶粒尺寸分别为 35.83nm、34.34nm、27.47nm、26.59nm、25.76nm 和 28.42nm，这说明 MWCNTs 可能会限制 Fe₃O₄ 晶粒在其表面的生长。

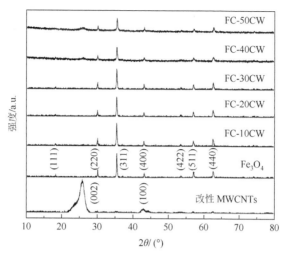

图 7.1　改性 MWCNTs、Fe₃O₄ 和不同 MWCNTs 质量分数的 Fe₃O₄/MWCNTs
复合材料的 XRD 图谱

　　图 7.2 是 MWCNTs 质量分数为 20%的不同水浴温度下制备的 Fe₃O₄/MWCNTs
复合材料 XRD 图谱。从图 7.2 中可以看出，在该制备体系中，水浴温度对结晶产
物没有显著影响，在所有水浴温度下 Fe₃O₄ 晶体都保持良好的晶型。另外，在 XRD
图谱中并未看到明显的 MWCNTs 特征衍射峰，这是由于在复合材料中 MWCNTs
相对较少。根据谢乐公式计算出，在样品 FC-55T、FC-65T、FC-75T、FC-85T 和
FC-95T 中，Fe₃O₄ 的晶粒尺寸分别为 34.34nm、31.70nm、30.52nm、28.42nm 和
27.47nm。这表明随着水浴温度的升高，Fe₃O₄ 晶粒尺寸逐渐减小。

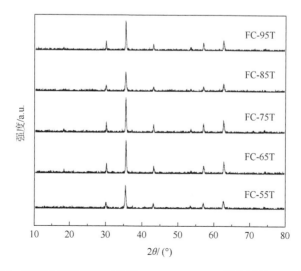

图 7.2　不同水浴温度下制备的 Fe₃O₄/MWCNTs 复合材料 XRD 图谱

　　图 7.3 是 MWCNTs 质量分数为 20%的不同水浴时间下制备的 Fe₃O₄/MWCNTs 复合材料 XRD 图谱。同样，水浴时间也没有对产物的衍射峰产生显著影响，在不同水浴时间所制得的 Fe₃O₄/MWCNTs 的衍射峰均可与 Fe₃O₄ 晶体特征衍射峰相符合，也未发现明显的 MWCNTs 特征衍射峰。利用谢乐公式计算出，样品 FC-1H、FC-2H、FC-3H、FC-4H 和 FC-5H 中的 Fe₃O₄ 晶粒尺寸分别为 31.70nm、27.47nm、32.97nm、31.70nm 和 31.70nm，因此，水浴时间为 2h 时所得 Fe₃O₄ 晶粒尺寸最小。

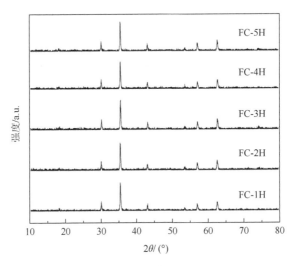

图 7.3　不同水浴时间下制备的 Fe₃O₄/MWCNTs 复合材料 XRD 图谱

　　众所周知，磁赤铁矿（γ-Fe₂O₃）也具有反尖晶石结构，而且它的晶胞参数与 Fe₃O₄ 相近，所以 XRD 很难区分 γ-Fe₂O₃ 和 Fe₃O₄。FTIR 能更好地证明所制备的纳米复合材料中含有 Fe₃O₄（Wang et al.，2010）。图 7.4 是 Fe₃O₄、MWCNTs、改性 MWCNTs 和有代表性的 Fe₃O₄/MWCNTs 复合材料（FC-20CW）的 FTIR 图。Fe₃O₄ 在 579cm^{-1} 处出现一个较强的吸收峰，归属于 Fe—O 键的伸缩振动峰（Yu and Kwak，2010），而 γ-Fe₂O₃ 的 Fe—O 键的伸缩振动峰在 630cm^{-1} 处，这是 γ-Fe₂O₃ 和 Fe₃O₄ 的显著区别（Wang et al.，2010）。因此，FTIR 结果进一步证实了所制备的铁氧化物是 Fe₃O₄。而 FC-20CW 中仍然可以观察到 Fe—O 键的伸缩振动峰，位置偏移至 561cm^{-1} 处，这是因为在 Fe₃O₄/MWCNTs 复合材料中 Fe₃O₄ 与 MWCNTs 间存在相互作用（Wang et al.，2014）。位于 1650cm^{-1} 和 1400cm^{-1} 附近的吸收峰反映的是 MWCNTs 的石墨结构和无序结构，可以看出改性前后 MWCNTs 的结构没有发生变化（Xu et al.，2016）。改性 MWCNTs 在 3361cm^{-1} 处的 O—H 伸缩振动峰明显变宽，说明改性 MWCNTs 的表面引入了大量—OH 基团。在改性 MWCNTs 中还能看到 2976cm⁻¹ 处的吸收峰，这是 MWCNTs 侧壁上的—CH 不对称伸缩振动峰。在 1704cm⁻¹ 处的吸收峰归属为—COOH 的伸缩振动峰，在 1091cm⁻¹、1048cm⁻¹ 和 874cm⁻¹ 处的吸收峰是 C—O 的伸缩振动峰（Stobinski et al.，2010）。改性后 MWCNTs 的表面引入大量—OH 和—COOH，为后期负载 Fe₃O₄ 提供了有利条件。

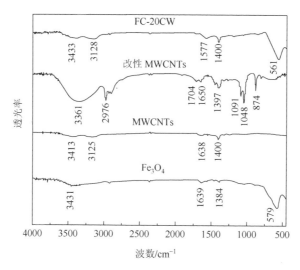

图 7.4　Fe₃O₄、MWCNTs、改性 MWCNTs 和有代表性的 Fe₃O₄/MWCNTs 复合材料（FC-20CW）的 FTIR 图

　　为了获得更多的关于 Fe₃O₄ 与 MWCNTs 复合的详细信息，利用拉曼光谱对 Fe₃O₄、MWCNTs、改性 MWCNTs 和 FC-20CW 样品进行分析，如图 7.5 所示。拉曼光谱可以有效地表征 CNTs 及其复合材料的石墨化程度和结构有序性程度。MWCNTs 具有两个典型特征峰，在 1576cm⁻¹ 处的谱峰属于 E_{2g} 对称振动模式，称为 G 峰，对应材料表面的石墨化程度；在 1327cm⁻¹ 处的峰属于 A_{1g} 不对称振动模式，称为 D 峰，对应材料表面结构的缺陷和无序性；2641cm⁻¹ 处的谱峰是 D 峰的倍频峰，称为 D*峰（Yu et al.，2015；Song et al.，2010）。通常用 D 峰与 G 峰强度的比值 I_D/I_G 描述材料结构的缺陷性或无序性，I_D/I_G 越大，结构缺陷就越多（Shamsudin et al.，2012）。MWCNTs 的 I_D/I_G 为 0.87，改性 MWCNTs 的 I_D/I_G 增至 1.08，说明改性 MWCNTs 表面结构缺陷增多，结构趋于无序性，这是由于经混酸处理后的 MWCNTs 表面被氧化，引入大量官能团，同时产生大量开口、断裂等缺陷（Behler et al.，2006）。对于 Fe₃O₄ 和 Fe₃O₄/MWCNTs 复合材料，在 298cm⁻¹ 和 670cm⁻¹ 处都有 Fe₃O₄ 晶体中 Fe—O 键的伸缩振动峰。而在 795cm⁻¹ 处的谱峰则归属于 MWCNTs 表面 Fe—O 键的伸缩振动峰（Tiwari et al.，2008）。Fe₃O₄/MWCNTs 复合材料 I_D/I_G 降低为 1.08，说明 Fe₃O₄/MWCNTs 复合材料中

MWCNTs 表面缺陷程度降低，晶体结构趋于规则，进而说明 Fe_3O_4 晶体在改性 MWCNTs 表面缺陷处生长，通过化学键合牢固地负载在 MWCNTs 表面，而不是简单的物理吸附（Mishra and Ramaprabhu，2010）。

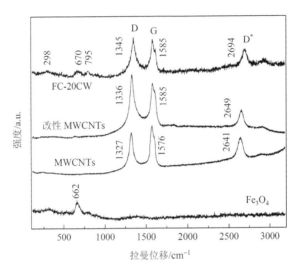

图 7.5　Fe_3O_4、MWCNTs、改性 MWCNTs 和 FC-20CW 的拉曼光谱

　　图 7.6 是 Fe_3O_4、MWCNTs、改性 MWCNTs 和不同条件下制备的 Fe_3O_4/MWCNTs 复合材料的 SEM 照片。MWCNTs 的管状结构规则完整，管壁边缘光滑清晰，管外径为 30～50nm，管长大多超过 3μm，MWCNTs 之间相互缠绕交叠。改性 MWCNTs 产生明显的断裂现象，管长变短，杂乱无序地分散。混酸处理后，MWCNTs 表面形成大量缺陷，导致管断裂（李伟等，2005）。由于 Fe_3O_4 颗粒具有磁吸引作用，它们杂乱无章地聚集在一起。对于 Fe_3O_4/MWCNTs 复合材料，Fe_3O_4 纳米颗粒不均匀地分散在 MWCNTs 互相交织的网内，有些 Fe_3O_4 纳米颗粒沉积在 MWCNTs 表面，有些 Fe_3O_4 纳米颗粒聚集在一起形成球簇。这可能是由于 MWCNTs 的数量比 Fe_3O_4 纳米颗粒少，多余的 Fe_3O_4 纳米颗粒聚集成球簇。随着 MWCNTs 用量增加，Fe_3O_4 纳米颗粒团聚减少。另外，制备过程的水浴温度和水浴时间也影响 Fe_3O_4 纳米颗粒的团聚现象。

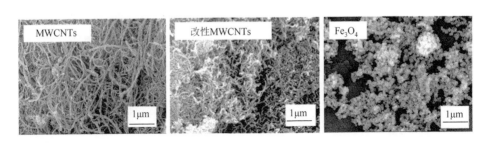

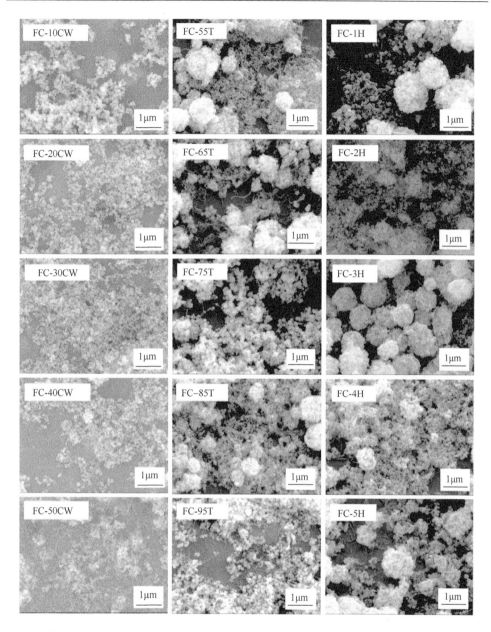

图 7.6　Fe₃O₄、MWCNTs、改性 MWCNTs 和不同条件下制备的 Fe₃O₄/MWCNTs
复合材料 SEM 照片

图 7.7（a）是改性 MWCNTs 的 TEM 图像，它的外径为 10～30nm。改性
MWCNTs 仍然保留着中空管状结构，管间互相缠绕交叠，管壁上还有些结节。在
改性 MWCNTs 的局部放大图［图 7.7（b）］中能更清晰地看到管状结构，高分

辨率透射电子显微镜（high resolution transmission electron microscope，HRTEM）图像［图 7.7（b）中的插图］很清晰地呈现了平行排列的晶格条纹，代表 MWCNTs 的壁数（Chen et al.，2014；Futaba et al.，2011）。图 7.7（c）显示，Fe_3O_4 纳米颗粒的尺寸为 20～80nm，呈立方体状或棱柱状。从图 7.7（d）中可以看出，在 Fe_3O_4/MWCNTs 复合材料中，Fe_3O_4 纳米颗粒牢固地固定在 MWCNTs 的表面，即便在 TEM 制样过程中经历了强烈的乙醇中的超声分散，Fe_3O_4 纳米颗粒仍然紧紧地被 MWCNTs 固定，这说明 Fe_3O_4 纳米颗粒不是简单地吸附在 MWCNTs 的表面，而是通过强的相互作用结合在一起（Hu et al.，2011）。图 7.7（d）中的插图是 Fe_3O_4 纳米颗粒区域的 SAED 图，呈现出一系列的衍射环，对应 Fe_3O_4 晶体的（111）、（220）、（311）、（400）、（422）和（440）晶面，这与 XRD 结果吻合，证实了 Fe_3O_4 晶体的多晶性。

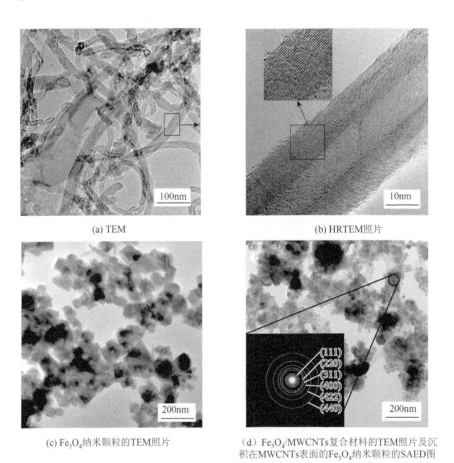

(a) TEM

(b) HRTEM照片

(c) Fe_3O_4纳米颗粒的TEM照片

（d）Fe_3O_4/MWCNTs复合材料的TEM照片及沉积在MWCNTs表面的Fe_3O_4纳米颗粒的SAED图

图 7.7　改性 MWCNTs、Fe_3O_4 和 Fe_3O_4/MWCNTs 的微观形貌结构分析

通过不同 pH 时的电泳实验确定了改性 MWCNTs 的表面 Zeta 电势,如图 7.8
所示。从图 7.8 中可以看出,在广泛的 pH 范围内,改性 MWCNTs 的表面都具
有负电性。这可能是由于酸改性过程中在 MWCNTs 的表面形成了负电性的官能
团,如 FTIR 检测到的—COOH 和—OH 等(Kim and Sigmund, 2004)。在 pH = 8.5～
10.5 内,改性 MWCNTs 的表面电势可以达到 30mV。如此高的负电性具有强的
静电排斥作用,使得改性 MWCNTs 在水溶液中具有很好的分散性(Li et al.,
2008)。在 Fe₃O₄/MWCNTs 复合材料的制备过程中,水浴环境始终保持为碱性
条件,具有高负电性的 MWCNTs 表面能与带正电性的 Fe^{2+} 通过静电吸引牢固地
结合在一起。滴加 NaOH 和 NaNO₃ 混合碱液后,悬浮液 pH 持续升高。同时,
部分 Fe^{2+} 被氧化为 Fe^{3+},在一定温度下形成 Fe₃O₄ 并牢固地固定在改性 MWCNTs
的表面。根据拉曼光谱分析结果,Fe₃O₄ 纳米颗粒优先生长在 MWCNTs 表面的
缺陷位置,因此形成牢固的结合。图 7.9 给出了 Fe₃O₄ 纳米颗粒与改性 MWCNTs
结合的机理示意图。碱性溶液中,Fe^{2+} 形成 Fe₃O₄ 的过程可表述如下(Cheng et al.,
2012; Iida et al., 2007):

$$Fe^{2+} + 2OH^- \longrightarrow Fe(OH)_2 \tag{7-1}$$

$$4Fe(OH)_2 + O_2 + 2H_2O \longrightarrow 4Fe(OH)_3 \tag{7-2}$$

$$Fe(OH)_2 + 2Fe(OH)_3 \longrightarrow Fe_3O_4 + 4H_2O \tag{7-3}$$

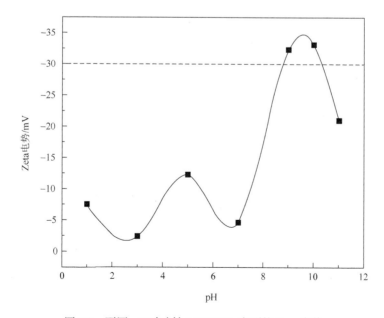

图 7.8　不同 pH 时改性 MWCNTs 表面的 Zeta 电势

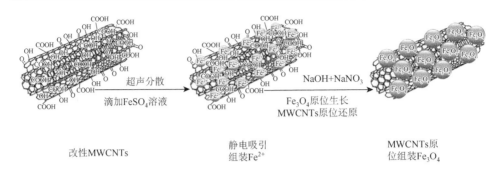

图 7.9　Fe$_3$O$_4$ 纳米颗粒与改性 MWCNTs 结合机理示意图

7.3　Fe$_3$O$_4$/MWCNTs 非均相 Fenton 反应效能

室温 20℃，溶液初始 pH（以下简称溶液 pH）＝2，H$_2$O$_2$ 浓度为 19.38mmol/L，Fe$_3$O$_4$/MWCNTs 用量为 2g/L，MO 初始浓度为 50mg/L，考察 Fe$_3$O$_4$ 和不同 MWCNTs 质量分数的 Fe$_3$O$_4$/MWCNTs 复合材料催化非均相 Fenton 反应降解 MO 溶液的效能，如图 7.10 所示。从图 7.10 中可以看出，Fe$_3$O$_4$/MWCNTs 复合材料的催化活性均比 Fe$_3$O$_4$ 高。有研究表明，Fe$_3$O$_4$/MWCNTs 复合材料的吸附亲和力比 Fe$_3$O$_4$ 高（Hu et al.，2011）。MWCNTs 不仅是 Fe$_3$O$_4$ 的载体，还是有机分子的吸附剂。催化材料的吸附作用与比表面积密切相关，本节 Fe$_3$O$_4$ 纳米颗粒、FC-10CW、FC-20CW、

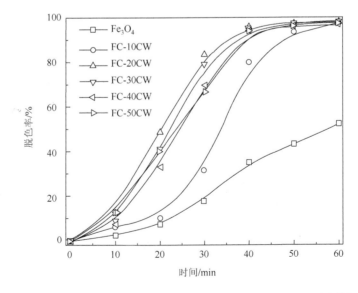

图 7.10　MWCNTs 质量分数对 Fe$_3$O$_4$/MWCNTs 非均相 Fenton 反应的影响

FC-30CW、FC-40CW 和 FC-50CW 的比表面积分别为 13.73m²/g、32.40m²/g、42.46m²/g、53.09m²/g、62.68m²/g 和 75.00m²/g。复合材料的比表面积比 Fe₃O₄ 高，大的比表面积可以增加催化材料与染料分子的接触面积，从而提高催化活性（Zhang et al.，2017）。总而言之，MWCNTs 的吸附作用增强了 Fe₃O₄/MWCNTs 复合材料的催化能力。另有结果显示，MWCNTs 的最佳质量分数是 20%。若 Fe₃O₄/MWCNTs 复合材料中 MWCNTs 的质量分数低于 20%，MWCNTs 的吸附作用则降低；若 Fe₃O₄/MWCNTs 复合材料中 MWCNTs 的质量分数高于 20%，Fe₃O₄ 催化作用的贡献则减弱。因此，MWCNTs 的吸附作用和 Fe₃O₄ 的催化作用共同决定着 Fe₃O₄/MWCNTs 非均相 Fenton 反应过程。

室温 20℃，溶液 pH = 2，H₂O₂ 浓度为 19.38mmol/L，Fe₃O₄/MWCNTs 用量为 2g/L，MO 初始浓度为 50mg/L，考察不同水浴温度制备的 Fe₃O₄/MWCNTs 复合材料催化非均相 Fenton 反应降解 MO 溶液的效能，如图 7.11 所示。数据清晰地表明，随着水浴温度的升高，Fe₃O₄/MWCNTs 非均相 Fenton 反应效能增强。根据谢乐公式计算结果，随着水浴温度升高，Fe₃O₄ 晶粒尺寸减小。晶粒尺寸越小，催化材料表面积越大，为非均相 Fenton 反应提供的表面活性点位越多。在水浴温度为 95℃ 时，反应 60min 时 MO 的脱色率可达到最大值 99.32%，此温度制备的 Fe₃O₄/MWCNTs 复合材料催化活性最强。

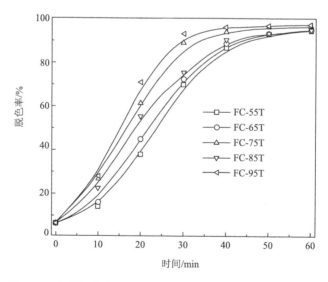

图 7.11　水浴温度对 Fe₃O₄/MWCNTs 非均相 Fenton 反应的影响

室温 20℃，溶液 pH = 2，H₂O₂ 浓度为 19.38mmol/L，Fe₃O₄/MWCNTs 用量为 2g/L，MO 初始浓度为 50mg/L，考察不同水浴时间制备的 Fe₃O₄/MWCNTs 催化非均相 Fenton 反应降解 MO 溶液的效能，如图 7.12 所示。从图 7.12 中可以看出，水浴时间为 2h 时制备的 Fe_3O_4/MWCNTs 复合材料具有最好的 Fenton 催化活性。同样，在这些催化材料中，FC-2H 中的 Fe_3O_4 晶粒尺寸最小且未团聚为球簇。

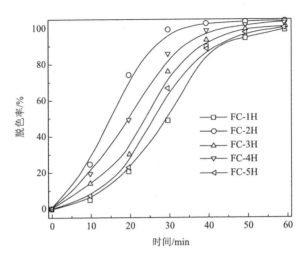

图 7.12　水浴时间对 Fe_3O_4/MWCNTs 非均相 Fenton 反应的影响

室温 20℃，H_2O_2 浓度为 19.38mmol/L，Fe_3O_4/MWCNTs 用量为 2g/L，MO 初始浓度为 50mg/L，考察溶液 pH 对 Fe_3O_4/MWCNTs 非均相 Fenton 反应降解 MO 效能的影响，如图 7.13 所示。溶液 pH 是非均相 Fenton 反应的重要影响因素，pH = 2～3 是 Fenton 反应的最佳条件（Hassan and Hameed，2011）。本节也出现了同样的情况，

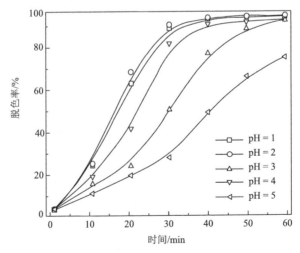

图 7.13　溶液 pH 对 Fe_3O_4/MWCNTs 非均相 Fenton 反应的影响

在 pH 较低时，会有较多的铁离子溶出，此时均相 Fenton 反应占主导；而在 pH 较高时，溶出的铁离子较少，主要是固体催化材料表面的活性铁离子点位催化 H_2O_2，此时以非均相 Fenton 反应为主（Xu et al.，2009）。

室温 20℃，溶液 pH = 2，Fe₃O₄/MWCNTs 用量为 2g/L，MO 初始浓度为 50mg/L，考察 H_2O_2 浓度对 Fe₃O₄/MWCNTs 非均相 Fenton 反应降解 MO 效能的影响，如图 7.14 所示。从图 7.14 中可以看出，H_2O_2 的最佳浓度是 19.38mmol/L。虽然 H_2O_2 浓度增加，会产生更多的·OH，但是，根据 Haber-Weiss 循环，·OH 会被过量的 H_2O_2 消耗（Kwan and Voelker，2003）。因此，当 H_2O_2 浓度超过 19.38mmol/L 时，过量的 H_2O_2 会捕获溶液中的·OH，从而降低了反应的催化效能，MO 脱色率降低。

室温 20℃，溶液 pH = 2，H_2O_2 浓度为 19.38mmol/L，MO 初始浓度为 50mg/L，考察 Fe₃O₄/MWCNTs 用量对其非均相 Fenton 反应降解 MO 效能的影响，如图 7.15 所示。Fe₃O₄/MWCNTs 用量增加，体系的催化活性随之增强。不难理解，Fe₃O₄/MWCNTs 复合材料越多，溶出的铁离子可能就越多（均相催化），表面活性催化点位也可能越多（非均相催化）（Xu et al.，2009）。

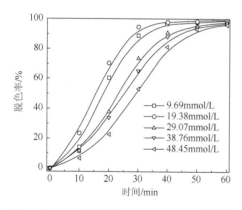

图 7.14　H_2O_2 浓度对 Fe₃O₄/MWCNTs 非均相　　图 7.15　Fe₃O₄/MWCNTs 用量对其非均相
　　　　Fenton 反应的影响　　　　　　　　　　　　　Fenton 反应的影响

溶液 pH = 2，H_2O_2 浓度为 19.38mmol/L，Fe₃O₄/MWCNTs 用量为 2g/L，MO 初始浓度为 50mg/L，考察反应温度对 Fe₃O₄/MWCNTs 非均相 Fenton 反应降解 MO 效能的影响，如图 7.16 所示。相同反应条件下，体系的催化活性随反应温度的升高而增大。当反应温度为 50℃时，反应 10min 后 MO 的脱色率即可达到 93.54%。产生这一现象的原因可能是，随着反应温度升高，体系中反应物分子平均动能增大，相互间的碰撞概率也随之增加。另外，反应物可以获得更多的活化能，形成更多的·OH，导致体系反应速率增大，催化活性增强。

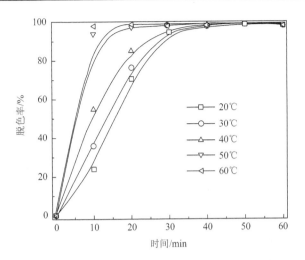

图 7.16　反应温度对 Fe₃O₄/MWCNTs 非均相 Fenton 反应的影响

　　室温 20℃，溶液 pH = 2，H_2O_2 浓度为 19.38mmol/L，Fe₃O₄/MWCNTs 用量为 2g/L，考察 MO 初始浓度对 Fe₃O₄/MWCNTs 非均相 Fenton 反应降解 MO 效能的影响，如图 7.17 所示。当 MO 初始浓度从 10mg/L 增加到 90mg/L 时，反应进行 10min 后，脱色率从 91.15% 下降到 12.39%。随着 MO 初始浓度的增大，相同用量的催化材料在一定时间内所产生的•OH 不足以降解更多的 MO 分子。另外，过多的 MO 分子占据了催化材料表面的活性位，导致催化材料钝化，阻碍了 H_2O_2 的氧化反应。

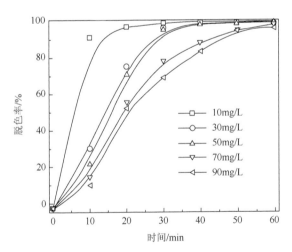

图 7.17　MO 初始浓度对 Fe₃O₄/MWCNTs 非均相 Fenton 反应的影响

7.4　Fe₃O₄/MWCNTs 非均相 Fenton 过程优化

采用 RSM 进行 4 因素 5 水平 CCD，4 个单因素自变量为：溶液 pH、H_2O_2 浓度（mmol/L）、Fe₃O₄/MWCNTs 用量（g/L）、反应时间（min），分别表示为 X_1、X_2、X_3、X_4，自变量的不同水平用 2、1、0、−1、−2 表示，响应值（Y）为 MO 脱色率。根据单因素实验中各因素的取值范围，设定实验因素的水平及编码，如表 7.1 所示。

表 7.1　实验因素水平与编码

变量	编码水平				
	−2	−1	0	1	2
溶液 pH（X_1）	1	2	3	4	5
H_2O_2 浓度（X_2）/(mmol/L)	9.69	19.38	29.07	38.76	48.45
Fe₃O₄/MWCNTs 用量（X_3）/(g/L)	1	2	3	4	5
反应时间（X_4）/min	10	20	30	40	50

采用 RSM 设计的 30 个实验方案如表 7.2 所示，其中包含 6 组重复实验，用来衡量实验的可重复性和评价实验的可靠性。通过回归拟合，得到响应值 Y 的二次多项式如下：

$$Y = 89.20 - 2.27X_1 - 6.41X_2 + 17.32X_3 + 20.15X_4 - 1.42X_1^2$$
$$- 2.87X_2^2 - 8.77X_3^2 - 8.40X_4^2 - 4.00X_1X_2 - 3.57X_1X_3$$
$$+ 0.62X_1X_4 + 4.05X_2X_3 - 0.72X_2X_4 - 8.75X_3X_4 \tag{7-4}$$

表 7.2　RSM 设计方案的实验值与预测值

序号	X_1	X_2	X_3	X_4	MO 脱色率/%	
					实验值	预测值
1	0	2	0	0	63.35	64.91
2	0	0	0	−2	15.09	15.32
3	0	0	0	0	89.73	89.20
4	1	−1	−1	−1	38.10	35.95
5	1	1	1	1	86.77	84.16
6	−1	1	−1	1	74.57	70.23
7	1	−1	1	1	97.48	98.32

序号	X_1	X_2	X_3	X_4	MO 脱色率/%	
					实验值	预测值
8	0	−2	0	0	92.77	90.55
9	2	0	0	0	79.98	78.99
10	−1	−1	−1	1	85.68	84.59
11	−1	1	1	−1	85.43	82.48
12	1	1	−1	−1	11.67	8.94
13	−1	1	1	1	98.42	102.61
14	0	0	0	0	90.42	89.20
15	1	−1	1	−1	69.88	72.84
16	−1	−1	1	1	98.98	100.78
17	1	1	−1	1	63.99	66.07
18	0	0	0	0	88.76	89.20
19	0	0	0	0	89.18	89.20
20	−1	1	−1	−1	13.92	15.11
21	0	0	2	0	92.08	88.76
22	−1	−1	−1	−1	25.34	26.58
23	0	0	0	2	96.79	95.91
24	0	0	0	0	90.42	89.20
25	−1	−1	1	−1	77.82	77.77
26	0	0	0	0	86.70	89.20
27	0	0	−2	0	16.83	19.49
28	−2	0	0	0	87.73	88.06
29	1	1	1	−1	58.44	61.57
30	1	−1	−1	1	94.85	96.42

表 7.3 列出了方差分析数据，其中 F 值为 184.14，P 值小于 0.0001，说明模型具有很高的显著性，同时说明所得到的响应值的二次多项式具有较高的可靠性。在方差分析结果中，当某一因素的 P 值小于 0.05 时，表明该因素的影响显著，因此除 X_1X_4 和 X_2X_4 以外，大部分因素在模型中都具有较高的显著性。这说明在 Fe_3O_4/MWCNTs 非均相 Fenton 降解 MO 体系中，溶液 pH、H_2O_2 浓度、Fe_3O_4/MWCNTs 用量和反应时间，以及它们之间的交互作用，都对 MO 的脱色率有显著影响。模型的 R^2 为 0.9942，校正 R^2 为 0.9888，说明模型具有较高的拟合度。

表 7.3　模型的方差分析结果

来源	平方和	自由度	均方	F 值	P 值	显著性
模型	23580.71	14	1684.34	184.14	<0.0001	显著
X_1	123.67	1	123.67	13.52	0.0022	显著
X_2	985.09	1	985.09	107.69	<0.0001	显著
X_3	7196.81	1	7196.81	786.79	<0.0001	显著
X_4	9742.12	1	9742.12	1065.05	<0.0001	显著
X_1X_2	255.68	1	255.68	27.95	<0.0001	显著
X_1X_3	204.35	1	204.35	22.34	0.0003	显著
X_1X_4	6.08	1	6.08	0.66	0.4278	
X_2X_3	261.79	1	261.79	28.62	<0.0001	显著
X_2X_4	8.35	1	8.35	0.91	0.3544	
X_3X_4	1224.65	1	1224.65	133.88	<0.0001	显著
X_1^2	55.23	1	55.23	6.04	0.0267	显著
X_2^2	225.57	1	225.57	24.66	0.0002	显著
X_3^2	2109.11	1	2109.11	230.58	<0.0001	显著
X_4^2	1934.30	1	1934.30	211.47	<0.0001	显著
残差	137.21	15	9.15			
R^2	0.9942					
校正 R^2	0.9888					

图 7.18 是 MO 脱色率的预测值与实验值的关系图,实验值平均地分布在预测值的两侧,且相关性系数 R^2 为 0.9942,进一步证实模型具有较高的可靠性。图 7.19 为 MO 脱色率的残差正态分布图,残差是衡量所拟合的模型是否满足需要的重要标志。本节的正态分布概率与内部学生化残差分布几乎在同一直线上,说明该模型有效。

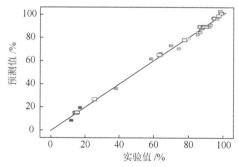

图 7.18　MO 脱色率的预测值与实验值关系

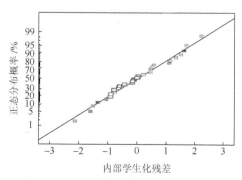

图 7.19　MO 脱色率的残差正态分布图

图 7.20 是模型的帕累托分析图,可以直观有效地表明各个单因素以及它们交

互作用对 MO 脱色率的影响比率。从图 7.20 中可以看出，一次变量中的反应时间（X_4，39.32%）、Fe_3O_4/MWCNTs 用量（X_3，29.05%）和 H_2O_2 浓度（X_2，3.98%），二次变量中的 Fe_3O_4/MWCNTs 用量和反应时间（X_3^2，7.45%；X_4^2，6.83%），以及交互变量中的 Fe_3O_4/MWCNTs 用量与反应时间（X_3X_4，7.41%）对 MO 脱色率的影响较大，与方差分析的结果相一致。

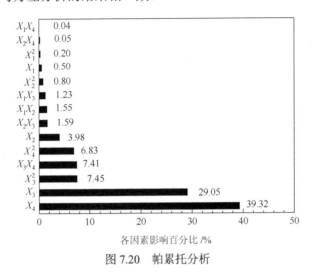

图 7.20　帕累托分析

　　图 7.21～图 7.26 是任意两个因素交互影响 MO 脱色率的三维响应曲面图。从图 7.21～图 7.26 中可以看出，MO 脱色率随溶液 pH、H_2O_2 浓度、Fe_3O_4/MWCNTs 用量和反应时间的变化规律与 7.3 节讨论的单因素影响规律一致。三维响应曲面有明显的曲率，说明任意两因素交互作用对 MO 脱色率有显著的影响。

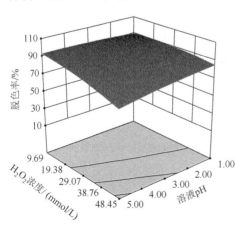

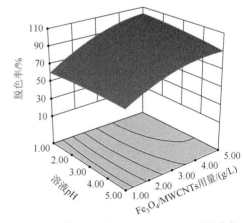

图 7.21　溶液 pH 与 H_2O_2 浓度交互影响 MO 脱色率的三维响应曲面图

图 7.22　溶液 pH 与 Fe_3O_4/MWCNTs 用量交互影响 MO 脱色率的三维响应曲面图

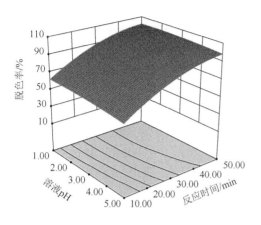

图 7.23　溶液 pH 与反应时间交互影响 MO 脱
色率的三维响应曲面图

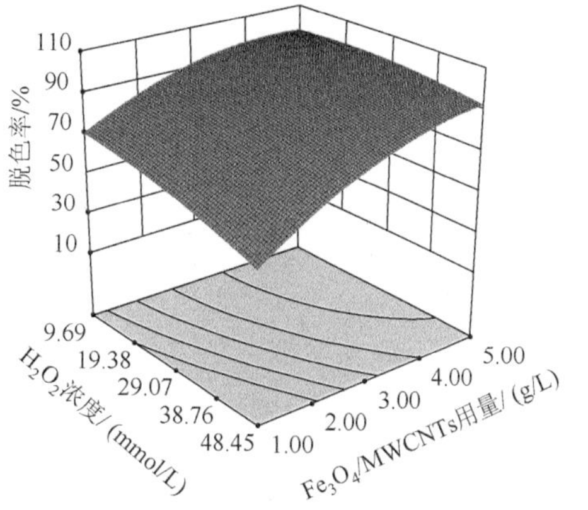

图 7.24　H₂O₂ 浓度与 Fe₃O₄/MWCNTs 用量交互
影响 MO 脱色率的三维响应曲面图

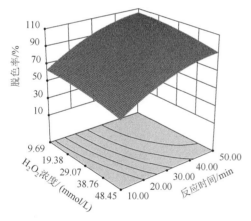

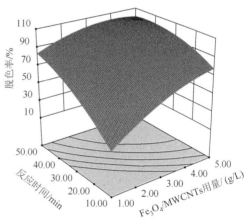

图 7.25　H₂O₂ 浓度与反应时间交互影响 MO
脱色率的三维响应曲面图

图 7.26　反应时间和 Fe₃O₄/MWCNTs 用量交互
影响 MO 脱色率的三维响应曲面图

最终确定最优工艺参数为：pH = 2.7、H₂O₂ 浓度为 12.3mmol/L、Fe₃O₄/MWCNTs 用量为 2.9g/L、反应时间为 39.3min。在此条件下，MO 脱色率的预测值为 101.85%，实验值为 99.86%。

7.5　Fe₃O₄/MWCNTs 非均相 Fenton 动力学方程

运用一级动力学模型、二级动力学模型和 BMG 模型分析 Fe₃O₄/MWCNTs 非均相 Fenton 降解 MO 染料的动力学过程，分别以 $\ln(C_0/C_t)$-t、$[(1/C_t)-(1/C_0)]$-t 和 $t/[1-(C_t/C_0)]$-t 的线性拟合确定三个动力学模型的参数，如表 7.4 所示。从表 7.4 中可知，二级动力学模型和 BMG 模型的线性回归效果不是很理想，因为它们的相关性系数 R^2 较小。而对于一级动力学模型，在不同的实验条件下，它的线性拟合相关性系数都很高，这表明 Fe_3O_4/MWCNTs 非均相 Fenton 降解 MO 染料过程遵循一级动力学方程。从这些数据还可以看出，在 pH = 2 和 H_2O_2 浓度为 19.38mmol/L 时，反应速率常数 k_1 最大。随着 Fe_3O_4/MWCNTs 用量和反应温度的增加，反应速率常数 k_1 增大。随着 MO 初始浓度增加，反应速率常数 k_1 减小。这些规律与 7.3 节单因素实验分析所得的结论一致。

表 7.4　三个动力学模型参数及校正相关性系数（校正 R^2）

MO 初始浓度 /(mg/L)	H_2O_2 浓度 /(mmol/L)	Fe_3O_4/ MWCNTs 用量/(g/L)	反应温度/K	pH	一级动力学		二级动力学		BMG		
					k_1	校正 R^2	k_2	校正 R^2	m	b	校正 R^2
50	19.38	2	293	1	0.0888	0.9552	0.0363	0.8291	27.8205	0.4378	0.4104
50	19.38	2	293	2	0.0943	0.9545	0.0490	0.8237	25.8592	0.4713	0.4338
50	19.38	2	293	3	0.0702	0.9388	0.0132	0.8491	46.4999	0.0901	0.2147
50	19.38	2	293	4	0.0601	0.8884	0.0090	0.5916	84.6027	−0.5537	0.3261
50	19.38	2	293	5	0.0256	0.8942	0.0011	0.7717	136.006	−1.1163	0.8300
50	9.69	2	293	2	0.0844	0.9578	0.0283	0.7901	46.0899	0.0570	0.2435
50	19.38	2	293	2	0.0943	0.9545	0.0490	0.8237	25.8592	0.4713	0.4338
50	29.07	2	293	2	0.0708	0.9511	0.0147	0.6713	70.3582	−0.3913	0.0247
50	38.76	2	293	2	0.0636	0.9389	0.0099	0.7217	74.1351	−0.4334	0.0775
50	48.45	2	293	2	0.0584	0.9072	0.0076	0.6664	131.340	−1.5645	0.4670
50	19.38	1	293	2	0.0818	0.9317	0.0233	0.6809	128.723	−1.6327	0.3049
50	19.38	2	293	2	0.0943	0.9545	0.0490	0.8237	25.8592	0.4713	0.4338
50	19.38	3	293	2	0.0978	0.9716	0.0695	0.7189	15.4185	0.6870	0.8476
50	19.38	4	293	2	0.0999	0.9482	0.0913	0.7972	8.38025	0.8299	0.9569
50	19.38	5	293	2	0.1200	0.9685	0.3239	0.6121	4.30795	0.9121	0.9914
50	19.38	2	293	2	0.0943	0.9545	0.0490	0.8237	25.8592	0.4713	0.4338
50	19.38	2	303	2	0.1002	0.9209	0.0764	0.5130	15.3699	0.6896	0.8774
50	19.38	2	313	2	0.1244	0.9590	0.3471	0.6092	7.26785	0.8551	0.9863
50	19.38	2	323	2	0.1261	0.9324	0.3427	0.5859	0.82664	0.9853	0.9999
50	19.38	2	333	2	0.1391	0.9659	0.4117	0.5947	0.25183	0.9960	1.0000
10	19.38	2	293	2	0.1240	0.9293	1.1519	0.7215	1.02254	0.9809	0.9999
30	19.38	2	293	2	0.1008	0.9730	0.1324	0.6527	17.2043	0.6512	0.8272
50	19.38	2	293	2	0.0943	0.9545	0.0363	0.8291	25.8592	0.4713	0.4338

续表

MO 初始浓度/(mg/L)	H₂O₂ 浓度/(mmol/L)	Fe₃O₄/MWCNTs 用量/(g/L)	反应温度/K	pH	一级动力学		二级动力学		BMG		
					k_1	校正 R^2	k_2	校正 R^2	m	b	校正 R^2
70	19.38	2	293	2	0.0658	0.9780	0.0089	0.6809	41.9439	0.1936	0.1108
90	19.38	2	293	2	0.0596	0.9541	0.0048	0.7293	58.1683	−0.1193	0.2245

另外,本节的反应速率常数 k_1 与反应温度 T 之间的关系符合阿伦尼乌斯方程,即 $\ln k_1$ 与 $1/T$ 之间具有很好的线性关系,如图 7.27 所示。阿伦尼乌斯方程可表述如下(McKay and Rosario-Ortiz,2015):

$$\ln k_1 = -\frac{E_a}{R} \cdot \frac{1}{T} + \ln A \tag{7-5}$$

式中,E_a 为反应活化能;R 为气体常数[8.314J/(K·mol)];A 为频率因子。与式(7-5)对比,可得 Fe₃O₄/MWCNTs 非均相 Fenton 体系的反应活化能为 8.2 kJ/mol、频率因子为 2.72 s⁻¹。反应活化能是反应能够发生所需要的最小数量的能量,在较高温度时,反应物分子碰撞的概率增大,因而影响反应活化能。

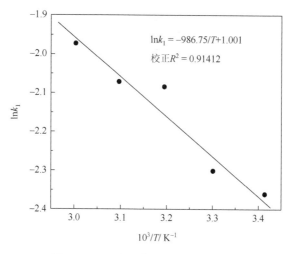

$$\ln k_1 = -986.75/T + 1.001$$
校正 $R^2 = 0.91412$

图 7.27　$\ln k_1$ 与 $10^3/T$ 的线性回归分析

7.6　Fe₃O₄/MWCNTs 非均相 Fenton 微观机理

总铁离子浓度和·OH 产出量随溶液 pH 的变化如图 7.28 所示,总铁离子浓度随 pH 降低而升高;pH = 2 时,·OH 产出量最大。pH 在 1～3 内有利于铁离子的溶出和·OH 的形成。当溶液 pH 增至 5 时,总铁离子浓度和·OH 产出量都下降。

总体而言，铁离子越多，•OH 越多。在 pH = 2 或 3 时，有更多的铁离子从催化材料表面溶出，催化 H_2O_2 形成•OH，此时以均相 Fenton 反应为主。当 pH = 4 和 5 时，溶出的铁离子浓度较低，H_2O_2 主要由催化材料表面的活性铁点位催化，此时非均相 Fenton 反应占主导。由此推断，溶出铁离子（Fe^{2+} 和 Fe^{3+}）对 H_2O_2 的催化活性远高于催化材料表面铁离子（$\equiv Fe^{2+}$ 和 $\equiv Fe^{3+}$）对 H_2O_2 的催化活性。在 pH = 1 时，虽然总铁离子浓度最高，但是•OH 产出量不是最多的。根据 Haber-Weiss 循环，过量的铁离子会消耗一部分•OH。因此，在 pH = 2 时，•OH 的产出量最多，相应的 Fenton 反应效能和速率也最大。

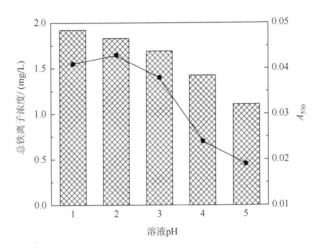

图 7.28　不同溶液 pH 时 Fe_3O_4/MWCNTs 非均相 Fenton 体系中总铁离子浓度（柱状图）和•OH
产出量（线形图）

实验条件：MO 初始浓度为 50mg/L、H_2O_2 浓度为 19.38mmol/L、Fe_3O_4/MWCNTs 用量为 2g/L、反应时间为 30min、
反应温度为 20℃

图 7.29 是不同 H_2O_2 浓度对总铁离子浓度和•OH 产出量的影响。当 H_2O_2 浓度由 9.69mmol/L 增加到 48.45mmol/L 时，总铁离子浓度在 1.79～1.83mg/L 无规律地变化，这表明 H_2O_2 浓度对铁离子从 Fe_3O_4/MWCNTs 复合材料表面溶出几乎没有影响，与其他非均相 Fenton 体系观察到的现象吻合（Xu et al.，2009；Lu et al.，2002）。对于•OH 的形成，H_2O_2 浓度为 19.38mmol/L 是一个转折点。H_2O_2 浓度小于 19.38mmol/L 时，随着 H_2O_2 浓度增加，•OH 的数量增加；H_2O_2 浓度大于 19.38mmol/L 时，情况则相反。根据 Haber-Weiss 循环，过量的 H_2O_2 会消耗•OH，从而使•OH 的数量减少（Kwan and Voelker，2003）。结合上述的动力学分析，Fe_3O_4/MWCNTs 非均相 Fenton 体系在 H_2O_2 浓度为 19.38mmol/L 时的反应速率是最快的，此时•OH 数量最多，Fenton 反应效能最佳。

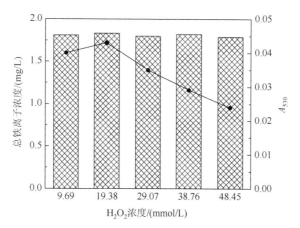

图 7.29　不同 H_2O_2 浓度时 Fe₃O₄/MWCNTs 非均相 Fenton 体系中总铁离子浓度（柱状图）和·OH
产出量（线形图）

实验条件：MO 初始浓度为 50mg/L、pH = 2、Fe₃O₄/MWCNTs 用量为 2g/L、反应时间为 30min、反应温度为 20℃

　　Fe₃O₄/MWCNTs 非均相 Fenton 反应过程中不同 Fe₃O₄/MWCNTs 用量时总铁离子浓度和·OH 产出量如图 7.30 所示。从图 7.30 中可以看出，Fe₃O₄/MWCNTs 用量增加，总铁离子浓度和·OH 产出量都随之而增加。Fe₃O₄/MWCNTs 用量越多，总铁离子浓度就越高，就会产生越多的·OH（均相催化）；同样，更多的 Fe₃O₄/MWCNTs 也能提供更多的表面活性点位，催化 H_2O_2 形成更多的·OH（非均相催化）。形成的·OH 越多，Fenton 反应效能越高。在铁电气石-H_2O_2 体系（Xu et al., 2009）、黄铁矿-H_2O_2 体系（Che et al., 2011）、针铁矿-H_2O_2 体系（Andreozzi et al., 2002）都曾发现类似的规律。

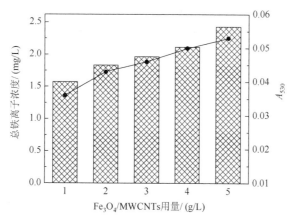

图 7.30　不同 Fe₃O₄/MWCNTs 用量时 Fe₃O₄/MWCNTs 非均相 Fenton 体系中总铁离子浓度（柱
状图）和·OH 产出量（线形图）

实验条件：MO 初始浓度为 50mg/L、pH = 2、H_2O_2 浓度为 19.38mmol/L、反应时间为 30min、反应温度为 20℃

　　反应温度对总铁离子浓度和·OH产出量的影响如图 7.31 所示。反应温度升高，总铁离子浓度稍有增加，所以温度对铁离子溶出的影响不大。然而，随着反应温度的升高，·OH 数量却显著增加。温度升高可为反应物提供更多的能量，以克服反应所需的活化能，从而加速·OH 的产出和有机物分子的降解（Feng et al., 2004）。

　　另外，值得注意的是，在大部分情况下（Fe_3O_4/MWCNTs 用量为 4g/L 和 5g/L 除外），溶液中总铁离子浓度都低于欧盟排放标准 2.0mg/L。由前面的工艺参数优化可知，Fe_3O_4/MWCNTs 的最佳用量是 2.9g/L。因此，Fe_3O_4/MWCNTs 非常适合实际工业应用，没有铁离子的二次污染问题。

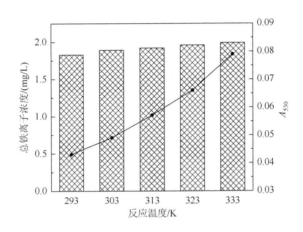

图 7.31　不同反应温度时 Fe_3O_4/MWCNTs 非均相 Fenton 体系中总铁离子浓度（柱状图）和·OH 产出量（线形图）

实验条件：MO 初始浓度为 50mg/L、pH = 2、H_2O_2 浓度为 19.38mmol/L、Fe_3O_4/MWCNTs 用量为 2g/L、反应时间为 30min

　　Fe_3O_4/MWCNTs 作为非均相 Fenton 催化材料的另一个优势是具有磁性。Fe_3O_4 和不同 MWCNTs 质量分数的 Fe_3O_4/MWCNTs 复合材料室温下的磁滞回线如图 7.32 所示。从图 7.32 中可以看出，Fe_3O_4 和不同 MWCNTs 质量分数 Fe_3O_4/MWCNTs 复合材料的磁化强度均随着外加磁场强度的增大而增大，当外加磁场强度为 4000 A/m 时达到饱和磁化，随着 MWCNTs 的增加，Fe_3O_4/MWCNTs 复合材料的饱和磁化强度逐渐降低，这主要是由于具有磁性的 Fe_3O_4 逐渐减少（Zhou et al., 2014）。同时，Fe_3O_4 和 Fe_3O_4/MWCNTs 复合材料都具有较低的矫顽力，这是因为材料的磁性能受到多方面因素影响，如形貌、结构、结晶状态、晶格缺陷、粒径尺寸等（Xu and Wang, 2012）。最重要的是，外加磁场作用下，使用后的 Fe_3O_4/MWCNTs 可以快速地从溶液中分离出来（见图 7.32 的插图照片），有效地实现回收和再利用。

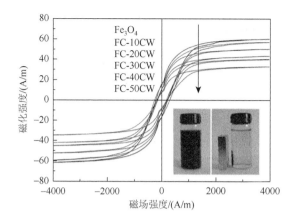

图 7.32　Fe₃O₄ 和不同 MWCNTs 质量分数 Fe₃O₄/MWCNTs 复合材料的磁滞回线图

插图：使用后的 Fe₃O₄/MWCNTs 可快速实现磁分离

　　Fe₃O₄/MWCNTs 非均相 Fenton 催化材料的稳定性和重复利用性通过连续使用催化降解 MO 进行评价，如图 7.33 所示。循环使用 6 次后，Fe₃O₄/MWCNTs 复合材料仍然保持着较好的催化活性，MO 脱色率为 91.92%，略有下降。这主要是由于重复使用过程中催化材料数量逐渐减少。由图 7.33 可知，循环使用 6 次后催化材料质量损失率为 54.5% 左右。回收、清洗、烘干后在滤纸上黏附是催化材料损失的主要原因。尽管有较多的损失，但剩余的催化材料在循环使用过程中仍然具有较高的催化活性，表明 Fe₃O₄/MWCNTs 非均相 Fenton 催化材料的稳定性和重复利用性较好。

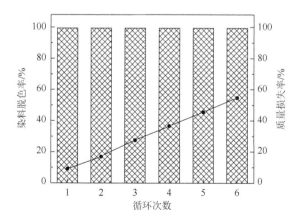

图 7.33　Fe₃O₄/MWCNTs 非均相 Fenton 反应降解 MO 循环实验（柱状图）及 Fe₃O₄/MWCNTs
质量损失（线形图）

实验条件：MO 初始浓度为 50mg/L、pH = 2、H₂O₂ 浓度为 19.38mmol/L、Fe₃O₄/MWCNTs 用量为 2g/L、反应时间
为 60min、反应温度为 20℃

　　另外，对比研究不同体系降解 MO 的情况，如图 7.34 所示。在 Fe₃O₄、MWCNTs 和 Fe₃O₄/MWCNTs 体系中，MO 的脱色率非常低。由于没有 H_2O_2，这些材料仅仅作为吸附剂。因为 MWCNTs 和 Fe₃O₄/MWCNTs 的比表面积大，所以它们的吸附容量比 Fe₃O₄ 大得多。在 MWCNTs-H_2O_2 体系中，因为固体材料中没有铁离子，所以 H_2O_2 不能被催化形成•OH，该体系中 MO 的去除还是源于 MWCNTs 的吸附作用。在 Fe₃O₄-H_2O_2 体系中，虽然 Fe₃O₄ 纳米颗粒作为非均相 Fenton 催化材料，但是反应 60min 后只有 57%的 MO 被降解，说明 Fe₃O₄ 的 Fenton 催化性能较差，这与 Deng 等（2012）的研究结果一致。而在 Fe₃O₄/MWCNTs-H_2O_2 体系中，相同条件下 MO 的脱色率可达 100%，这说明 Fe₃O₄/MWCNTs 比 Fe₃O₄ 具有更好的 Fenton 催化性能。产生此现象的原因有两方面，一方面是 Fe₃O₄ 纳米颗粒高分散地固定在 MWCNTs 表面，能够防止纳米颗粒聚集而保持较大的表面积，从而使暴露出来的表面活性点位更多，提高了对 H_2O_2 的催化能力；另一方面是吸附在非均相 Fenton 反应过程中具有重要的作用。在 Fe₃O₄/MWCNTs 体系中，40min 可达到吸附-脱附平衡，此时有 41%的 MO 被去除。MO 在 Fe₃O₄/MWCNTs-H_2O_2 体系中的脱色率是 Fe₃O₄/MWCNTs 体系中的 2.5 倍，这就暗示着在 MO 去除过程中非均相 Fenton 反应起到主导作用。不可否认，吸附增加了有机分子与•OH 间的接触，对非均相 Fenton 反应也起到了积极的作用。

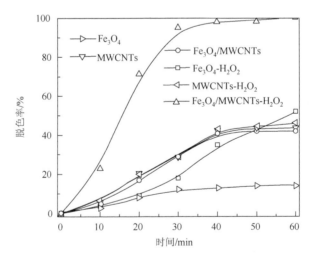

图 7.34　室温及 pH = 2 时 50mg/L 的 MO 在不同体系中去除的对比研究

固体材料用量为 2.0g/L，H_2O_2 浓度为 19.38mmol/L

　　不同反应时间 MO 溶液的紫外-可见吸收光谱（图 7.35）表明，MO 染料有两个较宽吸收峰，分别在 275～325nm 和 480～530nm，随着非均相 Fenton 反应的进行，MO 的特征吸收峰强度逐渐减弱，反应 60min 后，两个特征吸收峰最终消失。综上分析，非均相 Fenton 反应已将 MO 染料分子降解为 H_2O 和 CO_2。

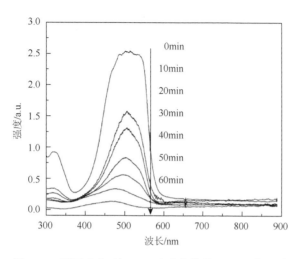

图 7.35　不同反应时间 MO 溶液的紫外-可见吸收光谱

实验条件：MO 初始浓度为 50mg/L、pH＝2、H_2O_2 浓度为 19.38mmol/L、
Fe₃O₄/MWCNTs 用量为 2g/L、室温

由此推测：Fe₃O₄/MWCNTs 非均相 Fenton 反应降解 MO 是吸附和非均相 Fenton 催化氧化的协同作用。溶出铁离子和•OH 的定量分析证实 Fe₃O₄/MWCNTs 非均相 Fenton 反应同时涉及均相催化过程和非均相催化过程，如图 7.36 所示。

图 7.36　Fe₃O₄/MWCNTs-H_2O_2 体系的均相和非均相 Fenton 催化机理示意图

对于均相 Fenton 反应过程，可表述如下：

$$\equiv Fe^{2+} \longrightarrow Fe^{2+}_{(aq)} \tag{7-6}$$

$$\equiv Fe^{3+} \longrightarrow Fe^{3+}_{(aq)} \tag{7-7}$$

$$Fe^{2+}_{(aq)} + H_2O_2 \longrightarrow Fe^{3+}_{(aq)} + \cdot OH + OH^- \tag{7-8}$$

$$Fe^{3+}_{(aq)} + H_2O_2 \longrightarrow Fe^{2+}_{(aq)} + H^+ + HO_2 \cdot \tag{7-9}$$

$$MO + \cdot OH \longrightarrow 中间产物 \longrightarrow CO_2 + H_2O \tag{7-10}$$

对于非均相 Fenton 反应过程，可表述如下：

$$\equiv Fe^{2+} \cdot H_2O + H_2O_2 \longrightarrow \equiv Fe^{2+} \cdot H_2O_2 + H_2O \tag{7-11}$$

$$\equiv Fe^{3+} \cdot H_2O + H_2O_2 \longrightarrow \equiv Fe^{3+} \cdot H_2O_2 + H_2O \tag{7-12}$$

$$\equiv Fe^{2+} \cdot H_2O_2 \longrightarrow \equiv Fe^{3+} + \cdot OH + OH^- \tag{7-13}$$

$$\equiv Fe^{3+} \cdot H_2O_2 \longrightarrow \equiv Fe^{2+} + H^+ + HO_2 \cdot \tag{7-14}$$

$$MO + \cdot OH \longrightarrow 中间产物 \longrightarrow CO_2 + H_2O \tag{7-15}$$

参 考 文 献

李伟, 成荣明, 徐学诚, 等. 2005. 羟基自由基对多壁碳纳米管表面和结构的影响[J]. 无机化学学报, 21（2）: 186-190.

Aboutalebi S H, Chidembo A T, Salari M, et al. 2011. Comparison of GO, GO/MWCNTs composite and MWCNTs as potential electrode materials for supercapacitors[J]. Energy & Environmental Science, 4（5）: 1855-1865.

Andreozzi R, Caprio V, Marotta R. 2002. Oxidation of 3,4-dihydroxybenzoic acid by means of hydrogen peroxide in aqueous goethite slurry[J]. Water Research, 36（11）: 2761-2768.

Behler K, Osswald S, Ye H, et al. 2006. Effect of thermal treatment on the structure of multiwalled carbon nanotubes[J]. Journal of Nanoparticle Research, 8（5）: 615-625.

Buang N A, Fadil F, Majid Z A, et al. 2012. Characteristic of mild acid functionalized multiwalled carbon nanotubes towards high dispersion with low structural defects[J]. Digest Journal of Nanomaterials and Biostructures, 7（1）: 33-39.

Che H, Bae S, Lee W. 2011. Degradation of trichloroethylene by Fenton reaction in pyrite suspension[J]. Journal of Hazardous Materials, 185（2）: 1355-1361.

Chen G, Futaba D N, Sakurai S, et al. 2014. Interplay of wall number and diameter on the electrical conductivity of carbon nanotube thin films[J]. Carbon, 67（67）: 318-325.

Chen J J, Jia X, She Q J, et al. 2010. The preparation of nano-sulfur/MWCNTs and its electrochemical performance[J]. Electrochimica Acta, 55（27）: 8062-8066.

Cheng Z P, Chu X Z, Yin J Z, et al. 2012. Surfactantless synthesis of Fe_3O_4 magnetic nanobelts by a simple hydrothermal process[J]. Materials Letters, 75（2）: 172-174.

Deng J H, Wen X H, Wang Q N. 2012. Solvothermal in situ synthesis of Fe_3O_4-multiwalled carbon nanotubes with enhanced heterogeneous Fenton-like activity[J]. Materials Research Bulletin, 47（11）: 3369-3376.

Feng J, Hu X, Yue P L. 2004. Novel bentonite clay-based Fe-nanocomposite as a heterogeneous catalyst for photo-Fenton discoloration and mineralization of Orange Ⅱ[J]. Environmental Science & Technology, 38（1）: 269-275.

Futaba D N, Yamada T, Kobashi K, et al. 2011. Macroscopic wall number analysis of single-walled, double-walled, and few-walled carbon nanotubes by X-ray diffraction[J]. Journal of the American Chemical Society, 133（15）: 5716-5719.

Hassan H, Hameed B H. 2011. Fe-clay as effective heterogeneous Fenton catalyst for the decolorization of Reactive Blue 4[J]. Chemical Engineering Journal, 171（3）: 912-918.

Hu X B, Liu B Z, Deng Y H, et al. 2011. Adsorption and heterogeneous Fenton degradation of 17α-methyltestosterone on nano Fe$_3$O$_4$/MWCNTs in aqueous solution[J]. Applied Catalysis B-Environmental，107（3-4）：274-283.

Iida H，Takayanagi K，Nakanishi T，et al. 2007. Synthesis of Fe$_3$O$_4$ nanoparticles with various sizes and magnetic properties by controlled hydrolysis[J]. Journal of Colloid and Interface Science，314（1）：274-280.

Kim B，Sigmund W M. 2004. Functionalized multiwall carbon nanotube/gold nanoparticle composites[J]. Langmuir，20（19）：8239-8242.

Kuang Q，Li S F，Xie Z X，et al. 2006. Controllable fabrication of SnO$_2$-coated nanotubes by chemical vapor multiwalled carbon deposition[J]. Carbon，44（7）：1166-1172.

Kwan W P，Voelker B M. 2003. Rates of hydroxyl radical generation and organic compound oxidation in mineral-catalyzed Fenton-like systems[J]. Environmental Science & Technology，37（6）：1150-1158.

Li D，Müller M B，Gilje S，et al. 2008. Processable aqueous dispersions of graphene nanosheets[J]. Nature Nanotechnology，3（2）：101-105.

Liu Q，Ke L M，Liu F C，et al. 2013. Microstructure and mechanical property of multi-walled carbon nanotubes reinforced aluminum matrix composites fabricated by friction stir processing[J]. Materials and Design，45（45）：343-348.

Lu M C，Chen J N，Huang H H. 2002. Role of goethite dissolution in the oxidation of 2-chlorophenol with hydrogen peroxide[J]. Chemosphere，46（1）：131-136.

Lupo F，Kamalakaran R，Scheu C，et al. 2004. Microstructural investigations on zirconium oxide-carbon nanotube composites synthesized by hydrothermal crystallization[J]. Carbon，42（10）：1995-1999.

McKay G，Rosario-Ortiz F L. 2015. Temperature dependence of the photochemical formation of hydroxyl radical from dissolved organic matter[J]. Environmental Science & Technology，49（7）：4147-4154.

Mishra A K，Ramaprabhu S. 2010. Magnetite decorated multiwalled carbon nanotube based supercapacitor for arsenic removal and desalination of seawater[J]. Journal of Physical Chemistry C，114（6）：2583-2590.

Okpalugo T I T，Papakonstantinou P，Murphy H，et al. 2005. High resolution XPS characterization of chemical functionalized MWCNTs and SWCNTs[J]. Carbon，43（1）：153-161.

Planeix J M，Coustel N，Coq B，et al. 1994. Application of carbon nanotubes as supports in heterogeneous catalysis[J]. Journal of the American Chemical Society，116（17）：7935-7936.

Shamsudin M S，Asli N A，Abdullah S，et al. 2012. Effect of synthesis temperature on the growth iron-filled carbon nanotubes as evidenced by structural，micro-Raman，and thermogravimetric analyses[J]. Advances in Condensed Matter Physics，2012（1）：420619.

Shi T N，Xu H Y，Chang H Z. 2014. UV-Fenton discoloration of Methyl Orange using Fe$_3$O$_4$/MWCNTs as heterogeneous catalyst obtained by an in situ strategy[J]. Applied Mechanics and Materials，618（8）：208-214.

Song S，Rao R，Yang H，et al. 2010. Facile synthesis of Fe$_3$O$_4$/MWCNTs by spontaneous redox and their catalytic performance[J]. Nanotechnology，21（18）：185602.

Stobinski L，Lesiak B，Kövér L，et al. 2010. Multiwall carbon nanotubes purification and oxidation by nitric acid studied by the FTIR and electron spectroscopy methods[J]. Journal of Alloys and Compounds，501（1）：77-84.

Tiwari S，Phase D M，Choudhary R J. 2008. Probing antiphase boundaries in Fe$_3$O$_4$ thin films using micro-Raman spectroscopy[J]. Applied Physics Letters，93（23）：234108.

Wang G J，Lee M W，Chen Y H. 2008. A TiO$_2$-CNT coaxial structure and standing CNT array laminated photocatalyst to enhance the photolysis efficiency of TiO$_2$[J]. Photochemistry and Photobiology，84（6）：1493-1499.

Wang H，Jiang H，Wang S，et al. 2014. Fe$_3$O$_4$-MWCNT magnetic nanocomposites as efficient peroxidase mimic catalysts in a Fenton-like reaction for water purification without pH limitation[J]. RSC Advances，4（86）：45809-45815.

Wang J. 2005. Carbon-nanotube based electrochemical biosensors：A review[J]. Electroanalysis，17（1）：7-14.

Wang X Z, Zhao Z B, Qu J Y, et al. 2010. Fabrication and characterization of magnetic Fe₃O₄-CNT composites[J]. Journal of Physical and Chemistry of Solids, 71（4）: 673-676.

Xu H Y, Prasad M, Liu Y. 2009. Schorl: A novel catalyst in mineral-catalyzed Fenton-like system for dyeing wastewater discoloration[J]. Journal of Hazardous Materials, 165（1-3）: 1186-1192.

Xu H Y, Shi T N, Zhao H, et al. 2016. Heterogeneous Fenton-like discoloration of Methyl Orange using Fe₃O₄/MWCNTs as catalyst: Process optimization by response surface methodology[J]. Frontiers of Materials Science, 10（1）: 45-55.

Xu H Y, Wang Y, Shi T N, et al. 2018a. Heterogeneous Fenton-like discoloration of Methyl Orange using Fe₃O₄/MWCNTs as catalyst: Combination mechanism and affecting parameters[J]. Frontiers of Materials Science, 12（1）: 21-33.

Xu H Y, Wang Y, Shi T N, et al. 2018b. Heterogeneous Fenton-like discoloration of Methyl Orange using Fe₃O₄/MWCNTs as catalyst: Kinetics and Fenton-like mechanism[J]. Frontiers of Materials Science, 12（1）: 34-44.

Xu H Y, Zheng Z, Mao G J. 2010. Enhanced photocatalytic discoloration of Acid Fuchsine wastewater by TiO₂/schorl composite catalyst[J]. Journal of Hazardous Materials, 175（1）: 658-665.

Xu L J, Wang J L. 2012. Fenton-like degradation of 2,4-dichlorophenol using Fe₃O₄ magnetic nanoparticles[J]. Applied Catalysis B-Environmental, 123-124（7）: 117-126.

Yu B Y, Kwak S Y. 2010. Assembly of magnetite nanocrystals into spherical mesoporous aggregates with a 3-D wormhole-like pore structure[J]. Journal of Materials Chemistry, 20（38）: 8320-8328.

Yu L, Yang X, Ye Y, et al. 2015. Efficient removal of atrazine in water with a Fe₃O₄/MWCNTs nanocomposite as a heterogeneous Fenton-like catalyst[J]. RSC Advances, 5（57）: 46059-46066.

Zhang J, Liu G D, Wang P H, et al. 2017. Facile synthesis of FeOCl/iron hydroxide hybrid nanosheets: Enhanced catalytic activity as a Fenton-like catalyst[J]. New Journal of Chemistry, 41（18）: 10339-10346.

Zhou L C, Zhang H, Ji L Q, et al. 2014. Fe₃O₄/MWCNT as a heterogeneous Fenton catalyst: Degradation pathways of tetrabromobisphenol A[J]. RSC Advances, 4（47）: 24900-24908.

第8章　Fe₃O₄/RGO 非均相 Fenton 催化材料

8.1　概　　述

石墨烯（graphene）是一种新型的二维结构纳米材料，具有优异的力、热、电和光学性能（Wang and Karnik，2012；Kim et al.，2011），自 2004 年成功获得后迅速掀起了全世界的研究热潮，在环境、能源、电子器件、生物医药等领域得到了广泛的应用（Tan et al.，2017；Srivastava and Pionteck，2015）。由于具有超大的理论比表面积（2630m²/g），石墨烯被视为构建高级氧化催化新材料的理想载体（Nidheesh，2017；Zhou et al.，2013；Geng et al.，2012）。石墨烯超大的比表面积和表面丰富的 π 电子使得它表现出优异的吸附特性，通过电荷迁移和 π 堆垛，可使芳香族化合物吸附在石墨烯片层上（Pei et al.，2013）。同样，Fe₃O₄/RGO 复合材料也具有较大的比表面积和良好的吸附特性（Zhang et al.，2017；Qin et al.，2014；Chang et al.，2012）。现有研究表明，吸附作用有助于•OH 氧化降解有机污染物。在非均相 Fenton 反应过程中，•OH 与有机污染物的反应发生在催化材料表面或表面附近，吸附作用会使有机物分子在催化材料表面或附近聚集，从而加快•OH 与有机物的反应速率，并可减少 H₂O₂ 对•OH 的竞争性消耗，提高体系氧化活性（Hu et al.，2012，2011）。因此，利用超大比表面积的石墨烯负载 Fe₃O₄，可实现吸附与催化氧化的耦合集成，提高非均相 Fenton 反应活性。此外，与其他固定 Fe₃O₄ 载体不同的是，石墨烯还具有优异的电子输运特性，室温时的电子迁移率高达 $2.5 \times 10^5 \text{cm}^2/(\text{V·s})$（Bonaccorso et al.，2015；Novoselov et al.，2012）。石墨烯基复合材料也具有优异的电子输运特性（Stankovich et al.，2006）。对于传统均相 Fenton 反应，•OH 的形成过程涉及电子迁移，包括 Fe^{2+} 与 H_2O_2 非键合的外部电子迁移和 Fe^{2+} 与 H_2O_2 直接键合的内部电子迁移（Barbusiński，2009）（图 1.3）。同样，过程更为复杂的非均相 Fenton 反应也涉及电子迁移，如活性自由基形成、反应物的吸附络合与氧化降解、反应点位的还原再生等，增强电子迁移过程，将会提高非均相 Fenton 反应活性（王彦斌等，2013b）。无论是传统 Fenton 试剂还是非均相 Fenton 反应，Fe^{2+} 的再生过程都是反应速率的控制步骤，加快 Fe^{3+}/Fe^{2+} 循环是提高非均相 Fenton 反应活性最为有效的方式之一，而电子迁移过程对 Fe^{3+}/Fe^{2+} 循环具有关键作用（冯勇等，2013）。Chen 等（2011）研究发现，石墨烯与 Fe₃O₄ 纳米颗粒间有显著的电荷迁移过程。因此，以石墨烯作为 Fe₃O₄ 的载体，充分利用石墨烯优异的电子输运特性，加快 Fe^{3+}/Fe^{2+} 循环再生，提高•OH 产出与有机物降解速率，进而对非均相 Fenton 反应起到功能增强的作用。以磁性 Fe_3O_4/RGO 复合材料作为 Fenton 反应的非均相催化材料，国内外鲜有研究报道。利用石墨烯超大的比表面积和优异的表面电学性质，提高 Fe_3O_4 非均相 Fenton 反应活性及其 pH 响应范围，采用简单快速的磁分离技术，可实现循环再利用，具有一定的实用价值。同时，这也是探寻高效非均相 Fenton 催化新材料的途径，对推动有机污染废水处理技术的发展、促进多学科有机融合与交叉具有重要的学术意义。本章采用原位化学沉积法制备 Fe_3O_4/RGO 复合非均相 Fenton 催化材料，详细研究 Fe_3O_4 与石墨烯结合机理、Fenton 反应影响因素、动力学方程、过程优化及微观机理等（Xu et al.，2018a，2018b）。

8.2　Fe_3O_4/RGO 制备与表征

采用改进 Hummers 法制备氧化石墨烯（graphene oxides，GO），具体步骤如下：称取 2g 石墨粉置于三孔烧瓶中，分别加入 90ml 浓硫酸和 30ml 浓硝酸（体积比为 3：1），机械搅拌的同时每间隔 5min 缓慢加入 2g 高锰酸钾，共添加 6 次，冰水浴条件下低温反应 1h；低温反应结束后，将三孔烧瓶移至 35℃恒温水浴锅中继续反应 2h，保持机械搅拌；将水浴锅加热到 98℃以上，同时用分液漏斗将 240ml 去离子水缓慢滴到三孔烧瓶内，保持合适的机械搅拌速度，温度升至 98℃后继续反应 1h，溶液逐渐变为金黄色；将溶液移至烧杯中，用适量的去离子水终止反应，并添加 50ml 体积分数为 30%的 H_2O_2 溶液，磁力搅拌作用下继续反应 90min；加入 30ml 浓度为 10%的盐酸溶液，继续磁力搅拌 30min；反复离心洗涤，目的是滤掉副产物和多余的酸，直至样品 pH 接近中性，将其分散于水溶液内，超声振荡 2h 后，即得到 GO。

采用原位化学沉淀法合成 Fe_3O_4/RGO 复合材料，具体实验步骤如下：量取一定量已分散好的 GO 置于 500ml 锥形瓶中，加入适量去离子水，超声处理 10min，使其分散均匀；称取一定量 $FeSO_4 \cdot 7H_2O$ 于上述锥形瓶中，继续超声分散，使其混合均匀并溶解，将此混合溶液保温在 90℃左右的水浴中；另称取一定量 NaOH 和 $NaNO_3$ 溶解于去离子水中，将此混合碱溶液置于 90℃左右的水浴中保温；使用分液漏斗将碱溶液缓慢滴加到上述混合液中，同时剧烈搅拌，滴加完毕后在某一温度水浴若干时间；待制得的试样冷却至室温，去离子水洗涤 5 遍，无水甲醇洗涤 3 遍，均以磁铁置于烧杯底部进行分离，烘干后得到黑色的 Fe_3O_4/RGO 复合材料。

RGO 质量分数为 5%、10%、15%、20%和 25%时制备的 Fe_3O_4/RGO 复合材

料分别标记为 FG-5G、FG-10G、FG-15G、FG-20G 和 FG-25G；水浴温度为 55℃、65℃、75℃、85℃和 95℃时制备的 Fe₃O₄/RGO 复合材料分别标记为 FG-55T、FG-65T、FG-75T、FG-85T 和 FG-95T；水浴时间为 1h、2h、3h、4h 和 5h 时制备的 Fe₃O₄/RGO 复合材料分别标记为 FG-1H、FG-2H、FG-3H、FG-4H 和 FG-5H。

图 8.1 是 GO 的 XRD 图谱。从图 8.1 中可以看出，在 $2\theta = 11.8°$ 处有一个强的衍射峰，对应于（002）晶面衍射；在 $2\theta = 42.5°$ 处有一个较弱的衍射峰，对应于二维的（10）晶面反射（Stobinski et al.，2014）。与石墨或氧化石墨的 XRD 图谱相比，GO 的（002）衍射峰位置向小角区域偏移，这是由于含氧基团引入 GO 片层，导致（002）晶面间距增大（Krishnamoorthy et al.，2013；Marcano et al.，2010）。根据谢乐公式，由（002）晶面衍射的半高宽可以计算出 GO 片层堆垛的平均厚度（高度）（Dikin et al.，2007），本节此值为 4.0nm。另外，利用布拉格方程（$n\lambda = 2d\sin\theta$）可以计算出（002）晶面间距为 0.75nm，这可以认为是 GO 中层与层间的距离。因此，可以判断本节所制备的 GO 是 5～6 层的少层堆垛结构。

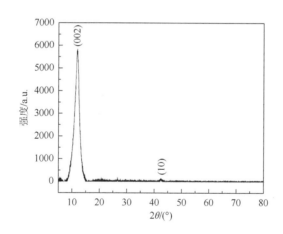

图 8.1　GO 的 XRD 图谱

图 8.2 是不同 GO 质量分数的 Fe₃O₄/RGO 复合材料的 XRD 图谱，在 $2\theta = 18.3°$、30.0°、35.6°、37.1°、43.1°、53.4°、57.3°、62.8°处的衍射峰是具有反尖晶石结构的 Fe₃O₄ 的特征衍射峰（JCPDS 65-3107），分别对应（111）、（220）、（311）、（222）、（400）、（422）、（511）、（440）晶面衍射。XRD 峰尖锐意味 Fe₃O₄ 晶体结构完整、结晶良好。在 Fe₃O₄/RGO 复合材料的 10.2°处有一个较宽的衍射峰，这是还原氧化石墨烯（reduced graphene oxides，RGO）（002）晶面的特征衍射峰。（002）晶面特征衍射峰具有更大的半高宽和更小的衍射角位置，这意味着 Fe₃O₄/RGO 复合材料中石墨烯具有更少层的片层堆垛。这主要是因为在 RGO 片层间形成了 Fe₃O₄ 纳米颗粒，阻碍了片层间的重新堆垛，增大了层间距。根据谢

乐公式，计算出 Fe₃O₄、FG-5G、FG-10G、FG-15G、FG-20G、FG-25G 的平均晶粒尺寸分别为 35.8nm、31.7nm、16.5nm、15.5nm、13.1nm、9.5nm。这表明随着 RGO 的增加，Fe₃O₄ 纳米颗粒在石墨烯表面的生长受到了限制。

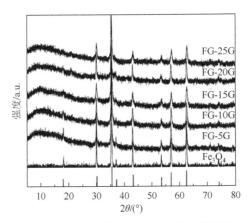

图 8.2　不同 GO 质量分数的 Fe₃O₄/RGO 复合材料的 XRD 图谱

　　图 8.3 是不同水浴温度制备 Fe₃O₄/RGO 复合材料的 XRD 图谱。由图 8.3 可知，水浴温度并未对产物的衍射峰产生显著影响，在不同水浴温度条件下所制得的 Fe₃O₄/RGO 复合材料的衍射峰均可与 Fe₃O₄ 晶体特征衍射峰相对应，说明水浴温度并未影响 Fe₃O₄ 晶体的晶型和物相组成。Fe₃O₄/RGO 复合材料中 RGO 的特征衍射峰较弱，这是因为在复合材料中 RGO 比例（10%）相对较少。根据谢乐公式，可以计算出 FG-55T、FG-65T、FG-75T、FG-85T、FG-95T 的平均晶粒尺寸分别为 26.6nm、24.2nm、23.5nm、23.5nm、16.5nm。这意味着水浴温度的升高会抑制 Fe₃O₄ 纳米颗粒的生长。

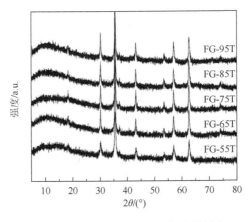

图 8.3　不同水浴温度制备 Fe₃O₄/RGO 复合材料的 XRD 图谱

图 8.4 是不同水浴时间制备 Fe₃O₄/RGO 复合材料的 XRD 图谱。由图 8.4 可知，在不同水浴时间条件下所制得的 Fe₃O₄/RGO 复合材料的衍射峰均与 Fe₃O₄ 晶体特征衍射峰相对应，同样说明水浴时间并未影响 Fe₃O₄ 晶体形成。根据谢乐公式，可以计算出 FG-1H、FG-2H、FG-3H、FG-4H、FG-5H 的平均晶粒尺寸分别为 22.3nm、16.5nm、22.3nm、26.6nm、27.5nm，这说明 2h 的水浴时间可以获得最小尺寸的 Fe₃O₄ 纳米颗粒。在非均相 Fenton 反应过程中，小晶粒尺寸的 Fe₃O₄ 纳米颗粒能够提供更多的反应活性点位（Zubir et al.，2016）。

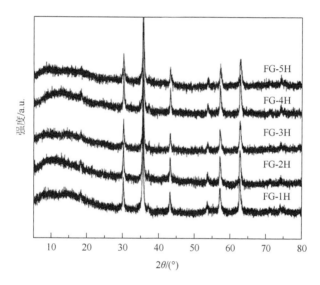

图 8.4　不同水浴时间制备 Fe₃O₄/RGO 复合材料的 XRD 图谱

图 8.5 为 GO、Fe₃O₄ 和 Fe₃O₄/RGO 复合材料（FG-10G）的 FTIR 图。GO 在 3393cm⁻¹ 处存在宽而强烈的吸收峰，归属于 C—OH 基团和—OH 基团的伸缩振动峰，在 1730cm⁻¹ 处对应羧基中 C＝O 的伸缩振动峰，在 1621cm⁻¹ 处出现了 C＝C 基团的伸缩振动峰，这是由 GO 中未被氧化的 sp² 杂化引起的（Wang et al.，2013），在 1403cm⁻¹ 处对应于 O—H 的弯曲振动峰，在 1061cm⁻¹ 处出现了明显的 C—O 伸缩振动峰，以上特征峰说明 GO 表面存在多种含氧基团，如羧基、羟基、环氧基等，与相关报道一致（You et al.，2013；Liu et al.，2010）。Fe₃O₄/RGO 复合材料在 3397cm⁻¹ 处对应的 C—OH 基团和—OH 基团的伸缩振动峰明显变弱，在 1566cm⁻¹、1081cm⁻¹ 处所对应的 C＝O 键伸缩振动峰和 O—H 键的弯曲振动峰也基本消失，说明负载后 GO 表面的—OH 和—COOH 官能团被大量占据和消耗，GO 已经被还原为石墨烯。同时在 576cm⁻¹ 处出现一个较宽的强吸收峰，该吸收峰对应 Fe—O 键的伸缩振动峰，表明 Fe₃O₄ 晶体已成功地负载到 RGO 表面。

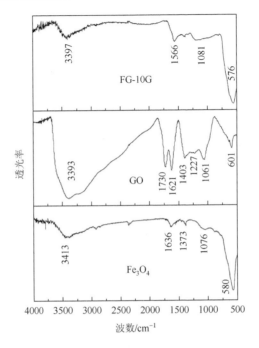

图 8.5　GO、Fe₃O₄ 和 Fe₃O₄/RGO 复合材料（FG-10G）的 FTIR 图

图 8.6 为 GO、Fe₃O₄ 和 Fe₃O₄/RGO 复合材料（FG-10G）的拉曼光谱图。从图 8.6 中可以看出，在 GO 和 Fe₃O₄/RGO 复合材料的谱线上都出现了两个典型的特征峰，在 1350cm⁻¹ 左右的 D 峰和在 1600cm⁻¹ 左右的 G 峰。D 峰为碳材料无序诱导的拉曼特征峰，对应石墨表面声子 A_{1g} 不对称振动模式，理想的石墨平面内只含有多环芳烃的 sp² 杂化轨道，没有存在其他运动状态的声子，一旦平面内产生某种缺陷，如表面官能团修饰、原子掺杂或悬键引入，会导致该共轭体系内的电子运动受到破坏，这时产生的声子运动就由 D 带吸收峰体现，因此用此振动模式判定石墨表面结构的完整度和有序性，即 D 峰越强，说明表面结构的完整性越差（Krishnamoorthy et al.，2013）。G 峰为石墨材料的本征拉曼特征峰，对应石墨表面声子 E_{2g} 对称振动模式，描述了石墨平面内 sp² 杂化轨道构成的共轭 π 键体系。在高频区域相对较弱的 2D 峰，是 D 峰的倍频振动模式。在 2900cm⁻¹ 左右的特征峰则归属于 D + G 混合模式（Eigler et al.，2012）。I_D/I_G 通常用来评判石墨烯结构的无序与缺陷。I_D/I_G 大，则表示石墨烯结构中有较多的无序结构和缺陷。本节 GO 和 RGO 的 I_D/I_G 分别为 0.88 和 0.74，这暗示着碱热还原使 GO 失去了大量的含氧官能团，Fe₃O₄/RGO 复合材料中 RGO 具有相对较大的有序碳区域（Perera et al.，2012）。Fe₃O₄/RGO 复合材料具有尖锐较强的 2D 峰（2702cm⁻¹），这也说明碱热还原后 GO 缺陷减少（Guo et al.，2009）。此外，根据 I_{2D}/I_G 可以判断石

墨烯的层数,一层、二层、三层、多层石墨烯的 I_{2D}/I_G 分别为 1.6、0.8、0.30、0.07 (Jiao et al.,2015)。本节 Fe₃O₄/RGO 复合材料中的 I_{2D}/I_G 为 0.54,因此可以推测 Fe₃O₄/RGO 复合材料中石墨烯的层数为 2~3 层。GO 的 XRD 计算结果表明它的层数为 5~6 层,而与 Fe₃O₄ 复合后层数减少为 2~3 层,这是因为在石墨烯层间形成了 Fe₃O₄ 纳米颗粒,阻止了石墨烯片层的堆垛。Fe₃O₄ 在 664cm⁻¹ 和 319cm⁻¹ 处的特征峰分别对应于 Fe—O 的伸缩振动峰(A_{1g})和与 Fe 相关的 O 的弯曲振动峰(E_g)(Shebanova and Lazor,2003)。Fe₃O₄/RGO 复合材料中 292cm⁻¹、691cm⁻¹、810cm⁻¹ 的特征峰则意味着形成了 Fe—O 和 Fe—C 键(Yu et al.,2015;Hu et al.,2011)。

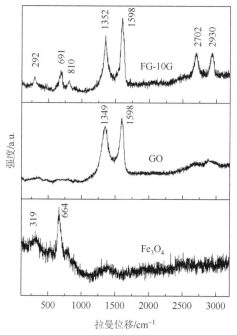

图 8.6　GO、Fe₃O₄ 和 Fe₃O₄/RGO 复合材料(FG-10G)的拉曼光谱图

GO、Fe₃O₄ 和 Fe₃O₄/RGO 复合材料的 SEM 照片如图 8.7 所示。从图 8.7 中可

(a) GO　　　　　　　(b) Fe₃O₄　　　　　　(c) Fe₃O₄/RGO复合材料

图 8.7　GO、Fe₃O₄ 和 Fe₃O₄/RGO 复合材料的 SEM 照片

以看出，GO 如一层带有褶皱的薄纱；Fe_3O_4 颗粒呈立方体状，直径为 10～200nm，磁性使得颗粒间杂乱地聚集在一起；Fe_3O_4/RGO 复合材料中 Fe_3O_4 和 RGO 都清晰可见。

TEM 可以观察到 Fe_3O_4 和 Fe_3O_4/RGO 复合材料的微观结构，如图 8.8 所示。Fe_3O_4 呈立方体状，直径小于 100nm。Fe_3O_4/RGO 复合材料中，Fe_3O_4 纳米颗粒均匀地分布在 RGO 片层上。SAED 所产生的圆环对应于 Fe_3O_4 晶体的（220）、（311）、（400）、（422）、（511）晶面，这些衍射环说明所制备的 Fe_3O_4 是多晶的。另外，需要注意的是，TEM 制样时经过强烈的超声分散，Fe_3O_4 纳米颗粒仍然固定在 RGO 片层上，说明 Fe_3O_4 纳米颗粒与 RGO 之间是通过强的化学键合形式结合在一起的，而不是简单的吸附作用。

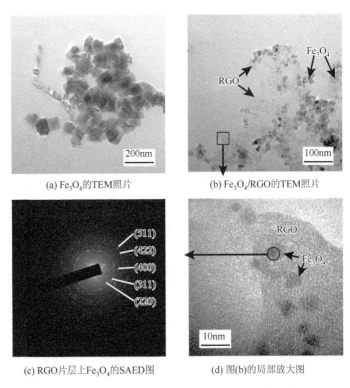

(a) Fe_3O_4的TEM照片

(b) Fe_3O_4/RGO的TEM照片

(c) RGO片层上Fe_3O_4的SAED图

(d) 图(b)的局部放大图

图 8.8　Fe_3O_4 和 Fe_3O_4/RGO 显微形貌结构分析

图 8.9 为 Fe_3O_4 和不同 RGO 质量分数的 Fe_3O_4/RGO 复合材料的比表面积对比。Fe_3O_4 的比表面积最小（$13.73m^2/g$）；RGO 为 5%时，Fe_3O_4/RGO 复合材料的比表面积增大为 $42.89m^2/g$；随着 RGO 质量分数增大，Fe_3O_4/RGO 复合材料比表面积也逐渐增大；当 RGO 质量分数为 25%时，Fe_3O_4/RGO 复合材料的比表面积大

幅提高，达到 112.83m²/g。比表面积的增大可以提高复合材料的物理吸附能力，同时可以提高非均相 Fenton 反应体系中铁离子与染料分子的接触面积，进而大幅提高 Fenton 反应活性。

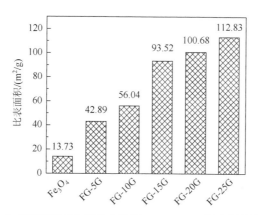

图 8.9　Fe₃O₄ 和不同 RGO 质量分数的 Fe₃O₄/RGO 复合材料的比表面积

　　图 8.10 是 Fe₃O₄ 和不同 RGO 质量分数的 Fe₃O₄/RGO 复合材料的磁滞回线图。Fe₃O₄ 和不同 RGO 质量分数 Fe₃O₄/RGO 复合材料的磁化强度均随着外加磁场强度的增大而增大，当外加磁场强度为 2000 A/m 时达到饱和磁化强度，随着 RGO 质量分数的增加，Fe₃O₄/RGO 复合材料的饱和磁化强度逐渐降低，这主要是由于具有磁性的 Fe₃O₄ 逐渐减少。同时 Fe₃O₄ 和 Fe₃O₄/RGO 复合材料都具有较低的矫顽力。此外，由于 Fe₃O₄/RGO 复合材料具有良好的磁性能，在使用 Fe₃O₄/RGO 复合材料处理染料废水后，通过外加磁场的作用对其实现快速回收和重复使用（图 8.10 中的插图）。

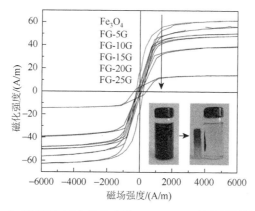

图 8.10　Fe₃O₄ 和不同 RGO 质量分数 Fe₃O₄/RGO 复合材料的磁滞回线图

　　图 8.11 是不同 pH 水溶液中 GO 表面 Zeta 电势。当水溶液 pH 为 1、3、5、

7、9、10、11 时，对应的 GO 表面 Zeta 电势分别为-26.32mV、-34.15mV、-41.37mV、-38.45mV、-39.66mV、-41.13mV、-40.53mV，说明 GO 分散在水中时表面带有明显的负电性，这是由于 GO 表面存在的羟基和羧基在水中发生电离（Lerf et al., 1998）。不同 pH 时，电离程度有所不同，因此 GO 表面 Zeta 电势随 pH 的改变而变化。另外，Zeta 电势结果表明，GO 能在水中稳定分散，一方面是由于其表面带有大量亲水性官能团，另一方面是由于静电排斥作用。带负电的官能团与带正电的铁离子通过分子间的库仑引力形成弱化学键，说明 Fe_3O_4 是通过原位氧化负载于 GO 表面的，而并非简单的物理吸附。根据胶体相关知识可知，当 Zeta 电势大于-30mV 时，分散在水溶液中的 GO 之间具有足够大的斥力，可以在水溶液中均匀分散并稳定存在。因此，在合成 Fe_3O_4/RGO 复合材料时要保持体系 pH 在 9～10。

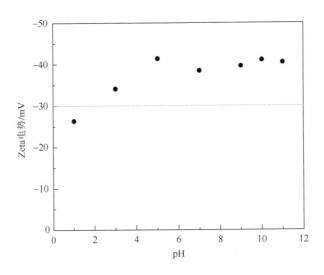

图 8.11　不同 pH 水溶液中 GO 表面 Zeta 电势

　　原位化学沉积法制备 Fe_3O_4/RGO 复合材料，是将 Fe^{2+} 引入 GO 的碱性溶液中，然后加入混合碱液，通过静电诱导组装 Fe^{2+}，再利用离子交换生成 Fe—O 键，将 Fe_3O_4 晶体原位沉积在 GO 表面，同时完成 GO 还原为 RGO 的过程（何光裕等，2012）。图 8.12 是原位化学沉积法制备磁性 Fe_3O_4/RGO 复合材料的合成机理图。该制备方法实现了 GO 的原位还原与 Fe_3O_4 的原位生长同步完成。通过改进 Hummers 法制得的 GO 表面含有大量羧基、羟基等含氧官能团，可以将溶液中的 Fe^{2+} 吸附到其表面，在碱性条件下进行高温水浴反应，Fe^{2+} 被部分氧化后原位形成 Fe_3O_4（Cheng et al., 2012；Iida et al., 2007）。同时 GO 因失去含氧官能团而被还原为石墨烯。

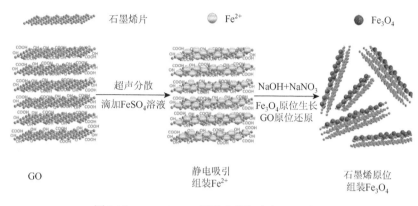

图 8.12　Fe₃O₄/RGO 原位化学沉积机理示意图

8.3　Fe₃O₄/RGO 非均相 Fenton 反应效能

　　选取典型偶氮染料 MO 作为目标污染物,评价 Fe₃O₄/RGO 非均相 Fenton 反应效能。评价方法如下:量取一定量初始浓度已知的 MO 模拟废水溶液置于烧杯中,加入一定量的 Fe₃O₄/RGO 和 H₂O₂,调节溶液的 pH 至所需范围,磁力搅拌作用下避光进行非均相 Fenton 反应。反应若干时间后,取上清液测量吸光度,确定 MO 浓度。

　　室温 20℃,溶液 pH = 3,H₂O₂ 浓度为 9.69mmol/L,Fe₃O₄/RGO 用量为 1g/L,MO 初始浓度为 50mg/L。分别以 Fe₃O₄ 和不同 RGO 质量分数的 Fe₃O₄/RGO 复合材料作为催化材料,考察 RGO 质量分数对 Fe₃O₄/RGO 非均相 Fenton 反应效能的影响,如图 8.13 所示。不同 RGO 质量分数的 Fe₃O₄/RGO 复合材料均比 Fe₃O₄ 的催化活性高,这是由于 RGO 巨大的比表面积提高了催化材料与染料分子的接触碰撞概率,同时增大了溶液中铁离子的浓度,使得铁离子催化 H₂O₂ 的反应速率增大,产生更多的·OH,进而大大提高了催化活性。RGO 质量分数由 5%增加到 10%时,相应 MO 脱色率也随之大幅增大;当 RGO 质量分数继续增加时,MO 脱色率也随之增大,但变化趋势不明显,增大幅度较小,这是由于随着 RGO 质量分数的增加,比表面积大幅增长使得溶液中活性物质的浓度增大,但同时 Fe₃O₄ 的数量逐渐减少,综合两方面的影响,溶液中铁离子的浓度呈减小趋势,非均相 Fenton 反应效能降低。因此,在催化效果相近的情况下,考虑到 GO 成本较高,本节确定 Fe₃O₄/RGO 复合材料的 RGO 质量分数为 10%。

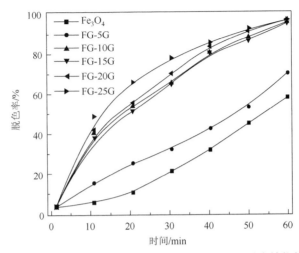

图 8.13　RGO 质量分数对 Fe₃O₄/RGO 非均相 Fenton 反应效能的影响

　　室温 20℃，溶液 pH = 3，H₂O₂ 浓度为 9.69mmol/L，Fe₃O₄/RGO 用量为 1g/L，MO 初始浓度为 50mg/L。分别以不同水浴温度获得的 Fe₃O₄/RGO 复合材料作为催化材料，考察不同水浴温度对 Fe₃O₄/RGO 非均相 Fenton 反应效能的影响，如图 8.14 所示。水浴温度对 Fe₃O₄/RGO 复合材料催化活性的影响有明显的变化规律，随着水浴温度的升高，MO 脱色率明显增大，水浴温度从 85℃升高到 95℃时，反应速率明显加快，催化效果明显提高，反应进行 40min 时 MO 脱色率为 78.87%，60min 时脱色率达到最大值 93.99%，说明此条件下制备的 Fe₃O₄/RGO 复合材料催化活性最强。这是由于随着水浴温度的升高，Fe₃O₄ 晶体发育得更好，结晶度更高，晶粒尺寸更小，反应的活性点位更大。

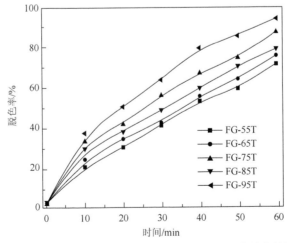

图 8.14　水浴温度对 Fe₃O₄/RGO 非均相 Fenton 反应效能的影响

室温 20℃，溶液 pH = 3，H_2O_2 浓度为 9.69mmol/L，Fe₃O₄/RGO 用量为 1g/L，MO 初始浓度为 50mg/L。分别以不同水浴时间获得的 Fe₃O₄/RGO 复合材料作为催化材料，考察不同水浴时间对 Fe₃O₄/RGO 非均相 Fenton 反应效能的影响，如图 8.15 所示。水浴时间对 Fe₃O₄/RGO 复合材料催化活性的影响有明显的变化规律，但影响程度不大，随着水浴时间的延长，MO 脱色率先增大后减小，合成时间从 1h 升高到 2h时，反应速率明显提高，MO 脱色率达到最大值 93.99%；之后随着水浴时间的继续延长，MO 脱色率反而减小。这是由于水浴时间过长，过度结晶影响了 Fe₃O₄/RGO复合材料的催化效能。因此，本节确定 Fe₃O₄/RGO 复合材料的最佳水浴时间为 2h。

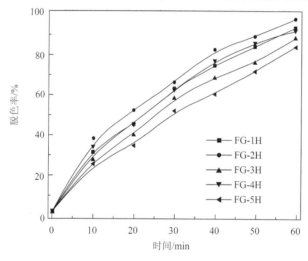

图 8.15　水浴时间对 Fe₃O₄/RGO 非均相 Fenton 反应效能的影响

室温 20℃，H_2O_2 浓度为 9.69mmol/L，Fe₃O₄/RGO 用量为 1g/L，MO 初始浓度为 50mg/L。以 RGO 质量分数为 10%、水浴温度为 95℃、水浴时间为 2h 制备的 Fe₃O₄/RGO 复合材料作为催化材料，考察不同溶液 pH 对 Fe₃O₄/RGO 非均相Fenton 反应效能的影响，如图 8.16 所示。MO 脱色率随 pH 降低表现为先增大后减小的变化趋势，当 pH 由 5 逐渐降至 3 时，MO 脱色率达到最大值，这是由于，一方面传统 Fenton 反应的最佳 pH 为 2~4；另一方面 Fe₃O₄/RGO 表面水化层中的络合物≡$Fe^{2+}·H_2O$ 催化 H_2O_2 通过置换反应生成≡$Fe^{2+}·H_2O_2$，再通过分子内电子转移生成•OH，在酸性环境下该反应过程具有较高反应速率，随着 pH 的增大，反应速率降低，进而生成•OH 的反应速率受到抑制，同时会导致一部分 Fe^{3+} 转变为氢氧化物沉淀，失去催化效能。当 pH 为 5 时，MO 脱色率有所减小，但反应 60min 后仍可达到 62.96%，说明 Fe₃O₄/RGO 复合材料拓宽了非均相 Fenton 反应的 pH 范围。当 pH 减小到 1 时，MO 脱色率有所减小是因为过量的 H^+ 会与•OH 发生反应。

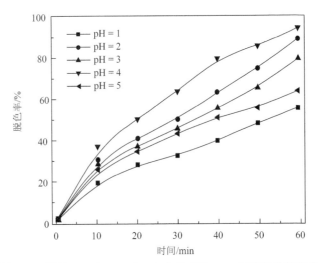

图 8.16 溶液 pH 对 Fe₃O₄/RGO 非均相 Fenton 反应效能的影响

室温 20℃，溶液 pH = 3，Fe₃O₄/RGO 用量为 1g/L，MO 初始浓度为 50mg/L。以 RGO 质量分数为 10%、水浴温度为 95℃、水浴时间为 2h 制备的 Fe₃O₄/RGO 复合材料作为催化材料，考察不同 H₂O₂ 浓度对 Fe₃O₄/RGO 非均相 Fenton 反应效能的影响，如图 8.17 所示。相同反应条件下，MO 脱色率随 H₂O₂ 浓度的增大而减小，当 H₂O₂ 浓度为 9.69mmol/L 时，MO 脱色率达到最大值，这是由于过量的 H₂O₂ 会捕获溶液中·OH，并与之发生反应，从而降低反应的催化效能，进而降低 MO 脱色率（Xu et al.，2009）。

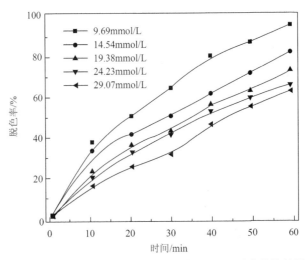

图 8.17 H₂O₂ 浓度对 Fe₃O₄/RGO 非均相 Fenton 反应效能的影响

室温 20℃，溶液 pH = 3，H₂O₂ 浓度为 9.69mmol/L，MO 初始浓度为 50mg/L。以 RGO 质量分数为 10%、水浴温度为 95℃、水浴时间为 2h 制备的 Fe₃O₄/RGO 复合材料作为催化材料，考察不同 Fe₃O₄/RGO 用量对 Fe₃O₄/RGO 非均相 Fenton 反应效能的影响，如图 8.18 所示。相同反应条件下，MO 脱色率随 Fe₃O₄/RGO 用量的增加而增大，且变化趋势明显，当 Fe₃O₄/RGO 用量由 1.5g/L 增加到 2.0g/L 时，MO 脱色率大幅增加。这是由于 Fe₃O₄/RGO 用量增大时，一方面铁离子浓度增大，另一方面反应体系中分子间的碰撞概率增大，进而有更多的 H₂O₂ 被催化形成•OH，因此催化效能明显增强。当 Fe₃O₄/RGO 用量继续增加时，MO 脱色率也随之增大，但变化幅度不大。这是由于过量的铁离子会与溶液中的•OH 发生反应，从而降低了溶液中•OH 的相对浓度，进而 MO 脱色率的增大幅度变小。

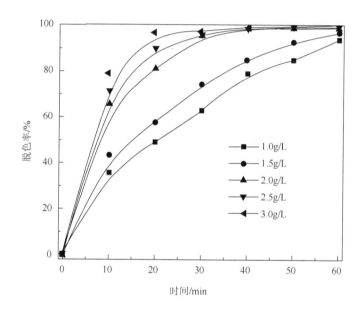

图 8.18　Fe₃O₄/RGO 用量对 Fe₃O₄/RGO 非均相 Fenton 反应效能的影响

溶液 pH = 3，H₂O₂ 浓度为 9.69mmol/L，Fe₃O₄/RGO 用量为 1g/L，MO 初始浓度为 50mg/L。以 RGO 质量分数为 10%、水浴温度为 95℃、水浴时间为 2h 制备的 Fe₃O₄/RGO 复合材料作为催化材料，考察不同反应温度对 Fe₃O₄/RGO 非均相 Fenton 反应效能的影响，如图 8.19 所示。MO 脱色率随反应温度的升高而增大，且变化趋势明显。当反应温度由 40℃ 提高到 50℃ 时，反应速率明显加快，反应进行 20min，MO 的脱色率就可以达到 91.57%，催化体系表现出极强的反应活性，产生这一变化规律的原因可能是，随着反应温度的升高，反应体系中反应物分子平均动能增大，相互之间碰撞进而发生反应的概率也增大；同

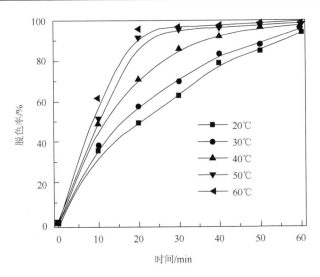

图 8.19　反应温度对 Fe₃O₄/RGO 非均相 Fenton 反应效能的影响

时，温度的升高也使活化分子数量增多，可以催化产生更多的·OH，最终导致整体反应速率的增大，因此 MO 脱色率大幅增加。

　　室温 20℃，溶液 pH = 3，H₂O₂ 浓度为 9.69mmol/L，Fe₃O₄/RGO 用量为 1g/L。以 RGO 质量分数为 10%、水浴温度为 95℃、水浴时间为 2h 制备的 Fe₃O₄/RGO 复合材料作为催化材料，考察不同 MO 初始浓度对 Fe₃O₄/RGO 非均相 Fenton 反应效能的影响，如图 8.20 所示。MO 脱色率随 MO 初始浓度的增大而减小，

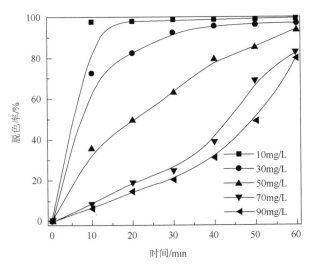

图 8.20　MO 初始浓度对 Fe₃O₄/RGO 非均相 Fenton 反应效能的影响

且变化趋势非常明显。当 MO 初始浓度从 10mg/L 增加到 90mg/L 时，反应进行 10min 后，脱色率从 97.53% 下降到 6.21%，但反应 60min 后，初始浓度为 90mg/L 高浓度 MO 溶液的脱色率也可达到 79.61%，产生这一现象的原因一方面是随着 MO 初始浓度的增大，相同用量的 Fe₃O₄/RGO 复合材料在一定时间内所产生的·OH 不足以催化更多的 MO 分子，另一方面是过多的 MO 分子占据了催化材料表面的活性点位，阻碍了活性分子与 H_2O_2 反应，降低了·OH 的生成速率，最终导致 MO 的脱色率明显下降。

8.4　Fe₃O₄/RGO 非均相 Fenton 过程优化

采用 RSM 优化 Fe₃O₄/RGO 非均相 Fenton 反应过程。借助 Design Expert 软件，对 Fe₃O₄/RGO 非均相 Fenton 反应降解 MO 过程建立数学模型，优化其工艺参数。设计选择的自变量因素为溶液 pH、H_2O_2 浓度、Fe₃O₄/RGO 用量和反应时间，依次标记为 X_1、X_2、X_3、X_4，同时所有自变量都设置 5 个水平，分别用 2、1、0、-1、-2 表示，如表 8.1 所示。

表 8.1　实验因素水平与编码

变量	编码水平				
	-2	-1	0	1	2
溶液 pH（X_1）	1	2	3	4	5
H_2O_2 浓度（X_2）/(mmol/L)	9.69	19.38	29.07	38.76	48.45
Fe₃O₄/RGO 用量（X_3）/(g/L)	1	2	3	4	5
反应时间（X_4）/min	10	20	30	40	50

实验设计方案如表 8.2 所示，共有 30 个独立设计点，其中有 6 个是重复实验，用以保证实验的可重复性和可靠性。

表 8.2　RSM 设计方案实验值与预测值

序号	X_1	X_2	X_3	X_4	MO 脱色率/%	
					实验值	预测值
1	-1	-1	-1	-1	77.20	77.30
2	1	-1	-1	-1	76.52	77.23
3	-1	1	-1	-1	77.33	78.43
4	1	1	-1	-1	79.53	79.50
5	-1	-1	1	-1	98.31	98.52
6	1	-1	1	-1	99.19	99.17

序号	X_1	X_2	X_3	X_4	MO 脱色率/%	
					实验值	预测值
7	−1	1	1	−1	99.15	98.14
8	1	1	1	−1	99.23	99.93
9	−1	−1	−1	1	95.20	94.60
10	1	−1	−1	1	96.41	96.43
11	−1	1	−1	1	95.92	94.95
12	1	1	−1	1	98.03	97.92
13	−1	−1	1	1	97.87	96.24
14	1	−1	1	1	99.79	98.79
15	−1	1	1	1	95.70	95.09
16	1	1	1	1	99.87	98.78
17	−2	0	0	0	87.76	88.77
18	2	0	0	0	92.33	92.27
19	0	−2	0	0	96.72	97.13
20	0	2	0	0	97.59	98.13
21	0	0	−2	0	78.45	77.87
22	0	0	2	0	98.53	99.76
23	0	0	0	−2	86.48	85.13
24	0	0	0	2	99.09	99.69
25	0	0	0	0	97.41	97.24
26	0	0	0	0	97.50	97.24
27	0	0	0	0	97.11	97.24
28	0	0	0	0	97.20	97.24
29	0	0	0	0	97.16	97.24
30	0	0	0	0	97.03	97.24

以 MO 的脱色率为响应值（Y），通过多项式回归拟合，得到如下二次多项式方程：

$$Y = 97.24 + 0.90X_1 + 0.28X_2 + 5.52X_3 + 4.04X_4 - 1.69X_1^2$$
$$+ 0.091X_2^2 - 2.07X_3^2 - 1.00X_4^2 + 0.29X_1X_2 + 0.18X_1X_3$$
$$+ 0.48X_1X_4 - 0.38X_2X_3 - 0.19X_2X_4 - 4.89X_3X_4 \tag{8-1}$$

对上述模型方程进行方差分析，如表 8.3 所示。从表 8.3 中可知，F 值为 99.77，远大于临界值 $F_{0.05}(14, 15) = 2.42$，表明二次多项式模型是可靠的。P 值 $< 1 \times 10^{-4}$，表明实验所选用的模型是显著的。该模型的相关性系数（校正 R^2）为 0.9795，表明该模型的拟合度良好。

表 8.3　方差分析结果

来源	平方和	自由度	均方	F 值	P 值	显著性
模型	1726.39	14	123.31	99.77	<0.0001	显著
X_1	19.62	1	19.62	15.87	0.0012	显著
X_2	1.86	1	1.86	1.50	0.2389	
X_3	731.07	1	731.07	591.48	<0.0001	显著
X_4	391.07	1	391.07	316.40	<0.0001	显著
X_1X_2	1.30	1	1.30	1.05	0.3214	
X_1X_3	0.52	1	0.52	0.42	0.5270	
X_1X_4	3.61	1	3.61	2.92	0.1081	
X_2X_3	2.27	1	2.27	1.83	0.1959	
X_2X_4	0.60	1	0.60	0.49	0.4964	
X_3X_4	383.18	1	383.18	310.02	<0.0001	显著
X_1^2	77.99	1	77.99	63.10	<0.0001	显著
X_2^2	0.23	1	0.23	0.18	0.6734	
X_3^2	118.10	1	118.10	95.55	<0.0001	显著
X_4^2	27.50	1	27.50	22.25	0.0003	显著
残差	18.54	15	1.24			
R^2	0.9894					
校正 R^2	0.9795					

图 8.21 是 MO 脱色率预测值与实验值的对比。从图 8.21 中可以看出，实验值均匀地分布在预测值的两侧，具有很好的线性相关性。图 8.22 表明本模型的正态分布概率与内部学生化残差分布几乎在同一直线上，说明本模型有效。表 8.3 和图 8.21 都充分说明，本模型是可靠的。

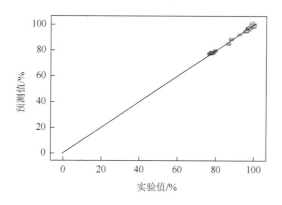

图 8.21　MO 脱色率的实验值与预测值对比分析

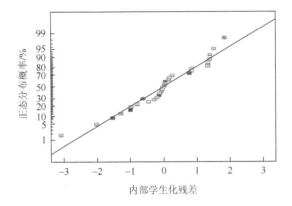

图 8.22　MO 脱色率的残差正态分布图

图 8.23 是帕累托分析图，在所有变量中，一次变量溶液 pH（X_1，1.00%）、Fe$_3$O$_4$/RGO 用量（X_3，37.96%）和反应时间（X_4，20.35%），二次变量（X_1^2，3.56%；X_3^2，5.33%；X_4^2，1.25%）和交互变量（X_3X_4，29.79%）对 MO 降解的影响较大，与方差分析一致。

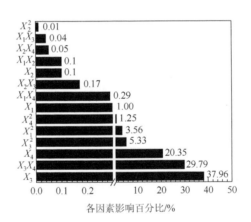

图 8.23　帕累托分析

根据模型方程，绘制 MO 脱色率与影响因素的三维响应曲面图（图 8.24～图 8.29），曲面有明显的曲率，说明任意两因素交互作用对 MO 脱色率有显著的影响（Grcic et al.，2010）。从图 8.24 中可以看出，随着 H$_2$O$_2$ 浓度的降低和溶液 pH 的增大，MO 脱色率先增大后减小。当溶液 pH 为 3、H$_2$O$_2$ 浓度为 9.69mmol/L 时，曲面达到最高点，说明此时 MO 脱色率达到最大值。响应曲面坡度相对平缓，说明 H$_2$O$_2$ 浓度和溶液 pH 交互作用对响应值的影响不显著，这与模型的方差分析结果一致。

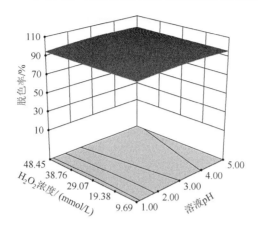

图 8.24 溶液 pH 与 H_2O_2 浓度交互影响的三维响应曲面图

从图 8.25 中可以看出，随着 Fe₃O₄/RGO 用量增加和溶液 pH 升高，MO 脱色率增大。当溶液 pH 为 3、Fe₃O₄/RGO 用量为 2.2g/L 时，响应曲面达到最高点，说明此时 MO 脱色率达到最大值。响应曲面曲率较小，说明溶液 pH 与 Fe₃O₄/RGO 用量交互作用对响应值的影响不显著。

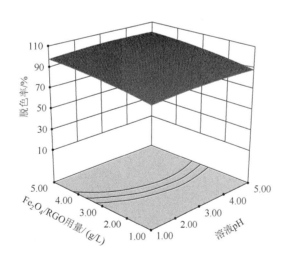

图 8.25 溶液 pH 与 Fe₃O₄/RGO 用量交互影响的三维响应曲面图

从图 8.26 中可以看出，随着溶液 pH 的增大和反应时间的延长，MO 脱色率逐渐增大。当溶液 pH 为 3、反应时间为 38min 时，响应曲面达到最高点，说明此时 MO 脱色率达到最大值。响应曲面曲率较小，说明溶液 pH 与反应时间交互作用对响应值的影响不显著。

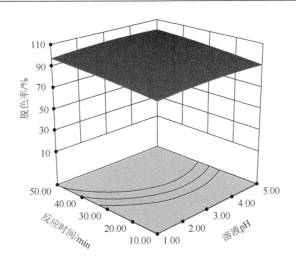

图 8.26　溶液 pH 与反应时间交互影响的三维响应曲面图

从图 8.27 中可以看出，随 H_2O_2 浓度的升高和 Fe_3O_4/RGO 用量的增加，MO 脱色率逐渐增大，然后趋于平缓。当 H_2O_2 浓度为 9.69mmol/L、Fe_3O_4/RGO 用量为 2.2g/L 时，响应曲面达到最高点，此时 MO 脱色率达到最大值。响应曲面曲率较小，说明 H_2O_2 浓度与 Fe_3O_4/RGO 用量交互作用对响应值的影响不显著。

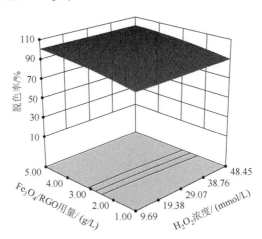

图 8.27　H_2O_2 浓度与 Fe_3O_4/RGO 用量交互影响的三维响应曲面图

从图 8.28 中可以看出，随着 H_2O_2 浓度的增大和反应时间的延长，MO 脱色率逐渐增大，当 H_2O_2 浓度为 9.69mmol/L、反应时间为 38min 时，响应曲面处于最高点，该条件下 MO 脱色率达到最大值。响应曲面曲率较小，说明 H_2O_2 浓度与反应时间交互作用对响应值的影响不显著。

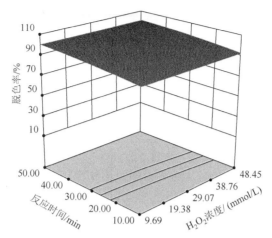

图 8.28　H₂O₂ 浓度与反应时间交互影响的三维响应曲面图

从图 8.29 中可以看出，随着反应时间的延长和 Fe₃O₄/RGO 用量的增加，MO 脱色率呈先增大后减小的变化趋势。当反应时间为 38min、Fe₃O₄/RGO 用量为 2.2g/L 时，响应曲面处于最高点，MO 脱色率最大。响应曲面曲率较大，说明反应时间与 Fe₃O₄/RGO 用量交互作用对响应值的影响显著，这与模型的方差分析结果一致。

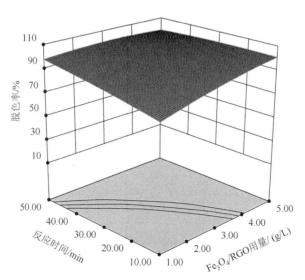

图 8.29　Fe₃O₄/RGO 用量与反应时间交互影响的三维响应曲面图

通过 RSM 分析，得到优化的工艺参数为：pH = 2.9、H₂O₂ 浓度为 16.5mmol/L、Fe₃O₄/RGO 用量为 2.5g/L、反应时间为 33.5min。在最优工艺条件下，MO 脱色率的实验值为 99.98%，与预测值的绝对误差为 0.36%，小于 5%，说明模型的实验值与预测值相吻合，模型具有较高的可靠性。

8.5　Fe₃O₄/RGO 非均相 Fenton 动力学方程

利用一级动力学模型、二级动力学模型和 BMG 模型对 Fe₃O₄/RGO 非均相 Fenton 反应动力学过程进行研究。对三个动力学模型进行线性回归分析，如表 8.4 所示，动力学模型由线性回归的相关性系数（R^2）决定，相关性系数越接近 1，则模型越好（Karthikeyan et al.，2012）。从表 8.4 中可以看出，Fe₃O₄/RGO 非均相 Fenton 反应降解 MO 的动力学过程对二级动力学模型和 BMG 模型线性回归的相关性系数都较小，不符合这两个模型；而对一级动力学模型的相关性系数相对较高。因此，该过程属于一级动力学过程。在其他非均相 Fenton 反应脱色染料废水的研究中，曾报道过类似的研究结果。例如，针铁矿 Fenton 反应脱色偶氮染料橙黄 G（Wu et al.，2012）和天然钒钛磁铁矿 Fenton 反应脱色橙黄 II（Liang et al.，2010），它们都属于一级动力学模型。

从表 8.4 中还可以看出，一级动力学模型的反应速率常数 k_1 随 H₂O₂ 浓度、Fe₃O₄/RGO 用量、反应温度的增加而增加，随溶液 pH 的升高而减小。其中，反应温度 T 与反应速率常数 k 之间的关系最为复杂。本节中，随着反应温度的升高，反应速率常数增大，这就意味着温度的升高更有利于溶液中的反应物分子向界面扩散，也有利于界面的反应产物向溶液中迁移（Karthikeyan et al.，2012）。

表 8.4　不同动力学模型参数及其校正相关性系数

MO 浓度 /(mg/L)	H₂O₂ 浓度 /(mmol/L)	Fe₃O₄/RGO 用量/(g/L)	反应温度 /K	pH	一级动力学		二级动力学		BMG		
					k_1	校正 R^2	k_2	校正 R^2	m	b	校正 R^2
50	9.69	1.0	293	1	0.0122	0.9818	3.72×10⁻⁴	0.9628	54.00	1.0614	0.8359
50	9.69	1.0	293	2	0.0321	0.9040	2.09×10⁻³	0.6373	35.32	0.6343	0.7787
50	9.69	1.0	293	3	0.0437	0.9560	4.29×10⁻³	0.6526	24.70	0.6743	0.9566
50	9.69	1.0	293	4	0.0230	0.9406	1.05×10⁻³	0.7791	37.95	0.7603	0.7881
50	9.69	1.0	293	5	0.0153	0.9802	5.27×10⁻⁴	0.9782	35.68	1.0706	0.9510
50	9.69	1.0	293	3	0.0437	0.9560	4.29×10⁻³	0.6526	24.70	0.6743	0.9566
50	14.54	1.0	293	3	0.0250	0.9619	1.24×10⁻³	0.8217	30.49	0.8157	0.8676
50	19.38	1.0	293	3	0.0198	0.9892	7.69×10⁻⁴	0.9253	43.06	0.7434	0.9201
50	24.23	1.0	293	3	0.0169	0.9976	5.87×10⁻⁴	0.9790	47.77	0.7808	0.9760
50	29.07	1.0	293	3	0.0157	0.9805	5.16×10⁻⁴	0.9338	70.98	0.4974	0.4708
50	9.69	1.0	293	3	0.0437	0.9560	4.29×10⁻³	0.6526	24.70	0.6743	0.9566
50	9.69	1.5	293	3	0.0548	0.9789	8.09×10⁻³	0.6965	17.79	0.7368	0.9862

续表

MO 浓度 /(mg/L)	H₂O₂ 浓度 /(mmol/L)	Fe₃O₄/ RGO 用 量/(g/L)	反应 温度 /K	pH	一级动力学		二级动力学		BMG		
					k_1	校正 R^2	k_2	校正 R^2	m	b	校正 R^2
50	9.69	2.0	293	3	0.0963	0.9804	9.12×10^{-2}	0.5505	5.961	0.8899	0.9961
50	9.69	2.5	293	3	0.0988	0.9857	1.25×10^{-1}	0.5156	4.034	0.9258	0.9986
50	9.69	3.0	293	3	0.1014	0.9045	5.52×10^{-2}	0.7607	2.066	0.9657	0.9987
50	9.69	1.0	293	3	0.0437	0.9560	4.29×10^{-3}	0.6526	24.70	0.6743	0.9566
50	9.69	1.0	303	3	0.0492	0.9670	6.14×10^{-3}	0.6276	19.59	0.7278	0.9941
50	9.69	1.0	313	3	0.0625	0.9898	1.21×10^{-2}	0.8390	11.50	0.8155	0.9951
50	9.69	1.0	323	3	0.0686	0.8789	1.95×10^{-2}	0.9532	7.119	0.8743	0.9752
50	9.69	1.0	333	3	0.0814	0.8950	4.82×10^{-2}	0.7306	4.721	0.9133	0.9895
10	9.69	1.0	293	3	0.0296	0.9598	2.50×10^{-1}	0.9708	0.352	1.0011	0.9999
30	9.69	1.0	293	3	0.0569	0.9044	1.91×10^{-2}	0.9471	4.447	0.9501	0.9987
50	9.69	1.0	293	3	0.0437	0.9560	4.29×10^{-3}	0.6526	24.70	0.6743	0.9566
70	9.69	1.0	293	3	0.0277	0.8011	9.82×10^{-4}	0.6303	135.6	-1.0393	0.6942
90	9.69	1.0	293	3	0.0124	0.8812	5.47×10^{-4}	0.4982	179.9	-1.5641	0.8368

　　另外，$\ln k_1$ 与 $10^3/T$ 具有线性关系（图 8.30），遵循阿伦尼乌斯方程。通过计算可以得到 Fe₃O₄/RGO 非均相 Fenton 反应降解 MO 的活化能为 12.79kJ/mol、频率因子为 8.20s⁻¹。

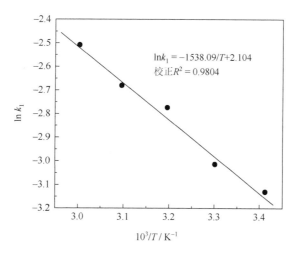

图 8.30　$\ln k_1$ 与 $10^3/T$ 的关系

8.6　Fe₃O₄/RGO 非均相 Fenton 微观机理

室温 20℃，溶液 pH = 3，H_2O_2 浓度为 9.69mmol/L，Fe₃O₄/RGO 用量为 1g/L，MO 初始浓度为 50mg/L。考察不同 Fenton 体系对 MO 溶液的降解效能，如图 8.31 所示。对比 Fe₃O₄ 与 Fe₃O₄/RGO 复合材料分别作为催化材料的两个非均相 Fenton 体系可以看出，反应进行 60min 后，MO 脱色率分别为 49.65% 和 93.99%，说明 Fe₃O₄/RGO 复合材料具有更高的催化活性，这主要是因为具有巨大比表面积的 GO 表面有大量的活性位，Fe₃O₄ 晶体颗粒通过原位氧化在这些活性位上生长出来，与 Fe₃O₄ 相比大大提高了溶液中铁离子的浓度，从而使反应速率明显加快。在无 H_2O_2 的条件下，反应 40min 时 MO 脱色率为 56.73%，说明 Fe₃O₄/RGO 复合材料具有良好的吸附效能。在无 H_2O_2 条件下，Fe₃O₄ 的吸附能力也是比较差的。这个对比分析充分说明 Fe₃O₄/RGO 非均相 Fenton 反应过程中，吸附和催化氧化具有协同耦合作用，这也是非均相 Fenton 反应的共有特征。

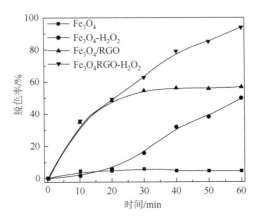

图 8.31　室温、pH = 3 时 50mg/L 的 MO 在不同 Fenton 体系中反应效能对比分析

Fe₃O₄ 或 Fe₃O₄/RGO 用量为 1.0g/L，H_2O_2 浓度为 9.69mmol/L

室温 20℃，溶液 pH = 3，H_2O_2 浓度为 9.69mmol/L，Fe₃O₄/RGO 用量为 1g/L，MO 初始浓度为 50mg/L。考察 Fe₃O₄/RGO 循环使用对非均相 Fenton 反应降解 MO 溶液效能的影响，MO 脱色率和 Fe₃O₄/RGO 质量损失率随循环次数的变化如图 8.32 所示。在 Fe₃O₄/RGO 非均相 Fenton 降解 MO 实验中，Fe₃O₄/RGO 可分离再利用，MO 脱色率随循环次数的增加略有降低，同时 Fe₃O₄/RGO 质量损失随循环次数增多而升高。循环使用 4 次后，Fe₃O₄/RGO 仍然保持较高催化活性，反应进行 60min

后 MO 脱色率仍可达到 90.71%。当 Fe₃O₄/RGO 循环使用 6 次时，MO 脱色率稍有下降，变为 85.50%。这是因为随着循环次数的增加，铁离子逐渐有所消耗，Fe₃O₄/RGO 的质量也有一定损失。由于实验操作等因素，Fe₃O₄/RGO 的回收率受到影响，使 Fe₃O₄/RGO 质量随着循环次数的增加而减少。

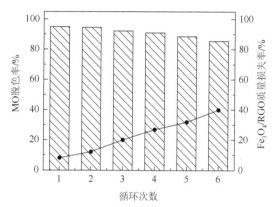

图 8.32　Fe₃O₄/RGO 循环实验 MO 脱色率（柱状图）及质量损失（线形图）

实验条件：MO 初始浓度为 50mg/L、pH = 3、H₂O₂ 浓度为 9.69mmol/L、Fe₃O₄/RGO 用量为 1g/L、反应时间为 60min、反应温度为 20℃

图 8.33 为 Fe₃O₄/RGO 非均相 Fenton 降解 MO 染料过程中的紫外-可见吸收光谱。从图 8.33 中可以看出，MO 染料在 480～530nm 处的特征吸收峰强度随着非均相 Fenton 反应的进行均逐渐减弱，反应进行 60min 后，特征吸收峰基本消失。

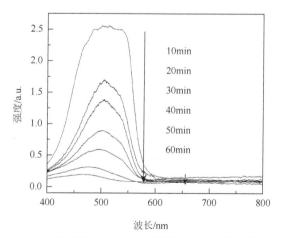

图 8.33　Fe₃O₄/RGO 非均相 Fenton 反应过程 MO 溶液的紫外-可见吸收光谱

实验条件：MO 初始浓度为 50mg/L、pH = 3、H₂O₂ 浓度为 9.69mmol/L、Fe₃O₄/RGO 用量为 1g/L、反应时间为 60min、反应温度为 20℃

　　在 Fenton 反应过程中，羟基自由基（•OH）和超氧自由基（HO$_2$•/•O$_2^-$）是主要的活性氧化物质。甲醇和氯仿可以作为•OH 和 HO$_2$•/•O$_2^-$的捕获剂，以鉴定 Fenton 反应过程中的主要氧化物质（Diao et al.，2017；Huang et al.，2017）。本节在 Fe$_3$O$_4$/RGO 非均相 Fenton 体系中加入 30mmol/L 的甲醇后，MO 的降解受到了明显的抑制，60min 内脱色率从 94%降至 57%，如图 8.34 所示，这说明在 Fe$_3$O$_4$/RGO 非均相 Fenton 体系中主要的氧化物种是•OH。虽然 HO$_2$•/•O$_2^-$在该体系中不是主要的氧化物种，但是它们在循环反应中也是不可缺少的。

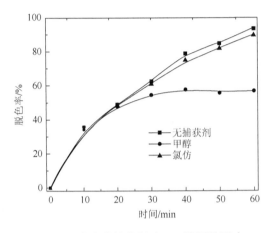

图 8.34　自由基捕获剂对 MO 降解的影响

实验条件：MO 初始浓度为 50mg/L、pH = 3、H$_2$O$_2$ 浓度为 9.69mmol/L、Fe$_3$O$_4$/RGO 用量为 1g/L、反应时间为 60min、反应温度为 20℃

　　图 8.35 是 Fe$_3$O$_4$/RGO 非均相 Fenton 降解 MO 染料的反应机理示意图。在酸性条件下，非均相 Fenton 反应降解 MO 可以分为两种途径：一种途径为生长在 RGO 表面的 Fe$_3$O$_4$ 中的 Fe^{2+}和 Fe^{3+}与溶液中的 H$^+$通过离子交换，溶解到溶液体系中，进而与溶液中 H$_2$O$_2$ 发生反应，产生具有强氧化性的•OH；另一种途径为吸附在分子表面的 Fe^{2+}和 Fe^{3+}通过电子转移，与同样吸附在分子表面的 H$_2$O$_2$ 发生反应，生成•OH，MO 分子在这些•OH 的氧化作用下最终分解为 H$_2$O 和 CO$_2$。在碱性环境中，Fe$_3$O$_4$ 中的 Fe^{2+}和 Fe^{3+}分别与 RGO 表面的大量含氧基团，通过 Fe—O 键而形成表面活性成分，≡Fe^{2+}和≡Fe^{3+}代表表面活性成分中的铁离子，其中≡Fe^{2+}与 H$_2$O$_2$ 结合形成≡Fe^{2+}·H$_2$O$_2$，这种过氧化氢前体结构继续反应生成具有强氧化性的•OH；而活性成分中的≡Fe^{3+}与 H$_2$O$_2$ 结合先形成≡Fe^{3+}·H$_2$O$_2$，此过氧化氢前体结构继续反应可以形成≡Fe^{2+}和•OOH，此时•OOH 也可氧化≡Fe^{2+}生成≡Fe^{3+}。由以上两种途径转变而来的≡Fe^{2+}继续与 H$_2$O$_2$ 反应产生•OH。固相中的 Fe^{2+}和 Fe^{3+}也

可以通过与 H$_2$O$_2$ 的反应相互转换，同时产生•OH。MO 分子在这些•OH 的氧化作用下最终分解为 H$_2$O 和 CO$_2$。在反应过程中，•OH 可能发生自淬灭反应而生成 H$_2$O 和 O$_2$，进而使反应终止。另外，吸附在 Fe$_3$O$_4$/RGO 非均相 Fenton 反应过程中也具有重要的作用，吸附是非均相 Fenton 反应的前提。

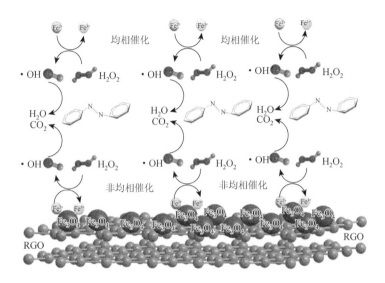

图 8.35　Fe$_3$O$_4$/RGO 非均相 Fenton 反应微观机理示意图

参 考 文 献

冯勇，吴德礼，马鲁铭. 2013. 铁氧化物催化类 Fenton 反应[J].化学进展，25（7）：1219-1228.

何光裕，张艳，钱茂公，等. 2012. 磁性 Fe$_3$O$_4$/石墨烯 Photo-Fenton 催化剂的制备及其催化活性[J]. 无机化学学报，28（11）：2306-2312.

王彦斌，赵红颖，赵国华，等. 2013. 基于铁化合物的异相 Fenton 催化氧化技术[J]. 化学进展，25（8）：1246-1259.

Barbusiński K. 2009. Fenton reaction: Controversy concerning the chemistry[J]. Ecological Chemistry and Engineering S, 16（3）：347-358.

Bonaccorso F, Colombo L, Yu G H, et al. 2015. Graphene, related two-dimensional crystals, and hybrid systems for energy conversion and storage[J]. Science, 347（6217）：1246501.

Chang Y P, Ren C L, Qu J C, et al. 2012. Preparation and characterization of Fe$_3$O$_4$/graphene nanocomposite and investigation of its adsorption performance for aniline and p-chloroaniline[J]. Applied Surface Science, 261：504-509.

Chen W F, Li S R, Chen C H, et al. 2011. Self-assembly and embedding of nanoparticles by in situ reduced graphene for preparation of a 3D graphene/nanoparticle aerogel[J]. Advanced Materials, 23（47）：5679-5683.

Cheng Z P, Chu X Z, Yin J Z, et al. 2012. Surfactantless synthesis of Fe$_3$O$_4$ magnetic nanobelts by a simple hydrothermal process[J]. Materials Letters, 75（2）：172-174.

Diao Z H, Liu J J, Hu Y X, et al. 2017. Comparative study of Rhodamine B degradation by the systems pyrite/H$_2$O$_2$ and pyrite/persulfate: Reactivity, stability, products and mechanism[J]. Separation and Purification Technology, 184 (8): 374-383.

Dikin D A, Stankovich S, Zimney E J, et al. 2007. Preparation and characterization of graphene oxide paper[J]. Nature, 448 (7152): 457-460.

Eigler S, Dotzer C, Hirsch A. 2012. Visualization of defect densities in reduced graphene oxide[J]. Carbon, 50 (10): 3666-3673.

Geng Z G, Lin Y, Yu X X, et al. 2012. Highly efficient dye adsorption and removal: a functional hybrid of reduced graphene oxide-Fe$_3$O$_4$ nanoparticles as an easily regenerative adsorbent[J]. Jouranal of Materials Chemistry, 22 (8): 3527-3535.

Grcic I, Vujevic D, Koprivanac N. 2010. The use of D-optimal design to model the effects of process parameters on mineralization and discoloration kinetics of Fenton-type oxidation[J]. Chemical Engineering Journal, 157 (2): 408-419.

Guo H L, Wang X F, Qian Q Y, et al. 2009. A green approach to the synthesis of graphene nanosheets[J]. ACS Nano, 3 (9): 2653-2659.

Hu X B, Deng Y H, Gao Z Q, et al. 2012. Transformation and reduction of androgenic activity of 17α-methyltestosterone in Fe$_3$O$_4$/MWCNTs-H$_2$O$_2$ system[J]. Applied Catalysis B-Environmental, 127 (8): 167-174.

Hu X B, Liu B Z, Deng Y H, et al. 2011. Adsorption and heterogeneous Fenton degradation of 17α-methyltestosterone on nano Fe$_3$O$_4$/MWCNTs in aqueous solution[J]. Applied Catalysis B-Environmental, 107 (3-4): 274-283.

Huang W Y, Luo M Q, Wei C S, et al. 2017. Enhanced heterogeneous photo-Fenton process modified by magnetite and EDDS: BPA degradation[J]. Environmental Science and Pollution Research, 24 (11): 10421-10429.

Iida H, Takayanagi K, Nakanishi T, et al. 2007. Synthesis of Fe$_3$O$_4$ nanoparticles with various sizes and magnetic properties by controlled hydrolysis[J]. Journal of Colloid and Interface Science, 314 (1): 274-280.

Jiao T F, Liu Y Z, Wu Y T, et al. 2015. Facile and scalable preparation of graphene oxide-based magnetic hybrids for fast and highly efficient removal of organic dyes[J]. Scientific Reports, 5 (7): 12451.

Karthikeyan S, Gupta V K, Boopathy R, et al. 2012. A new approach for the degradation of high concentration of aromatic amine by heterocatalytic Fenton oxidation: Kinetic and spectroscopic studies[J]. Journal of Molecular Liquids, 173 (9): 153-163.

Kim K, Choi J Y, Kim T, et al. 2011. A role for graphene in silicon-based semiconductor devices[J]. Nature, 479(7373): 338-344.

Krishnamoorthy K, Veerapandian M, Yun K, et al. 2013. The chemical and structural analysis of graphene oxide with different degrees of oxidation[J]. Carbon, 53 (1): 38-49.

Lerf A, He H, Forster M, et al. 1998. Structure of graphite oxide revisited[J]. Journal of Physical Chemistry B, 102(23): 4477-4482.

Liang X, Zhong Y, Zhu S, et al. 2010. The decolorization of Acid Orange II in non-homogeneous Fenton reaction catalyzed by natural vanadium-titanium magnetite[J]. Journal of Hazardous Materials, 181 (1): 112-120.

Liu J C, Wang Y J, Xu S P, et al. 2010. Synthesis of graphene soluble in organic solvents by simultaneous ether-functionalization with octadecane groups and reduction[J]. Materials Letters, 64 (20): 2236-2239.

Marcano D C, Kosynkin D V, Berlin J M, et al. 2010. Improved synthesis of graphene oxide[J]. ACS Nano, 4 (8): 4806-4814.

McKay G, Rosario-Ortiz F L. 2015. Temperature dependence of the photochemical formation of hydroxyl radical from dissolved organic matter[J]. Environmental Science & Technology, 49 (7): 4147-4154.

Nidheesh P V. 2017. Graphene-based materials supported advanced oxidation processes for water and wastewater treatment: A review[J]. Environmental Science and Pollution Research, 24 (35): 27047-27069.

Novoselov K S, Fal'ko V I, Colombo L, et al. 2012. A roadmap for graphene[J]. Nature, 490 (7419): 192-200.

Pei Z G, Li L Y, Sun L X, et al. 2013. Adsorption characteristics of 1,2,4-trichlorobenzene, 2,4,6-trichlorophenol, 2-naphthol and naphthalene on graphene and graphene oxide[J]. Carbon, 51 (1): 156-163.

Perera S D, Mariano R G, Nijem N, et al. 2012. Alkaline deoxygenated graphene oxide for supercapacitor applications: an effective green alternative for chemically reduced graphene[J]. Journal of Power Sources, 215 (10): 1-10.

Qin Y L, Long M C, Tan B H, et al. 2014. RhB adsorption performance of magnetic adsorbent Fe_3O_4/RGO composite and its regeneration through a Fenton-like reaction[J]. Nano-Micro Letters, 6 (2): 125-135.

Shebanova O N, Lazor P. 2003. Raman spectroscopic study of magnetite ($FeFe_2O_4$): A new assignment for the vibrational spectrum[J]. Journal of Solid State Chemistry, 174 (2): 424-430.

Srivastava S K, Pionteck J. 2015. Recent advances in preparation, structure, properties and applications of graphite oxide[J]. Journal of Nanoscience and Nanotechnology, 15 (3): 1984-2000.

Stankovich S, Dikin D A, Dommett G H B, et al. 2006. Graphene-based composite materials[J]. Nature, 442 (7100): 282-286.

Stobinski L, Lesiak B, Malolepszy A, et al. 2014. Graphene oxide and reduced graphene oxide studied by the XRD, TEM and electron spectroscopy methods[J]. Journal of Electron Spectroscopy and Related Phenomena, 195 (15): 145-154.

Tan C L, Cao X H, Wu X J, et al. 2017. Recent advances in ultrathin two-dimensional nanomaterials[J]. Chemical Reviews, 117 (9): 6225-6331.

Wang E N, Karnik R. 2012. Water desalination: Graphene cleans up water[J]. Nature Nanotechnology, 7 (9): 552-554.

Wang H, Yuan X H, Wu Y, et al. 2013. Adsorption characteristics and behaviors of graphene oxide for Zn(II) removal from aqueous solution[J]. Applied Surface Science, 279 (8): 432-440.

Wu H, Dou X, Deng D, et al. 2012. Decolourization of the azo dye Orange G in aqueous solution via a heterogeneous Fenton-like reaction catalysed by goethite[J]. Environmental Technology, 33 (14): 1545-1552.

Xu H Y, Li B, Shi T N, et al. 2018b. Nanoparticles of magnetite anchored onto few-layer graphene: A highly efficient Fenton-like nanocomposite catalyst[J]. Journal of Colloid and Interface Science, 532 (7): 161-170.

Xu H Y, Prasad M, Liu Y. 2009. Schorl: A novel catalyst in mineral-catalyzed Fenton-like system for dyeing wastewater discoloration[J]. Journal of Hazardous Materials, 165 (1-3): 1186-1192.

Xu H Y, Wang Y, Shi T N, et al. 2018a. Process optimization on Methyl Orange discoloration in Fe_3O_4/RGO-H_2O_2 Fenton-like system[J]. Water Science & Technology, 77 (12): 2929-2939.

You S J, Luzan S M, Szabo T, et al. 2013. Effect of synthesis method on solvation and exfoliation of graphite oxide[J]. Carbon, 52 (2): 171-180.

Yu L, Yang X, Ye Y, et al. 2015. Efficient removal of atrazine in water with a Fe_3O_4/MWCNTs nanocomposite as a heterogeneous Fenton-like catalyst[J]. RSC Advances, 5 (57): 46059-46066.

Zhang Y, Jiao Z, Hu Y Y, et al. 2017. Removal of tetracycline and oxytetracycline from water by magnetic Fe_3O_4@graphene[J]. Environmental Science and Pollution Research, 24 (3): 2987-2995.

Zhou D, Zhang T L, Han B H. 2013. One-step solvothermal synthesis of an iron oxide-graphene magnetic hybrid material with high porosity[J]. Microporous and Mesoporous Materials, 165 (1): 234-239.

Zubir N A, Motuzas J, Yacou C, et al. 2016. Graphene oxide with zinc partially substituted magnetite ($GO-Fe_{1-x}Zn_xO_y$) for the UV-assisted heterogeneous Fenton-like reaction[J]. RSC Advances, 6 (50): 44749-44757.